大数据与人工智能技术丛书

人工智能

原理、算法和实践 第2版

◎ 尚文倩 编著

清华大学出版社
北京

内 容 简 介

本书系统介绍了人工智能的基本原理、基本技术、基本方法和应用领域等内容,比较全面地反映了60多年来人工智能领域的进展,并根据人工智能的发展动向对一些传统内容做了取舍。全书共9章。第1章介绍人工智能的基本概念、发展历史、应用领域等。其后8章的内容分为两大部分:第一部分(第2~5章)主要讲述传统人工智能的基本概念、原理、方法和技术,涵盖知识表示、搜索策略、确定性推理和不确定推理的相关技术与方法;第二部分(第6~9章)主要讲述现代人工智能的新技术和方法,涵盖机器学习、数据挖掘、大数据、深度学习的最新技术与方法。本书提供了8个实践项目案例,并且每章后面附有习题,以供读者练习。

本书主要作为计算机专业和其他相关学科相关课程教材,也可供有关科技人员参考。

图书在版编目(CIP)数据

人工智能:原理、算法和实践/尚文倩编著. —2版. —北京:清华大学出版社,2021.9(2022.6重印)
(大数据与人工智能技术丛书)
ISBN 978-7-302-57254-1

Ⅰ. ①人… Ⅱ. ①尚… Ⅲ. ①人工智能 Ⅳ. ①TP18

中国版本图书馆 CIP 数据核字(2020)第 260550 号

策划编辑:魏江江
责任编辑:王冰飞
封面设计:刘 键
责任校对:焦丽丽
责任印制:丛怀宇

出版发行:清华大学出版社
   网 址:http://www.tup.com.cn,http://www.wqbook.com
   地 址:北京清华大学学研大厦 A 座   邮 编:100084
   社 总 机:010-83470000   邮 购:010-62786544
   投稿与读者服务:010-62776969,c-service@tup.tsinghua.edu.cn
   质量反馈:010-62772015,zhiliang@tup.tsinghua.edu.cn
   课件下载:http://www.tup.com.cn,010-83470236
印 装 者:艺通印刷(天津)有限公司
经 销:全国新华书店
开 本:185mm×260mm 印 张:19.5   字 数:472 千字
版 次:2017 年 7 月第 1 版 2021 年 9 月第 2 版 印 次:2022 年 6 月第 2 次印刷
印 数:9301~11300
定 价:59.80 元

产品编号:090740-01

前　言

　　人工智能是计算机科学的一个分支,作为一门研究机器智能的学科,通过人工的方法和技术,研究、开发用于模拟、延伸和扩展人类智能的理论、方法、技术及应用系统。

　　人工智能自1956年正式确立以来,取得了长足的发展,成为一门多学科交叉融合的新兴学科,形成了机器学习、自然语言处理、计算机视觉、数据挖掘、智能机器人等诸多研究和应用领域。在移动互联网、大数据、云计算、传感器、脑认知机理等新理论、新技术以及经济社会发展强烈需求的共同驱动下,人工智能进入了高速发展期。人工智能的发展日新月异,其研究成果更是层出不穷,仅仅通过一本书无法做到全面、详细地介绍诸多人工智能研究领域的内容。基于此,本书着眼于使读者对人工智能具有基本认识,掌握人工智能研究与应用中一些基本的、普遍的、较为广泛的原理和方法,并在此基础上,对人工智能的新技术与方法进行了介绍。

　　全书从内容上分为两个部分,共分9章。第一部分主要讲述传统人工智能的基本概念、原理、方法和技术,横跨第2章~第5章;第二部分主要讲述现代人工智能的新的技术和方法,横跨第6章~第9章。第1章介绍人工智能的基本概念、发展历史、应用领域等。第2章介绍知识表示的相关技术与方法。第3章介绍搜索策略的相关理论与方法。第4章介绍确定性推理的技术与方法。第5章介绍不确定性推理的技术与方法。第6章介绍机器学习中的一些基本问题、基本方法和关键技术。第7章介绍数据挖掘的常用技术与方法。第8章介绍大数据的最新研究进展、最新技术与方法。第9章介绍深度学习的常用方法与最新技术。

　　本书是集体智慧的结晶,全书由尚文倩主编,陈秀霞、封树超、颜梦菡、李振忠、王宇奇、娄延伟、程宇芬、张春洁等同学为本书第一版的出版做出了重要贡献。武汉大学计算机学院董方同学,中国传媒大学计算机与网络空间安全学院王春华、于再富、徐琳等同学为本书的再版做出了重要贡献,在此表示衷心的感谢!本书还参考了《2016—2020年中国人工智能行业深度调研及投资前景预测报告》,借鉴了有关教材及互联网上的一些资料,也向这些文献的作者表达诚挚的谢意!

　　由于编者水平有限,书中的疏漏在所难免,敬请广大读者批评指正。

作　者

2021年3月于中国传媒大学

目 录

随书资源

第 **1** 章

绪　论

　　自 1956 年人工智能的概念被第一次提及,人工智能发展至今的 60 多年时间里所取得的极大发展不容忽视,它引起了众多学科和不同专业背景学者们的日益重视,逐步成为一门涉及领域广泛的交叉和前沿学科。近些年来,随着现代计算机的不断发展及其在软硬件实现方面取得的长足进步,人工智能正在被应用到越来越广泛的领域。目前来看,虽然人工智能在发展的过程中存在许多困难和挑战,但随着研究的不断深入,这些困难和挑战终将被战胜,并将推动人工智能继续向前发展。本书主要阐述传统人工智能的基本理论、原理、方法和应用,以及现代人工智能的新的技术与方法。

1.1　人工智能的定义

　　人工智能的定义最早可以追溯到 1956 年夏天,由人工智能早期研究者 John McCarthy 等人提出:人工智能就是要让机器的行为看起来像是人所表现出的智能行为一样。但迄今尚难以给出人工智能的确切定义。以下为不同学者从不同的角度、不同的层面给出的人工智能的定义。

　　1978 年,Bellman:人工智能是那些与人的思维相关的活动,诸如决策、问题求解和学习等的自动化。

　　1985 年,Haugeland:人工智能是一种让计算机能够思考,使机器具有智力的激动人心的新尝试。

　　1985 年,Charniak 和 McDermott:人工智能是用计算模型研究智力行为。

　　1990 年,Kurzwell:人工智能是一种能够执行需要人的智能的创造性机器的技术。

　　1990 年,Schalokff:人工智能是一门通过计算过程力图理解和模仿智能行为的学科。

　　1991 年,Rich 和 Knight:人工智能研究如何让计算机做现阶段只有人才能做得好的事情。

1992 年,Winston:人工智能研究那些使理解、推理和行为成为可能的计算。

1993 年,Luger 和 Stubblefield:人工智能是计算机科学中与智能行为的自动化有关的一个分支。

1998 年,Nilsson:广义地讲,人工智能是关于人造物的智能行为,而智能行为包括知觉、推理、学习、交流和复杂环境中的行为。

2003 年,Stuart Russell 和 Peter Norvig:人工智能的定义可以分为 4 类:像人一样思考的系统、像人一样行动的系统、理性地思考的系统和理性地行动的系统。这里"行动"应广义地理解为采取行动或制定行动的决策,而不是肢体动作。

从不同学者对人工智能的定义中,可以归纳出人工智能需要具备判断、推理、证明、识别、理解、感知、学习和问题求解等诸多能力。综合来看人工智能指的是研究用于模拟、延伸和扩展人类的行为、认知和思维的理论、方法、技术和应用的一个研究领域。随着人工智能的不断发展和对人工智能理解的深入,将来还会出现对人工智能的新的定义和理解。

另外,还有的专家和学者提出强人工智能和弱人工智能的概念。所谓强人工智能是指有可能制造出真正能推理和解决问题的智能机器,并且这样的机器是有知觉的,有自我意识的。强人工智能主要分为两类:类人的人工智能,即机器的思考和推理就像人的思维一样;非类人的人工智能,即机器产生了和人完全不一样的知觉和意识,使用和人完全不一样的推理方式。所谓弱人工智能是指不可能制造出能真正地推理和解决问题的智能机器,这些机器只不过看起来像是智能的,但并不真正拥有智能,也不会有自主意识。

1.2　人工智能的发展历史

1956 年夏天,由美国学者 McCarthy(麦卡锡)等人发起,在美国 Dartmouth(达特茅斯)学院举办了一次长达两个月的研讨会,重点讨论如何用机器模拟人类智能的问题。此次会议云集了人工智能领域相关的研究者:John McCarthy(达特茅斯学院)、Marvin Minsky(哈佛大学)、Nathanniel Rochester(IBM 公司)、Claude Shannon(贝尔实验室)以及其他数学、神经生理学、精神病学、心理学、信息论、计算机、自然语言处理及神经网络等方面的研究者。会上,人工智能作为术语第一次被提及,这是历史上第一次人工智能研讨会,具有十分重要的历史意义,同时也标志着人工智能学科的诞生。

到目前为止,人工智能的发展大致经历了 3 个阶段:孕育阶段(1956 年之前)、形成阶段(1956—1969 年)、发展阶段(1970 年至今)。

1.2.1　孕育阶段

人工智能的孕育阶段大致可以认为是 1956 年以前的时期。这段漫长的时期中,数理逻辑、自动机理论、控制论、信息论、仿生学、电子计算机、心理学等科学技术的发展为后续人工智能的诞生奠定了思想、理论和物质基础。该阶段的主要贡献列举如下。

公元前 4 世纪,希腊哲学家亚里士多德在《工具论》中提出了形式逻辑的一些主要定律,为形式逻辑奠定了基础,特别是他的三段论,至今仍是演绎推理的基本依据。

1642 年,法国数学家 Pascal(帕斯卡)发明了第一台机械计算器——加法器,开创了计算机械时代。此后,德国数学家 Leibniz(莱布尼茨)在其基础上发展并制成了可进行四则运算的计算器。他提出了"通用符号"和"推理计算"的概念,使形式逻辑符号化。这一思想为数理逻辑以及现代机器思维设计奠定了基础。

逻辑学家 Boole(布尔)在《思维法则》一书中首次用符号语言描述了思维活动的基本推理原则,这种新的逻辑代数系统被后世称为布尔代数。

1936 年,数学家 Turing(图灵)提出了一种理想计算机的数学模型,即图灵机模型。这为电子计算机的问世奠定了理论基础。

1943 年,心理学家 McCulloch(麦卡洛克)和数理逻辑学家 Pitts(皮茨)提出了第一个神经网络模型——MP 神经网络模型。模型总结了神经元的一些基本生理特性,提出了神经元形式化的数学描述和网络的结构方法,为开创神经计算时代奠定了坚实的基础。

1945 年,von Neumann(冯·诺依曼)提出了存储程序的概念。1946 年,美国数学家 Mauchly(马士利)和 Eckert(埃克特)研制成功第一台电子计算机 ENIAC,为人工智能的诞生奠定了物质基础。

1948 年,Shannon(香农)发表了《通信的数学理论》,标志着信息论的诞生。

1948 年,Wiener(维纳)创立了控制论。这是一门研究和模拟自动控制的人工和生物系统的学科,标志着根据动物心理学和行为学进行计算机模拟研究的基础已经形成。

1950 年,图灵发表论文 *Computing Machinery and Intelligence*,提出了著名的图灵测试,该测试大致如下:询问者与两个匿名的交流对象(一个是计算机,另一个是人)进行一系列问答,如果在相当长时间内,他无法根据这些问题判断这两个交流对象哪个是人,哪个是计算机,那么就可以认为该计算机具有与人相当的智力,即这台计算机具有智能。

在 20 世纪 40 年代中期,计算机应用仅局限于数值计算,例如弹道计算。1950 年,香农完成了人类历史上第一个下棋程序,开创了非数值计算的先河。此外,McCarthy、Newell、Simon、Minsky 等人提出以符号为基础的计算。这些成就使得人工智能作为一门独立的学科成为一种不可阻挡的历史趋势。

1.2.2　形成阶段

人工智能的形成阶段大约为 1956—1969 年。除了 1956 年在美国达特茅斯学院召开的研讨会提出了"人工智能"的术语外,这一时期的成就还包括定理机器证明、问题求解、LISP 语言以及模式识别等。该阶段的主要研究成果如下。

1956 年,Samuel 研制了具有自学能力的西洋跳棋程序。该程序具备从棋谱中学习、在实践中总结经验、提高棋艺的能力。值得称道的是它在 1959 年战胜了设计者本人,并且在 1962 年打败了美国的一个州跳棋冠军。这是模拟人类学习的一次成功的探索,同时也是人工智能领域的一个重大突破。

1957 年,Newell 和 Simon 等人编制出了一个数学定理证明程序,该程序证明了 Russell 和 Whitehead 编写的《数学原理》一书第 2 章中的 38 条定理。1963 年修订的程序证明了该章中的全部 52 条定理。1958 年,美籍华人王浩用 IBM 704 机器上不用 5 分钟就证明了《数学原理》中命题演算的全部定理,总共 220 条。这些都为定理的机器证明做出了突破性贡献。

1958 年,McCarthy 研制出的表处理语言 LISP,不仅可以处理数据,而且可以方便地处理符号,成为人工智能程序设计语言的重要里程碑。

1960 年,Newell、Shaw 和 Simon 等人编制了能解 10 种不同类型课题的通用问题求解程序(General Problem Solving,GPS)。其中所揭示的人在解题时的思维过程大致为 3 个阶段：先想出大致的解题计划；然后根据记忆中的公理、定理和推理规则组织解题过程；最后进行方法和目的分析,修正解题计划。

　　1965 年,斯坦福大学的 Feigenbaum 开展了专家系统 DENDRAL 的研究,该专家系统于 1968 年投入使用。它能根据质谱仪的实验,通过分析推理决定化合物的分子结构,其分析能力接近甚至超过有关化学专家的水平。该专家系统的成功研制不仅为人们提供了一个实用的智能系统,而且对知识表示、存储、获取、推理及利用等技术是一次非常有益的探索,对人工智能的发展产生了深远的影响。

　　以上这些早期的成果表明了人工智能当时作为一门新兴学科发展蓬勃。

1.2.3　发展阶段

　　从 20 世纪 70 年代开始,人工智能的研究进入高速发展时期。在这期间,世界各国都纷纷开展人工智能领域的研究工作。至 20 世纪 70 年代末,人工智能研究遭遇了一些重大挫折,在问题求解、人工神经网络等方面遇到许多问题,这些问题使人们对人工智能研究产生了质疑。这些质疑声使得人工智能研究者们开始反思。终于,在 1977 年召开的第五届国际人工智能联合会议上 Feigenbaum(费根鲍姆)提出了"知识工程"的概念。此后,知识工程的兴起产生了大量的专家系统,这些专家系统在各种领域中获得了成功应用。随着时间的推移,专家系统的问题逐渐暴露出来,知识工程发展遭遇困境,这动摇了传统人工智能物理符号系统对于智能行为是充分必要的基本假设,从而促进了连接主义和行为主义智能观的兴起。随后,大量神经网络和智能主体方面的研究取得极大进展。

　　以下从知识工程、人工神经网络以及智能主体 3 个方面讲述人工智能在其发展阶段走过的历程。

1. 知识工程

　　20 世纪 70 年代开始,人工智能领域的研究在世界许多国家相继展开。这期间涌现了一批重要的研究成果,包括 1972 年法国马赛大学的 Comerauer 提出并实现了逻辑程序设计语言 Prolog；斯坦福大学的 Shortliffe 等人开始研制用于诊断和治疗感染性疾病的专家系统 MYCIN 等。但同时,由于机器翻译、问题求解、机器学习领域出现了一些问题,人工智能研究也遭遇了重大挫折。在机器翻译方面就遇到不少问题。例如,因为多义词问题导致程序将 Fruit flies like a banana 翻译成"水果像香蕉一样飞行"。在问题求解方面,即使对于具备良好结构的问题,程序也无法解决巨大的搜索空间问题。这些问题使得人们对人工智能研究产生质疑。1973 年,英国剑桥大学应用数学家 Lighthill 提出"人工智能研究即使不是骗局,至少也是庸人自扰"。当时英国政府接受了他的观点,取消了对人工智能研究的资助。在此观点下,人工智能研究陷入低潮期。

　　面对困境,人工智能研究者们积极反思。1977 年,在第五届国际人工智能联合会上,Feigenbaum 作了题为《人工智能的艺术：知识工程课题及实例研究》的报告,首次提出了知识工程的概念。他提出,知识工程是研究知识信息处理的学科,应用人工智能的原理和方法,为那些需要专家知识才能解决的应用难题提供解决方法。采用恰当的方法实现专家知识的获取、表示、推理和解释,是设计基于知识的系统的重要技术问题。知识工程的提出以及发展,使人工智能的研究从基于推理的模型转向基于知识的模型,使人工智能的研究从理论走向了应用。这时期大量的专家系统被应用到众多领域并获得了成功。例如,1980 年,美国 DEC 公司开发了 XCON 专家系统用于根据用户需求配置 VAX 计算机系统。通常人类专家完成这项工作需要 3 小时,而该系统只用半分钟,大大提高了效率。

随着专家系统大量应用到实际中,其存在的问题也逐渐显现出来:一是交互问题,系统只能模拟人类深思熟虑的行为,却无法处理人与环境的交互行为;二是扩展问题,传统的人工智能方法只适合建造狭窄领域的专家系统,无法将方法推广到规模更大、领域更宽的复杂系统中。

2. 人工神经网络

上面讲到基于知识工程的专家系统发展遇到了困境。这一困境使得人工智能研究者开始把目光由传统的基于物理符号的系统转向区别于符号主义的连接主义和行为主义,由此开始了人工神经网络和智能主体的研究与发展。

人工神经网络的研究起源于 20 世纪 60 年代,由于当时该领域的研究存在的局限性使得人们几乎放弃了对人工神经网络的研究。直到 1982 年,美国加州理工学院物理学家霍普菲尔德(Hopfield)使用统计力学的方法分析网络的存储和优化特性,提出了离散的神经网络模型,从而推动了神经计算的研究,标志着神经计算研究高潮的到来。1984 年,他又提出了连续的神经网络模型,被称为 Hopfield 网络模型。1985 年,该模型较为成功地求解了旅行商问题(Traveling Salesman Problem,TSP)。1986 年,Rumelhart 和 McClelland 等人提出了并行分布处理理论,致力于认知的微观结构的探索,提出了反向传播(Back Propagation,BP)算法,成功地解决了多层网络学习问题,成为广泛应用的神经元网络学习算法。1987年,在美国召开了第一届神经网络国际会议,并发起成立国际神经网络学会(International Neural Network Society,INNS)。

3. 智能主体

随着计算机网络、计算机通信等技术的发展,基于行为主义的智能主体的研究成为人工智能研究的一个热点。智能主体成为人工智能的一个核心问题。1995 年,斯坦福大学的Barbara Hayes-Roth 在国际人工智能联合会议的特约报告中谈道:"智能的计算机主体既是人工智能最初的目标,也是人工智能的最终目标。"近年来,智能计算机系统、智能机器人和智能信息处理等方面的研究发展迅速,同时也取得了重大进展。

总之,从上述人工智能的发展历史可以看出,人工智能的发展经历了曲折的过程,但也取得了许多成就。随着计算机网络技术和信息技术的不断发展,人工智能领域的研究也将拥有更大的发展空间。相信在未来,分布式人工智能、智能系统间的通信、交互、协作等方面的研究将给人工智能带来新的飞跃。

1.3 人工智能的三大学派

1.3.1 符号主义

符号主义又称逻辑主义、心理学派或计算机学派,其基本原理基于两点:物理符号系统假设和有限合理性原理。

物理符号系统假设由 Newell 和 Simon 在 1976 年提出,该假设认为:物理符号系统具有必要且足够的方法实现普通的智能行为。Newell 和 Simon 把人类的一切精神活动、智能问题归结为计算问题。一个物理符号系统主要有 6 种功能:输入、输出、存储、复制符号、建立符号结构和条件性迁移。其中,建立符号结构即确定符号间的关系,条件性迁移需要依赖已经掌握的符号继续完成后续行为。根据 Newell 和 Simon 提出的这个假设可知,一个物理符号系统若能够完成上述 6 种符号操作就是具备智能的。计算机和人脑都是能操作符号的物理符号系统,因此,计算机和人脑可以进行功能类比。据此,我们可以用计算机的符号操作模拟人的认知过程,相当于以此来模拟人的智能行为。

有限合理性原理是 Simon 提出的观点。他的观点强调:人类之所以能在大量不确定、不完全信息的复杂环境下解决难题,原因在于人类采用了启发式搜索的试探性方法求得问题的有限合理解。

符号主义人工智能研究在自动推理、定理证明、机器博弈、自然语言处理、知识工程、专家系统等方面取得了显著成果。符号主义主张从功能上对人脑进行模拟,将问题和知识以逻辑形式表示,采用符号推演的方式实现推理、学习、搜索等功能。然而,由于符号主义的核心是知识表示、知识推理和知识应用,对于"常识"问题以及不确定事物的表示和处理问题成为符号主义需要解决的巨大难题。

1.3.2 连接主义

连接主义又被称为仿生学派或生理学派,是基于神经元及神经元之间的网络联结机制来模拟和实现人工智能。人类智能的物质基础是神经系统,其基本单位是神经元。这也就是说,连接主义用人工神经网络来研究人工智能。

1943 年,McCulloch 和 Pitts 提出第一个神经元数学模型——MP 模型。该模型从结构上对人脑进行模拟。人工神经网络方法一般先通过神经网络的学习获得知识,再利用知识解决问题。神经网络以分布式方式存储信息,以并行方式处理信息,具有实现自组织、自学习的能力。人工神经网络为人工智能研究提供了一种新思路,在模式识别、机器学习、图像处理等方面很有优势。

局限于研究者对人脑的生理结构和工作机理的认识,目前的人工神经网络仅能近似模拟人脑的局部功能,且不适合模拟人类的逻辑思维过程。因此,单靠联结机制无法解决人工智能的所有问题。

1.3.3 行为主义

行为主义又被称为进化主义或控制论学派,是基于控制论和"感知-动作"控制系统的人工智能学派。其观点是:智能取决于感知和行为,取决于对外界复杂环境的适应。人类智能是经历漫长的演化形成的,真正的智能机器也应该沿着进化的步骤走。

行为主义的基本观点可以概括为:
- 知识的形式化表达和模型化方法是人工智能的重要障碍之一。
- 智能取决于感知和行为,在直接利用机器对环境作用后,以环境对作用的响应为原型。
- 智能行为体现在现实世界中,通过与周围环境的交互表现出来。

• 人工智能可以像人类智能一样逐步进化,分阶段发展和增强。

1991 年,麻省理工学院的 Brooks 提出了无须知识表示的智能和无须推理的智能。他认为智能只能在与环境交互过程中表现出来,不应该采用集中式的模式,应该需要具有不同的行为模式与环境交互,并以此产生复杂行为。他成功研制出了一种由相互独立的功能单元组成的6 足机器虫,该机器虫由避让、前进和平衡等基本功能模块组成分层异步分布式网络。

行为主义实际上是从行为上进行智能模拟,使得机器具有自寻优、自适应、自学习和自组织能力。目前,行为主义在智能控制、机器人领域取得了巨大成就,在未来,控制论、系统工程的思想将进一步影响人工智能的发展。

符号主义、连接主义和行为主义三大思想反映了人工智能的复杂性。这三个学派从不同的角度出发阐释了智能的特性,都取得了显著成就,但同时也存在发展的局限性。目前,对于人工智能的研究仍没有一个统一的理论体系,这种不统一的存在促进了新思潮、新方法的不断涌现,极大地丰富了人工智能的研究。三个学派各有优点也各有局限,可以融合这三个学派,取长补短,为未来的人工智能研究提供新的思路。

1.4 人工智能研究内容与应用领域

1.4.1 问题求解

人工智能的最早应用实践就是问题求解。该领域最有名的例子就是下棋程序。问题求解是指通过搜索的方法寻找目标解的一个合适的操作序列,并同时满足问题的各种约束。在解决不良结构问题时,通常有巨大的搜索空间,理论上可以用穷举法找到最优解,但是实践时却由于时空约束而无法得到最优解。因此,问题求解的核心就是搜索技术。

一般,搜索系统包括全局数据库、算子集和控制策略 3 部分。

全局数据库中含有与具体任务相关的信息,这些信息可以用来反映问题的当前状态、约束条件和预期目标。可以根据具体问题采用逻辑公式、数组、矩阵等不同的数据结构。状态分量的选择应该满足必要性、独立性和充分性。各分量不同的取值组合对应不同的状态,只有一些状态是求解问题所需要的。问题本身所具有的约束条件可以排除非法的状态和不可能出现的状态,数据库中只保留问题的初始状态、目标状态和中间状态。

算子集也称操作规则集,用来对数据库进行操作运算。算子一般包括条件和动作两部分。条件给出了适用于算子的先决条件,动作表述了适用算子之后的结果,即引起状态中某些分量的变化。

控制策略可以决定下一步选用哪一个算子以及在何处应用。控制策略通常选择算子集中最有可能导致目标状态或者最优解的算子运用到当前状态上,不然可能会引起组合爆炸等问题。

搜索技术的最大难点在于寻找合理有效的启发式规则。

1.4.2 专家系统

专家系统是一个具有大量专门知识与经验的程序系统,它采用人工智能技术,根据特定领域中一个或者多个人类专家提供的知识和经验进行推理和判断,模拟人类专家的决策过程,用来解决一些需要专家决定的复杂问题。目前专家系统在医疗诊断、故障诊断、资源勘探、贷款损失评估和教学等领域中得到了广泛应用。

专家系统是一种基于知识的系统,这种系统的设计方法以知识库和推理机为中心展开。知识库包含大量的领域专家提供的知识,推理机能够使用知识库里的知识进行推理并解决实际问题。

专家系统通常由知识库、推理机、综合数据库、解释器、人机交互界面和知识获取等部分构成。其中,知识库用来存放专家提供的知识,知识库中知识的质量和数量决定了专家系统的质量水平。推理机根据当前的已知信息,反复匹配知识库中的规则产生新结论,最后得到问题的求解结果。综合数据库用来存储推理过程中的原始数据、中间结果和最终结论。解释器对结论和求解过程进行解释。人机交互界面用于与用户进行交流。知识获取可以完成对知识的采集和输入到知识库的过程。

专家系统的工作流程如下:用户通过人机界面提交问题和已知条件;推理机将用户输入的信息与知识库中的规则进行匹配,并将中间结论存放在综合数据库中;若得到最终结论则推理结束并输出结果,否则输出推理失败;最后,解释器对结论进行解释。

由于专家系统知识获取需要依赖领域专家,需要大量的人工处理。当这些信息呈现爆炸式增长时,如何自动获取知识成为专家系统的瓶颈问题。这一问题制约了专家系统的发展。

1.4.3 机器学习

机器学习研究如何使计算机能够模拟人类的学习功能,从大量的数据中发现规律提取知识,并在实践中不断完善和增强自我。机器学习是机器获取知识的重要途径,它是人工智能研究的核心问题之一,同时也是人工智能理论研究和实际应用中的一个主要瓶颈。Simon 认为,机器学习是系统在不断重复的工作中对本身能力的一种增强和改进,这样系统就能在下一次执行同样任务时拥有更高的执行效率。

传统的机器学习倾向于使用符号而不是数值表示,使用启发式方法而不是算法,传统的机器学习依赖使用归纳法,而不是演绎法。按照系统对指导信息的依赖程度,可以将学习方法分类为机械式学习、讲授式学习、类比学习、归纳学习、观察式学习等。近年来又发展了增强学习以及数据挖掘、知识发现等学习方法。

1.4.4 神经网络

人工神经网络简称神经网络,其研究始于 1943 年 McCulloch 和 Pitts 提出的神经元数学模型(MP 模型)。人工神经网络是以对人脑和自然神经网络的生理研究成果为基础,抽象和模拟人脑的某些机理、机制实现某方面的功能。Nielsen 给出的人工神经网络定义为:"人工神经网络是由人工建立的以有向图为拓扑结构的动态系统,它通过对连续或断续的输入作状态响应而进行信息处理。"

目前,一般的人工神经网络适用于难以应用严格解析方法的场合,包括特征提取、联想记忆、低层次感知、模式分类及自适应控制等。主要的研究集中在以下几个方面:

- 对人工神经网络的软件模拟和硬件实现的研究。
- 人工神经网络在模式识别、信号处理、知识工程、专家系统、优化组合以及机器人控制等领域的应用。
- 利用神经生理学与认知科学研究人类思维和智能推理。

- 深入研究神经网络算法和性能。
- 开发新的神经网络数理理论,如神经网络动力学和非线性神经场等。

1.4.5 模式识别

模式识别一般指应用电子计算机及外部设备对给定事物进行鉴别和分类,将其归入与之相同或者相似的模式中。模式识别的一般过程包括对待识别事物采集样本、数字化样本信息、提取数字特征、学习和识别。其核心是特征提取和学习过程。针对不同的识别对象,模式识别可以分为以下几种类型:

- 语音识别。主要研究各种语音信号的识别、翻译以及语音人机交互界面等。语音识别技术发展得比较成熟,计算机可以识别人类语音并将其转化为文本。
- 图形、图像识别。主要研究各种图形、图像的处理和识别技术,其中指纹识别、人脸识别、车牌识别等系统早已进入实际应用领域。
- 信号识别。主要研究各种传感器信号,例如对雷达、声呐、地震波等信号的识别在军事、地震预测和医学上早有重要应用。
- 染色体识别。主要研究识别染色体以用于遗传因子研究等。

1.4.6 数据挖掘和知识发现

数据挖掘和知识发现起源于 20 世纪 90 年代初期。早期侧重于构建数据仓库,然后运用切片、下钻、上卷等操作从海量数据中发现有用信息。如今的数据挖掘对象包括无结构化和半结构化文本数据、音频、视频、图像等多媒体数据,在数据库的基础上,实现知识发现系统,通过综合运用统计学、粗糙集、模糊数学、机器学习和专家系统等多种学习手段和方法,从大量的数据中提炼出抽象的知识,从而揭示蕴含在这些数据背后的客观世界的内在联系和本质规律,实现知识的自动获取。

1.4.7 计算机视觉

计算机视觉是一门用计算机实现或模拟人类视觉功能的新兴学科,主要研究目标是使计算机具有通过二维图像认知三维环境信息的能力。这种能力不仅包括对三维环境中物体形状、位置、姿态、运动等几何信息的感知,而且还包括对这些信息的描述、存储、识别与理解。目前,计算机视觉已在人类社会的许多领域得到成功应用。例如,在图像、图形识别方面有指纹识别、染色体识别等;在航天与军事方面有卫星图像处理、飞行器跟踪、成像精确制导、景物识别、目标检测等;在医学方面有脏器的图像重建、医学图像分析等;在工业方面有各种监测系统和生产过程监控系统等。

1.4.8 智能控制

智能控制是一类不需要人工干预或者只需要尽可能少的人工干预就能够独立完成任务的自动控制。许多复杂系统无法建立有效的数学模型和用常规控制理论进行定量计算和分析,而必须采用定量的数学解析法与基于知识的定性方法的混合控制方式。随着人工智能和计算机技术的快速发展,已有可能把控制和人工智能以及系统科学的某些分支结合起来,建立一种适用于复杂系统的控制论和技术。

智能控制涉及的领域很多,目前主要有以下6个方面:智能机器人规划与控制、智能过程规划、智能过程控制、专家控制系统、语音控制以及智能仪器。

　　1998年10月24日,宇宙飞船"深空一号"发射升空,其目的是测试12项高风险技术。飞行的成功使其使命延长,"深空一号"最终在2001年12月18日退役。该软件就是称为远程代理的一个人工智能系统,它能够规划和控制宇宙飞船的活动。

1.4.9　计算智能

　　计算智能主要借鉴仿生学的思想,应属于智能学习部分,目前还没有一个统一的定义。美国科学家Bezdek(贝兹德克)认为,不具有计算适应性、计算容错力、接近人的计算速度和近似人的误差率这几个特性,就不能称为计算智能,其涉及的主要领域有模糊计算、神经计算、进化计算、免疫计算等。就目前而言,在前3个领域的发展相对比较成熟。

　　模糊计算是一种对人类智能的逻辑模拟方法,它是用模糊逻辑模拟人类的智能行为。其理论研究是基于1965年Zadeh(扎德)发表的《模糊集合》开始的。神经计算又称为神经网络,是计算智能的基础和核心,其主要包括人工神经元的结构和模型、人工神经网络的互联网络结构和系统模型、基于神经网络的联结学习机制等。进化计算是一种模拟自然生物进化过程与机制进行问题求解的自组织、自适应的随机搜索技术。

1.4.10　其他

　　除了以上研究内容外,人工智能领域的研究内容还包括自然语言处理、分布式人工智能、人工生命、机器人学、智能检索以及大数据、深度学习等。

1.5　人工智能的发展趋势

1.5.1　多学科交叉研究

　　从人工智能的起源便知,它是一门多领域交叉学科,在今后同样也是,在近期的研究中应注意其与信息科学、生物学、数学、心理学等学科的交叉研究。信息科学可以很好地为人工智能研究提供智能模拟的物质基础和技术支持;生物学可以为人工智能研究提供自然界生物生存和进化的机制;心理学可以为人工智能研究提供认知、情感、意识等心理过程及联系。

1.5.2　智能应用和智能产业

　　随着信息技术的发展,尤其是5G技术的广泛应用,智能技术将进一步与主流信息技术融合,并将应用于人类社会的各个领域和人类生活的各个方面。有人预言,智能产业将成为社会第四产业,智能将逐步从软件中分离出来,成为智能计算机系统的单独部分。

1.6　习题

　　1. 什么是人工智能?人工智能目前的主要成就有哪些?

　　2. 简述人工智能的发展史。

　　3. 简述人工智能的三大学派。

　　4. 人工智能有哪些研究和应用领域?试举例说明人工智能研究取得了什么成果。

第2章

知识表示

2.1 概述

2.1.1 知识及知识的分类

知识是人们在改造客观世界的实践中积累起来的认识和经验。这些经验的描述又需要涉及数据和信息的概念。数据是记录信息的符号,是信息的载体和表示。信息是对数据的解释,是数据在特定场合下的具体含义。信息仅是对客观事物的一种简单描述,只有经过加工、整理和改造等工序,并形成对客观世界的规律性认识后才能成为知识。从不同角度,可以将知识分成不同的类型,如下所示:

$$
知识
\begin{cases}
按知识性质:概念、命题、公理、定理、规则、方法等 \\[2pt]
按知识适应范围
\begin{cases}
常识性知识,即通识知识 \\
领域性知识,即专业性知识
\end{cases} \\[2pt]
按知识的作用效果
\begin{cases}
事实性知识(又称叙述性知识) \\
过程性知识 \\
控制性知识(又称元知识或超知识)
\end{cases} \\[2pt]
按知识的确定性
\begin{cases}
确定性知识 \\
不确定性知识
\end{cases} \\[2pt]
按知识的等级:零级知识、一级知识、二级知识等 \\[2pt]
按知识的结构
\begin{cases}
逻辑性知识 \\
形象性知识
\end{cases}
\end{cases}
$$

常识性知识是指通识知识,即人们普遍知道的、适用于所有领域的知识。

领域性知识是指面向某个具体专业的专业性知识,这些知识只有相应专业领域的人员才能掌握并用来求解领域内的有关问题,如领域专家的经验等。

事实性知识也称叙述性知识,是用来描述问题或事物的概念、属性、状态、环境及条件等情况的知识,常以"……是……"的形式出现。事实性知识主要反映事物的静态特征,是知识库中底层的知识。例如,"我们是中国公民""张三是一名人民教师""小李和小张是好朋友"等都是事实性知识。

过程性知识是用来描述问题求解过程所需要的操作、演算或行为等的规律性知识,一般由规则、定律、定理及经验构成。

控制性知识是指有关如何选择相应的操作、演算和行动的比较、判断、管理和决策的知识,又称元知识或超知识。控制性知识常与元知识有所重叠,所谓元知识是指有关知识的知识,是知识库中的高层知识。对一个大的程序来说,以元知识或元规则形式体现控制知识更为方便,因为元知识存于知识库中,而控制知识常与程序结合在一起出现,从而不容易修改。

确定性知识是指可以给出其真值为"真"或"假"的知识,是可以精确表示的知识。

不确定性知识是指具有不确定特性(不精确、模糊、不完备)的知识。不精确是指知识本身有真假,但由于认识水平等限制却不能肯定知识的真假,可以用可信度、概率等描述。模糊是指知识本身的边界就是不清楚的,例如大、小等,可以用可能性、隶属度来描述。不完备是指解决问题时不具备解决该问题的全部知识,例如医生看病。

零级知识即陈述性知识或事实性知识,用于描述事物的概念、定义、属性,或状态、环境、条件等,回答"是什么""为什么"。

一级知识即过程性知识或程序性知识,用于问题求解过程的操作、演算和行为的知识,即如何使用事实性知识的知识,回答"怎么做"。

二级知识即控制性知识或策略性知识,是关于如何使用过程性知识的知识,例如推理策略、搜索策略、不确定性的传播策略等。通常把零级知识和一级知识称为领域知识,把二级知识称为元知识(也称超知识)。

逻辑性知识是指反映人类逻辑思维过程的知识,一般具有因果关系或难以精确描述的特点,是人类的经验性知识和直观感觉,例如人的为人处事的经验与风格。

形象性知识是指通过事物的形象建立起来的知识,例如一个人的相貌。

2.1.2　知识表示方法

人工智能问题的求解是以知识表示为基础的,如何将已获得的有关知识表示成计算机能够描述、存储、有效地利用的知识是必须解决的问题。知识表示实际上就是对知识的描述,即用一些约定的符号把知识编码成一组能被计算机接受并便于系统使用的数据结构。常用的知识表示方法有一阶谓词表示法、产生式表示法、语义网络表示法、框架表示法、过程表示法、脚本表示法、本体表示法等。

不同的知识表示方法有各自的优缺点,在考虑使用哪一种知识表示方法时应遵循以下相关原则。其一,是否能够充分表示领域性知识,即对症下药,不过有的时候也要根据具体情况,为了克服某种方法的不足,而采用多种知识表示方法结合,如为了弥补框架表示法不能表示过程性知识的不足,通常将其与产生式表示法结合使用。其二,是否具备可利用性。可利用性是指通过使用知识进行推理,以求解现实问题。如果不可利用,则会影响系统的推理效率。其三,是否可以对知识进行组织管理。在一个智能系统初步使用时,可能会发现知识表示方面存在某些问题,此时需要对知识进行增添或删减。长期使用后也需要进行维护。最后,在知识表示方法选择过程中,最重要的还是要便于理解和实现。如果不能被我们自己理解和实现,那同样还是徒劳的。

2.2 谓词逻辑表示法

2.2.1 基本概念

掌握每一种语言都需要先学习一些单词、语法等,在理解与掌握各种知识表示方法前,也要掌握一些基本的概念、运算等。首先介绍论域的概念,所有讨论对象的全体构成的非空集合称为论域。论域中的元素称为个体。在谓词逻辑中,命题是用谓词表示的,故在此给出谓词的定义。

定义 2.1 设 D 是论域,$P: D^n \rightarrow \{T, F\}$ 是一个映射,其中

$$D^n = \{(x_1, x_2, \cdots, x_n) \mid x_1, x_2, \cdots, x_n \in D\}$$

则称 P 是一个 n 元谓词($n=1,2,\cdots$),记为 $P(x_1, x_2, \cdots, x_n)$。其中,$x_1, x_2, \cdots, x_n$ 为个体变元。

每一个谓词由谓词名和个体组成。其中,个体是命题的主语,用来表示某个独立存在的事物或者某个抽象的概念;谓词名是命题的谓语,用来表示个体的性质、状态或个体之间的关系等。

命题可以分为原子命题和复合命题,后者由前者通过联结词复合而成。下面介绍常用联结词。

设 P、Q 是命题,常用的联结词如下:

(1) ¬(否定或非)。对任一命题 P,$\neg P$ 则表示对命题 P 的否定。

(2) ∨(析取)。复合命题 $P \vee Q$ 表示 P 或 Q 的析取,即 P 或 Q。

(3) ∧(合取)。复合命题 $P \wedge Q$ 表示 P 和 Q 的合取,即 P 与 Q。

(4) →(条件或蕴含)。它表示"若……则……"的语义。

(5) ↔(双条件)。它表示"当且仅当"的语义。

有了以上的联结词,可以得到表 2.1 所示的真值表。

表 2.1 谓词真值表

P	Q	$\neg P$	$P \wedge Q$	$P \vee Q$	$P \rightarrow Q$	$P \leftrightarrow Q$
T	T	F	T	T	T	T
T	F	F	F	T	F	F
F	T	T	F	T	T	F
F	F	T	F	F	T	T

命题具有如下性质:

(1) 幂等律:$P \vee P \Leftrightarrow P$,$P \wedge P \Leftrightarrow P$。

(2) 交换律:$P \vee Q \Leftrightarrow Q \vee P$,$P \wedge Q \Leftrightarrow Q \wedge P$。

(3) 结合律：$(P \vee Q) \vee R \Leftrightarrow P \vee (Q \vee R)$，$(P \wedge Q) \wedge R \Leftrightarrow P \wedge (Q \wedge R)$。

(4) 分配律：$P \vee (Q \wedge R) \Leftrightarrow (P \vee Q) \wedge (P \vee R)$，$P \wedge (Q \vee R) \Leftrightarrow (P \wedge Q) \vee (P \wedge R)$。

(5) 吸收律：$P \vee (Q \wedge R) \Leftrightarrow P$，$P \wedge (Q \vee R) \Leftrightarrow P$。

(6) 德·摩根(DeMorgan)定律：$\neg (P \vee Q) \Leftrightarrow \neg P \wedge \neg Q$，$\neg (P \wedge Q) \Leftrightarrow \neg P \vee \neg Q$。

在一阶谓词逻辑中，除了以上的联结词还有两个量词，即全称量词和存在量词，分别用来对个体做出量的刻画。它们的符号分别为 $\forall$ 和 $\exists$。全称量词的定义为：命题$(\forall x)P(x)$为真，当且仅当对论域中的所有 x 都有 $P(x)$ 为真；反之，命题为假时，当且仅当至少存在一个 $x_0 \in D$ 使得 $P(x_0)$ 为假。存在量词的定义为：命题$(\exists x)P(x)$为真，当且仅当至少存在一个 $x_0 \in D$ 使得 $P(x_0)$ 为真；反之，命题为假，当且仅当对论域中的所有 x 都有 $P(x)$ 为假。

联结词的优先级从高到低依次为 $\neg , \wedge , \vee , \rightarrow , \leftrightarrow$。

2.2.2　谓词逻辑表示法

谓词逻辑表示法是一种基于数理逻辑的知识表示方法，人工智能所用的逻辑包括一阶经典逻辑和除此以外的非经典逻辑。这里主要讨论一阶经典逻辑表示法，这里所提到的谓词逻辑也指一阶谓词逻辑。谓词逻辑表示法不仅可以表示事物的状态、属性、概念等事实性知识，还可以表示事物的因果关系。

用谓词逻辑表示法表示知识的步骤如下：

(1) 根据要表示的知识定义谓词及个体，确定每个谓词及个体的确切含义。

(2) 根据所要表达的知识的语义，用适当的连词、量词把这些谓词连接起来。

例 2.1　用谓词逻辑表示下列知识：

(1) 所有整数不是偶数就是奇数。

(2) 所有父母都有自己的孩子。

(3) 偶数除以 2 是整数。

解：首先定义谓词。

$Z(x)$：表示 x 是整数。

$D(x)$：表示 x 是偶数。

$S(x)$：表示 x 是奇数。

$PARENT(x)$：表示 x 是父母。

$CHILDREN(y)$：表示 y 是孩子。

$PARENT(x,y)$：表示 x 是 y 的父母。

另外用 $e(x)$ 表示除以 2。

这样就可以表示以上知识如下：

$$(\forall x)(Z(x) \rightarrow D(x) \vee S(x))$$
$$(\forall x)(\exists y)(PARENT(x) \rightarrow PARENT(x,y) \wedge CHILDREN(y))$$
$$(\forall x)(D(x) \rightarrow Z(e(x)))$$

第二个谓词公式可读为：对于所有的 x，x 是父母，则存在一个 y，y 是一个孩子，且 x 是 y 的父母。另外需要说明的是，在表示谓词时一般用大写字母，个体域用小写字母。

2.2.3 谓词逻辑表示法的经典应用

为了更好地理解一阶谓词知识表示法,先讨论一个经典的应用——机器人移盒子问题。

问题 1:设在一个房间里,c 处有一个机器人,a 和 b 处各有一张桌子,分别记为 a 桌和 b 桌,a 桌上有一个盒子,如图 2.1 所示。现在要求机器人走到 a 处将 a 桌上的盒子拿起放到 b 桌上,再回到 c 处。

对于该问题不仅要考虑事物的状态、位置,还要考虑机器人的动作过程。首先定义谓词如下。

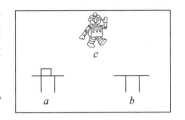

图 2.1 机器人移盒子

TABLE(x):表示 x 是桌子。

EMPTY(y):表示 y 手上是空的。

AT(y,z):表示 y 在 z 处。

HOLD(y,w):表示 y 拿着 w。

ON(w,x):表示 w 在 x 处。

其中,x 的个体域是 $\{a,b\}$,y 的个体域是 $\{\text{robot}\}$,z 的个体域是 $\{a,b,c\}$,w 的个体域是 $\{\text{box}\}$。

下面写出问题的初始状态和终止状态。

问题的初始状态:

TABLE(a)

TABLE(b)

EMPTY(robot)

AT(robot,c)

ON(box,a)

问题的终止状态:

TABLE(a)

TABLE(b)

EMPTY(robot)

AT(robot,c)

ON(box,b)

机器人行动的目标就是从初始问题状态到终止问题状态,然而要很好地求解问题,还需要完成一系列操作,即机器人需要从 c 处移动到 a 处,拿起 a 桌子上的盒子,然后移动到 b 处,再将盒子放下,最后再移动到 c 处。总的来说,可以将操作分为条件和动作。条件部分很容易用谓词公式表示,而动作则需要通过在执行该操作前的问题状态中删去和增加相应的谓词实现。要实现终止状态,需要执行以下 3 个操作:

GOTO(x,y),表示从 x 移动到 y 处。

PICKUP(x),表示拿起 x。

SETDOWN(x),表示放下 x。

这 3 个操作分别可以用条件和动作表示:

GOTO(x,y)

条件：AT(robot,x)

动作：删除表 AT(robot,x)

　　　增加表 AT(robot,y)

PICKUP(x)

条件：ON(box,x),TABLE(x),AT(robot,x),EMPTY(robot)

动作：删除表 ON(box,x),EMPTY(robot)

　　　增加表 HOLD(robot,box)

SETDOWN(x)

条件：TABLE(x),AT(robot,x),HOLD(robot,box)

动作：删除表 HOLD(robot,box)

　　　增加表 ON(box,x),EMPTY(robot)

　　机器人在每执行一个操作前,总要先检查当前状态条件是否可以使所要求的条件得到满足,只有满足条件的情况下才会执行操作,否则,计算机检查下一个操作所要满足的条件。有了这些条件和动作,就可以给出机器人移盒子的问题求解过程,如下所示:

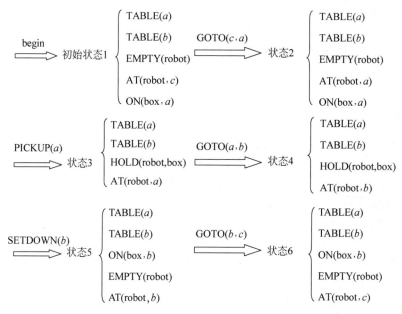

　　仔细观察上述过程,可以看出,当机器人处于状态 3 时,既满足 GOTO(x,y)条件,又满足 SETDOWN(x)条件,此时,机器人该如何进行操作呢? 实际上,每当机器人执行下一个操作前,都要检验下一状态是否为终止状态。若是,则问题已经得到解决;若不是,则检查下一状态是否与之前状态相同,若相同则回溯到上一状态,执行另一操作。

　　从操作过程可以看出,机器人选择了 GOTO(a,b)进入状态 4:

TABLE(a)

TABLE(b)

HOLD(robot,box)

AT(robot,b)

如果执行 SETDOWN(x),将变回状态 2 结果。

在谓词逻辑中,还有一个经典应用就是猴子摘香蕉问题,在此不作详细解释,下面仅给出问题,供读者思考。

问题2(猴子摘香蕉问题):如图2.2所示,设房间里有一只猴子位于a处。在c处上方的天花板上有一串香蕉,猴子想吃,但摘不到。房间的b处还有一个箱子,如果猴子爬到箱子上,就可以拿到香蕉。

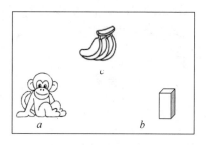

图2.2 猴子摘香蕉

2.2.4 谓词逻辑表示法的特点

我们已经知道谓词逻辑表示法,主要依赖形式逻辑,利用条件和结论之间的蕴含关系。谓词逻辑表示法在使用过程中显得接近于自然语言系统且比较灵活,接近人们对问题的理解,易于被人们接受。该表示方法还具有模块化特点,每个知识都是相对独立的,它们之间不直接发生某种联系,而是通过添加、删除、修改知识进行。但是,谓词逻辑表示法也有自己的不足之处,例如该方法只能表示确定性的知识,对于模糊概念,即不确定性知识,是无法表示的。然而,人们生活中大多数实际问题都具有某种不确定性。另外,该方法效率低,例如问题1的机器人在移动盒子过程中,就要考虑各种条件和动作,机器人需要先移动到a处的桌子,然后再拿起盒子。

2.3 产生式表示法

2.3.1 概述

产生式表示法在人工智能中的应用非常广泛,因为它的求解过程和人类求解问题的思维过程很相像,可以用来模拟人类求解问题的思维过程。产生式系统是美国数学家 E. Post 于1943年作为组合问题的形式化变换理论首先提出来的。产生式表示法也常称为产生式规则表示法,许多成功的专家系统都采用了这种知识表示方法。例如,1965年斯坦福大学设计的第一个专家系统 DENDRAL 就采用了这种知识表示方式。1972年,Newell 和 Simon 在研究人类的认知模型中开发了基于规则的产生式系统。

产生式系统的知识表示方法主要包括事实和规则两种表示。

1. 事实的表示

事实可以看作一个语言变量的值或断言,或者多个语言变量间的关系的陈述句。语言变量的值或语言变量间的关系可以是一个词。对于确定性知识,事实通常用一个三元组表示,即(对象,属性,值)或(关系,对象1,对象2),其中,对象就是语言变量。对于不确定性知识,事实通常用一个四元组表示,即(对象,属性,值,可信度因子)或(关系,对象1,对象2,可信度因子),其中,可信度因子是指该事实为真的可信程度,类似于模糊数学中的隶属程度,可用一个 0~1 的数表示。

例2.2 "雪是白的"可表示为(snow,color,white)或(雪,颜色,白)。

"老王和老张是朋友"可表示为(friendship,wang,zhang)或(朋友,老王,老张)。

"李二比王三的年龄大很多"可以用四元组表示(large than,lier,wangsan,0.9)。

该表示可以理解为李二比王三大很多的可信度为0.9,即当可信度因子越高,事实就越"真"。

2. 规则的表示

规则表示的是事物间的因果关系。其表现形式为

$$P \rightarrow Q$$

或

$$\text{IF } P \text{ THEN } Q$$

其中,P 表示前提条件,Q 表示所得到的结论或一组操作,这里需要注意的是,要得到结论,需要前提条件必须为真。该规则又称产生式,类似于谓词逻辑中的蕴含式,但有所区别,区别在于蕴含式只能表示确定性知识,而产生式不仅可以表示确定性知识,还能表示不确定性知识。例如,在 MYCIN 专家系统中,有这样的产生式:

P:细菌革式染色阴性

形态杆状

生长需氧

Q:该细菌是肠杆菌属,可信度为0.8

在该规则中,所包含的事实就是不确定性知识,当前提条件满足时,就有结论"该细菌是肠杆菌属",可以相信的程度是0.8。这个0.8是规则强度,这是蕴含式所不能做到的。

2.3.2 产生式系统

所谓产生式系统是指一组产生式相互配合,协同作用,以求得问题的解。产生式系统一般由3个基本部分组成,分别为规则库、综合数据库以及推理机,它们之间的关系如图2.3所示。

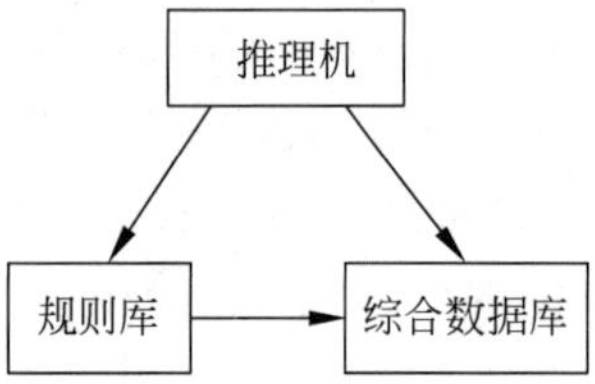

规则库又称知识库,是某领域知识用规则形式表示的集合。该集合包含了问题初始状态以及转换到目标状态所需要的所有变化规则。规则库是产生式系统的基础。其相关特性都将影响系统的运行效率。

图2.3 产生式系统的基本结构

综合数据库又称事实库,是用来存放当前与求解问题有关的各种信息的数据集合,包括问题的初始状态信息、目标状态信息以及在问题求解过程中产生的临时信息。当从规则库中取出的某规则的前提与综合数据库中的已知事实相匹配时,该规则被激活,由该规则库得到的结论就是中间信息,将被添加到综合数据库中。

推理机又称控制系统,由一组程序组成,用来控制和协调规则库与综合数据库的运行,决定了问题的推理方式和控制策略。即推理机按照一定的策略从规则库中选择与综合数据库中的已知事实相匹配的规则进行匹配,当匹配有多条时,推理机应能按照某种策略从中找出一条规则去执行,对要执行的规则,如果满足后件,则结束问题求解,如果该规则的后件不是问题的目标,则当其为一个或多个结论时,把这些结论加入综合数据库中,循环操作,直至满足结束条件。

2.3.3 产生式表示法应用举例

例 2.3（动物识别系统） 设该系统可以识别金钱豹、老虎、斑马、长颈鹿、企鹅、信天翁 6 种动物。规则库包括 15 条规则，如下所示：

r_1: IF 该动物有毛发 THEN 该动物是哺乳动物
r_2: IF 该动物有奶 THEN 该动物是哺乳动物
r_3: IF 该动物有羽毛 THEN 该动物是鸟
r_4: IF 该动物会飞 AND 会下蛋 THEN 该动物是鸟
r_5: IF 该动物吃肉 THEN 该动物是肉食动物
r_6: IF 该动物有犬齿 AND 有爪 AND 眼盯前方 THEN 该动物是肉食动物
r_7: IF 该动物是哺乳动物 AND 有蹄子 THEN 该动物是有蹄类动物
r_8: IF 该动物是哺乳动物 AND 是反刍动物 THEN 该动物是有蹄类动物
r_9: IF 该动物是哺乳动物 AND 是食肉动物 AND 是黄褐色 AND 身上有暗斑点
          THEN 该动物是金钱豹
r_{10}: IF 该动物是哺乳动物 AND 是食肉动物 AND 是黄褐色 AND 身上有黑色条纹
          THEN 该动物是老虎
r_{11}: IF 该动物是有蹄类动物 AND 有长脖子 AND 有长腿 AND 身上有暗斑点
          THEN 该动物是长颈鹿
r_{12}: IF 该动物是有蹄类动物 AND 身上有黑色条纹 THEN 该动物是斑马
r_{13}: IF 该动物是鸟 AND 有长脖子 AND 有长腿 AND 不会飞
          THEN 该动物是鸵鸟
r_{14}: IF 该动物是鸟 AND 会游泳 AND 不会飞 AND 有黑白二色
          THEN 该动物是企鹅
r_{15}: IF 该动物是鸟 AND 善飞 THEN 该动物是信天翁

在此，我们讨论机器识别长颈鹿的推理过程，在推理前，明确综合数据库中已有的事实：

动物有暗斑，有长脖子，有长腿，有奶，有蹄

推理开始后，首先从规则库中取出第 1 条规则 r_1，检查其前提条件与综合数据库中已有的事实是否匹配。因为事实库中没有毛发，与 r_1 不匹配，匹配失败。进而再从规则库中选取第 2 条规则 r_2，该前提条件是"有奶"，综合数据库中有这一条件，故匹配成功，则得到该条件的结论，该动物是哺乳动物，但是由于该结论不是所要的终止条件（判断是某种具体动物），于是推理机将该结论放到综合数据库中，此时综合数据库变成如下状态：

动物有暗斑，有长脖子，有长腿，有奶，有蹄，该动物是哺乳动物

接着继续从规则库中选取第 3 条到第 6 条规则进行匹配，结果匹配都失败，再取第 7 条规则，该条件与综合数据库中的"该动物是哺乳动物"匹配，与之前取出的第 2 条规则一样，再次更新综合数据库如下：

动物有暗斑，有长脖子，有长腿，有奶，有蹄，该动物是哺乳动物，是有蹄类动物

以此类推，直到第 11 条规则被执行，得到结论"该动物是长颈鹿"。
根据以上推理过程，可以总结出产生式系统的问题求解一般步骤如下：
（1）初始化综合数据库（事实库）。
（2）检测规则库中是否有与事实库相匹配的规则，若有，则执行（3），否则执行（4）。
（3）更新综合数据库，即添加步骤（2）所检测到与综合数据库匹配的规则，并将所有规

则做标记。

　　(4) 验证综合数据库是否包含解,若有,则终止求解过程,否则转(2)。

　　(5) 若规则库中不再提供更多的所需信息,则问题求解失败,否则更新综合数据库,转(2)。

　　当仔细观察本例后可以发现,推理机是按顺序逐一进行规则验证的,那么,机器为什么不会返回已经执行过的条件再次执行呢? 这就要归结于系统控制策略问题了。在产生式系统求解问题中,主要有两种方式,其一是不可撤回方式,其二是试探性方式。

　　不可撤回方式就是一种"一直往前走"不回头的方式,该方式是利用问题给定的局部知识来决定选用的规则,就像动物识别系统中一样,选取一条与综合数据库进行匹配,然后作用到综合数据库中,再选取一条新的规则进行匹配,此处在选择时不会再考虑已经用过的规则了。某种程度上会影响系统找到问题的解,且当问题有多解时,不一定能找到最优解。

　　试探性方式又可以分为回溯方式和图搜索方式。回溯方式是一种碰壁回头方式,回溯策略是一种完备而有效的策略,容易实现,且所需内存小。但使用回溯策略需要解决两方面问题,一方面是怎样确定回溯条件,另一方面是怎样减少回溯次数。图搜索方式用图或树记录全部求解过程,这样便于求解最优路径。

2.3.4　产生式系统的推理方式

1. 正向推理

　　正向推理也称为数据驱动式推理,从已知事实出发,通过规则库求得结论。其基本推理过程如下:

　　(1) 用数据库中的事实与可用规则集中所有规则的前件进行匹配,得到匹配的规则集合。

　　(2) 使用冲突解决算法,从匹配规则集合中选择一条规则作为启用规则。

　　(3) 执行启用规则的后件,将该启用规则的后件送入综合数据库或对综合数据库进行必要的修改。

　　(4) 重复这个过程,直到达到目标或者无可匹配规则为止。

　　在推理过程中,当前事实可能与规则库中的多条规则匹配,而每次推理时却只能执行一条规则,这时就产生了冲突。解决这个冲突的过程称为冲突消解。冲突消解就是从多条可用的规则中选取一条规则作为当前执行规则。冲突消解一般的思路就是给所有可用规则排序,然后依次从队列中取出候选规则。在不考虑利用启发知识的情况下,常用的排序依据如下:

　　(1) 专用与通用性排序。如果某一规则的条件部分比另一规则的条件部分所规定的情况更为专门化,则优先使用更为专门化的规则。所谓专门化就是子条件更多。一般而言,如果某一规则的前件集包含另一规则的所有前件,则前一规则较后一规则更为专门化。如果某一规则中的变量在第二规则中是常量,而其余相同,则后一规则比前一规则更专门化。

　　(2) 规则排序。通过对问题领域的了解,规则集本身就可划分优先次序。那些最适用的或使用频率最高的规则被优先使用。

　　(3) 数据排序。将规则中的条件部分按某个优先次序排序。

（4）规模排序。按条件部分的多少排序，条件多者优先排序。

（5）就近排序。最近使用的规则排在优先位置，这样可以让使用多的规则排在较前面的位置而被优先获取。

（6）按上下文限制将规则分组。

对于包含启发式信息的推理，除了可以采用以上冲突消解策略外，还可以考虑以下策略：

（1）成功率高的规则优先被执行。

（2）按规则先前执行的性价比排序。

正向推理方式的主要优点是简单明了，且能求出所有解；主要缺点是执行效率低，因为在推理过程中可能会得出一些与目标无直接关系的事实，从而造成计算空间和时间的浪费。

2. 逆向推理

逆向推理也称为目标驱动方式推理，它是从目标出发，反向使用规则，求得已知事实。其基本推理过程如下：

（1）用规则库中的规则后件与目标事实进行匹配，得到匹配的规则集合。

（2）使用冲突解决算法，从匹配规则集合中选择一条规则作为启用规则。

（3）将启用规则的前件作为子目标。

（4）重复这个过程，直至各子目标均为已知事实为止。

如果目标明确，使用反向推理方式的效率是比较高的，所以较为常用。

3. 双向推理

双向推理是一种既自顶向下又自底向上的推理。推理从两个方向同时进行，直至某个中间界面上双方向结果相符便成功结束。不难想象，这种双向推理较正向或反向推理形成的推理网络小，从而推理效率更高。

2.3.5 产生式系统的特点

1. 主要优点

（1）自然性。产生式表示法用"如果……则……"的形式表示知识，符合人类的思维习惯，是人们常用的一种表达因果关系的知识表示形式，既直观自然，又便于推理。

（2）模块性。产生式规则之间没有相互的直接作用，它们之间只能通过综合数据库发生间接联系，而不能相互调用，这种模块化结构使在规则库中的每条规则可自由增删和修改。

（3）清晰性。规则库中的每条规则都具有统一的 IF-THEN 结构，这种统一结构便于对产生式规则的检索和推理，易于设计调试，可以高效存储信息。

（4）有效性。产生式知识表示法既可以表示确定性知识，又可以表示不确定性知识；既有利于表示启发性知识，又有利于表示过程性知识。

2. 主要缺点

（1）效率较低。各规则之间的联系必须以综合数据库为媒介，并且其求解过程是一种反复进行的"匹配—冲突消解—执行"过程,这样的执行方式将导致执行的低效率。执行产生式系统最费时的是模式匹配,匹配的时间与产生式规则数目及数据库中元素数目的乘积成正比,当产生式规则数目很大时,匹配时间可能超过人们的忍耐程度,同样导致效率低下。

(2) 不便于表示结构性知识。由于产生式表示中的知识具有一致格式,且规则之间不能相互调用,因此那种具有结构关系或层次关系的知识很难以自然的方式表示。

(3) 难以扩展。尽管规则形式上相互独立,但实际问题中往往是彼此相关的。这样当规则库不断扩大时,要保证新的规则和已有规则没有矛盾就会越来越困难,规则库的一致性越来越难以实现。

(4) 控制的饱和问题。在产生式系统中存在竞争问题,实际上很难设计一个能适合各种情况下竞争消除的策略。

因此,对于大型规则库,如要求较高的推理效率,就不宜采用单纯的产生式系统知识表示模式。

2.4 框架表示法

框架表示法是以框架理论为基础的一种结构化知识表示方法。这种表示方法可以表达结构性的知识,能够把知识的内部结构关系以及知识间的联系表示出来,能够体现知识间的继承属性,符合人们观察事物时的思维方式。

框架理论是明斯基于 1975 年作为理解视觉、自然语言对话及其他复杂行为的一种基础提出来的。他认为,人们对现实世界中各种事物的认识都是以一种类似于框架的结构存储在记忆中的,当遇到一个新事物时,就从记忆中找出一个合适的框架,并根据新的情况对其细节加以修改、补充,从而形成对这个新事物的认识。

2.4.1 框架基本结构

在框架理论中,框架是知识的基本单位,把一组有关的框架连接起来便可形成一个框架体系。在框架系统中,每一个框架都有自己的名字,称为框架名。框架(frame)通常由若干个槽(slot)组成,每个槽用来表示事物的各个方面,其根据实际需要拥有若干个侧面(aspect),每一个侧面也可以拥有若干个值(value)。框架的基本结构如下:

Frame <框架名>
<槽名 1>
<侧面 11>
<值 111>, …, <值 $11K_1$>
⋮
<侧面 $1n_1$>
<值 $1n_1 1$, …, 值 $1n_1 K_1$>
<槽名 2>
<侧面 21>
<值 211, …, 值 $21L_1$>
⋮
<侧面 $2n_2$>
<值 $2n_2 1$>, …, <值 $2n_2 L_{n2}$>
⋮

其中,某些槽值可省略,一般来说,槽值有如下几种类型:

(1) 具体值 value。该值按实际情况给定。

(2) 默认值 default。该值按一般情况给定,对于某个实际事物,具体值可以不同于默认值。

(3) 过程值 procedure。该值是一个计算过程,它利用该框架的其他槽值,按给定计算过程(或公式)进行计算得出具体值。

(4) 另一框架名。当槽值是另一框架名时,就构成了框架调用,这样就形成了一个框架链。有关框架聚集起来就组成框架系统。

(5) 空值。该值等待填入。

框架的槽还可以是附加过程,称为过程附件(procedural attachment),包括子程序和某种推理过程,这种过程也可以侧面的形式表示。附加过程根据其启动方式可分为两类。一类是自动触发的过程,称为精灵(demon)。这类过程一直监视着系统的状态,一旦满足条件就自动开始执行。另一类是受到调用时触发的过程,称为服务者(servant),用于完成特定的动作和计算。

例如,给出一个直接描述大学教师的框架。

```
Frame < COLLEGE TEACHER >
      Name: Unit(Last name, First name)
      Sex: Area(Man, Woman)
          Default: Man
      Age: Unit(Years)
      Degree: Area(Bachelor, Master, Doctor)
      Major: Unit(Major)
      Paper: Area(SCI, EI, Core)
      Level: Area(A, B, C, D)
      Address : < T - Address >
      Telephone: HomeUnit(Number)
                MobileUnit(Number)
```

这个框架的名字是 COLLEGE TEACHER,共含有 9 个槽,槽名分别为 Name、Sex、Age、Degree、Major、Paper、Level、Address、Telephone。每个槽名后面的就是槽值,如 Man、Woman、Bachelor、Master、Doctor。Area(范围)用来说明槽值仅能从后面所给内容进行选择。Area 与 Default(默认)是侧面名,其后面是侧面值。尖括号"< >"表示框架名,T-Address 表示教师住址框架的框架名。

下面考虑将教师和大学教师联系起来,框架表示如下。

先建立教师框架:

```
Frame < TEACHER >
    Name: Unit(Last name, First name)
    Sex: Area(Man, Woman)
        Default: Man
    Age: Unit(Years)
    Level: Area(A, B, C, D)
    Address : < T - Address >
    Telephone: HomeUnit(Number)
```

```
            MobileUnit(Number)
    Paper: Area(SCI, EI, Core)
```

再建立大学教师框架:

```
Frame < COLLEGE TEACHER >
    AKO: TEACHER
    Degree: Area(Bachelor, Master, Doctor)
    Major: Unit(Major)
```

在该框架系统中,用了一个槽名 AKO 将大学教师与教师联系在一起。AKO 是公用的标准槽名之一,称为框架中的预定义槽名。这样就建立了两个框架之间的一种层次关系,通常称前者为父框架,后者为子框架。子框架可以继承父框架的属性。这样就可以减少框架大小,而不会丢失信息。

常用的框架继承技术有 default、if-needed、if-added。default 为相应的槽提供默认值,如上面的"性别",当系统没有给出值时,默认值为"男";if-needed 当槽为空且需要信息时执行;if-added 当新的信息加入槽时执行。

2.4.2 基于框架的推理

框架表示下的知识推理方法与语义网络表示下的知识推理方法类似,即遵循匹配和继承的原则。与语义网类似,框架表示的问题求解系统由两部分构成,一是由框架及其相互关联构成的知识库,二是用于求解问题的解释程序,即推理机。前者的作用是提供求解问题所需要的知识;后者则是针对用户提出的具体问题,运用知识库中的相关知识,通过推理对问题进行求解。

求解问题的匹配推理步骤如下:

(1) 把待求解问题用框架表示出来,其中有的槽是空的,表示待求的问题,称为未知处。

(2) 与知识库中已有的框架进行匹配。这种匹配通过对相应槽的槽名及槽值逐个进行比较来实现。

(3) 使用一种评价方法对预选框架进行评价,以便决定是否接受它。

(4) 若可接受,则与问题框架的未知处相匹配的事实就是问题的解。

由于框架间存在继承关系,一个框架所描述的某些属性及值可能是从它的上层框架继承而来的,因此两个框架的比较往往牵涉到它们的上层、上上层框架,从而增加了匹配的复杂性。

2.4.3 框架表示法的特点

框架表示法有以下优点:

(1) 结构性。框架表示法最突出的特点是善于表示结构性知识,它能够把知识的内部结构关系以及知识间的特殊联系表示出来。

(2) 深层性。框架表示法不仅可以从多个方面、多重属性表示知识,而且还可以通过 ISA、AKO 等槽以嵌套结构分层地对知识进行表示,因此能用来表达事物间复杂的深层联系。

（3）继承性。在框架系统中，下层框架可以继承上层框架的槽值，也可以进行补充和修改，这样既减少知识冗余，又较好地保证了知识的一致性。

（4）自然性。框架能把与某个实体或实体集的相关特性都集中在一起，从而高度模拟人脑对实体多方面、多层次的存储结构，直观自然，易于理解。

框架表示法有以下缺点：

（1）缺乏框架的形式理论。至今还没有建立框架的形式理论，其推理和一致性检查机制并非基于良好定义的语义。

（2）缺乏过程性知识表示。框架系统不便于表示过程性知识，缺乏使用框架中知识的描述能力。框架推理过程需要用到一些与领域无关的推理规则，而这些规则在框架系统中又很难表达。

（3）清晰性难以保证。由于各框架本身的数据结构不一定相同，从而使框架系统的清晰性很难保证。

2.5　语义网络表示法

1968年，奎廉（J. R. Quilian）在研究人类联想记忆时提出了一种心理学模型——语义网络，认为记忆是由概念间的联系实现的。随后奎廉又把它用作知识表示。1972年，西蒙（H. A. Simon）在他的自然语言理解系统中也采用了语义网络表示法。1975年，亨德里克（G. G. Hendrix）又对全称量词的表示提出了语义网络分区技术。

2.5.1　语义网络基本概念

语义网络是一种用语义和语义关系表示知识且带有方向的网络图。图中包含节点和弧，其中，节点代表语义，即各种概念、事物、属性、状态、动作等；弧代表语义关系，表示两个语义之间的某种联系，弧是有方向的，用来体现节点间的主次关系。为了区分不同语义以及语义关系，每个节点和弧都必须带有标识。

例2.4　用语义网络表示事实"小燕子是一种鸟"。

分析：事实描述中"小燕子"和"鸟"被定义为不同语义，可用两个节点进行表示，它们之间的语义关系应为"是一种"，则可将事实表示成如图2.4所示。

如图2.4所示的结构称为语义基元。所谓语义基元是指语义网络中最基本的语义单元，可用三元组表示，即

（节点 A，弧，节点 B）

如图2.5所示，A 和 B 分别代表节点，R 表示 A 和 B 之间的某种语义联系，该有向图称为基本网元。所谓基本网元是指一个语义基元对应的有向图。

图2.4　"小燕子是一种鸟"的语义网络　　　　图2.5　基本网元

当把多个基本网元用相应的语义联系关联在一起时,就可得到一个语义网络,如图2.6所示。

在语义网络中,每个节点还可以是一个语义子网络,所以,语义网络实质上可以是一种多层次的嵌套结构。

谓词逻辑表示法也可以用语义网络表示,因为三元组(节点1,弧,节点2)可写成 P(个体1,个体2),其中个体1、个体2分别对应节点1、节点2,而弧及其上标注的节点之间的关系由谓词 P 体现。

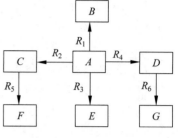

图2.6　语义网络结构

例如,对"小明与小旺是同学"可以表示为三元组(小明,同学,小旺),对应的语义网络如图2.7所示。

如果用一阶谓词表示法表示,则可写成 P(小明,小旺),谓词 P 表示小明和小旺为同学关系。

产生式表示法也可以用语义网络表示。R_{AB} 表示 A 与 B 之间的语义关系,即"如果……那么……",如图2.8所示。

图2.7　谓词逻辑表示法的语义网络示例

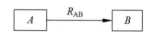

图2.8　产生式表示法的语义网络

2.5.2　语义网络中常用的语义联系

在语义网络知识表示中,通过语义关系可以将更复杂的事物关联在一起,这也就要求我们熟悉一些基本的语义关系,如实例关系、分类关系、属性关系、聚类关系等,利用这些语义关系可以更好地描述事物以及事物之间的关系。下面介绍一些常用的基本语义关系。

1. 类属关系

类属关系是指具有共同属性的不同事物间的分类关系、成员关系或实例关系。它体现的是具体与抽象、个体与集体的层次分类。其直观含义是"是一个""是一种""是一只""是一名"……具体层节点位于抽象层节点的下层。类属关系最主要的特征是属性的继承性,处在具体层的节点可以继承抽象层节点的所有属性。常用的类属关系如下:

(1) ISA,即 IS-A,意思是"是一个",常用来描述一个事物是另一个事物的一个实例。如"王一是一个人"就描绘了这样的关系,如图2.9所示。

(2) AKO,即 A-Kind-Of,表示一个事物是另一个事物的一种类型。如"小燕子是一种鸟"就描绘了这样的关系,如图2.10所示。

图2.9　ISA 的语义网络示例

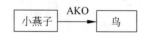

图2.10　AKO 的语义网络示例

（3）AMO，即 A-Member-Of，表示一个事物是另一个事物的一个成员。如"李二是中共党员"就描绘了这样的关系，如图 2.11 所示。

2. 包含关系

包含关系也称为聚类关系，是指具有组织或结构特征的"部分与整体"之间的关系。它和类属关系最主要的区别是包含关系一般不具备属性的继承性。常用的包含关系是 Part-of，含义为"是一部分"，表示一个事物是另一个事物的一部分。它连接的下层节点的属性可能和上层节点的属性是很不相同的，即不具有继承性。

如"脑是人体的一部分"这一事实即可说明脑不一定具备身体的其他属性，如图 2.12 所示。

图 2.11　AMO 的语义网络示例　　　图 2.12　Part-of 的语义网络示例

3. 位置关系

位置关系是指不同事物在位置方面的关系，节点间的属性不具有继承性。常用的位置关系有以下几种：

（1）Located-on，含义为"在……上"，表示一个物体在另一个物体之上。

（2）Located-at，含义为"在"，表示某一物体处在某一位置。

（3）Located-under，含义为"在……下"，表示某一物体在另一物体之下。

（4）Located-inside，含义为"在……内"，表示某一物体在另一物体之内。

（5）Located-outside，含义为"在……外"，表示某一物体在另一物体之外。

例如"桌子上有本书"，其语义网络表示如图 2.13 所示。

4. 时间关系

时间关系是指不同事件在其发生时间方面的先后次序关系，节点间的属性不具有继承性。常用的时间关系有以下几种：

（1）Before，含义为"在……前"，表示一个事件在另一个事件之前发生。

（2）After，含义为"在……后"，表示一个事件在另一个事件之后发生。

（3）During，含义为"在……期间"，表示某一事件或动作在某个时间段内发生。

例如"明朝在清朝之前"，其语义网络表示如图 2.14 所示。

图 2.13　Located-on 的语义网络示例　　　图 2.14　Before 的语义网络示例

5. 属性关系

属性关系表示事物与其行为、能力、状态等属性之间的关系。常用的属性关系有以下几种：

(1) Have,含义为"有",表示一个节点拥有另一个节点所表示的事物。

(2) Can,含义为"能",表示一个节点能做另一个节点的事情。

(3) Age,含义为"年龄",表示一个节点是另一个节点在年龄方面的属性。

例如"人有手",其语义网络表示如图 2.15 所示。

6. 相近关系

相近关系是指不同事物在形状、内容等方面相似或接近。常用的相近关系有以下两种：

(1) Similar-to,含义为"相似",表示某一事物与另一事物相似。

(2) Near-to,含义为"接近",表示某一事物与另一事物接近。

如"猫似虎",其语义网络表示如图 2.16 所示。

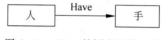

图 2.15　Have 的语义网络示例

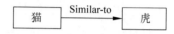

图 2.16　Similar-to 的语义网络示例

上面只列出了一些常用的语义联系,其实,客观世界中,事物间的联系是各式各样、千变万化的,在使用语义网络进行知识表示时,可根据需要随时对事物间的各种联系进行人为定义。

2.5.3　语义网络表示知识的方法

1. 事实性知识的表示

事实性知识是指有关领域内的概念、事实、事物的属性、状态及其关系的描述。例如：①动物能运动,会吃；②鸟是一种动物,有翅膀,会飞；③鱼是一种动物,生活在水中,会游泳。以上事物和概念的表示如图 2.17 所示。

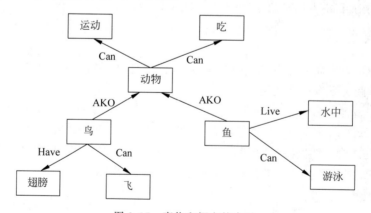

图 2.17　事物和概念的表示

2. 情况和动作的表示

1) 情况的表示

在用语义网络表示那些不及物动词表示的语句或没有间接宾语的及物动词表示的语句

时,如果该语句的动词表示了一些其他情况,如动作作用的时间等,则需设立一个情况节点,并从该节点向外引出一组弧,用于指出各种不同的情况。例如,"一只名叫'飞飞'的小燕子从春天到秋天占有一个巢",其语义网络如图 2.18 所示。

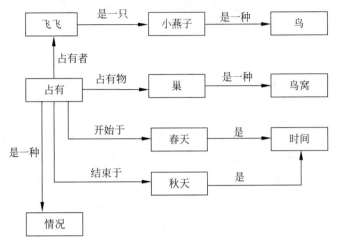

图 2.18　带有情况节点的语义网络

在图 2.18 所示的语义网络中,设立了一个"占有"节点,通过由该节点向外引出的弧表示了小燕子"飞飞"的占有物和占有时间。之所以设立这个节点,是由于所要表示的知识不仅指出了表示小燕子"飞飞"占有了一个巢,而且指出了它占有这个巢的时间是从春天到秋天。

另外,含有情况节点的语义网络也适于表示那些具有因果关系的知识。

2)动作和事件的表示

有些表示知识的语句涉及的动词既有主语又有直接宾语和间接宾语。也就是说,既有发出动作的主体,又有接受动作的客体和动作所作用的客体。在用语义网表示这样的知识时,既可以把动作设立成一个节点,也可以将所发生的动作当成一个事件,设立一个事件节点。动作或事件节点也有一些向外引出的弧,用于指出动作的主体与客体,或指出事件的发生动作以及该事件的主体与客体。例如,"李二给王山一块巧克力",通过两种方式给出知识表示的语义网络如下。

其一,增加事件节点,把"李二给王山一块巧克力"看成一个事件,如图 2.19 所示。

图 2.19　带有事件节点的语义网络

其二,增加动作节点表示知识的语义网络,如图 2.20 所示。

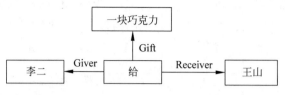

图 2.20 带有动作节点的语义网络

3. 逻辑关系的表示

1) 合取与析取的表示

合取与析取通常通过增加合取节点和析取节点实现。例如,用语义网表示如下事实:
"听课的有硕士生、博士生,有男有女"。

首先需要分析听课者的不同情况,可得到以下 4 种情况:

A. 硕士生、女生   B. 硕士生、男生

C. 博士生、女生   D. 博士生、男生

然后按照它们的逻辑关系用语义网络表示,如图 2.21 所示。

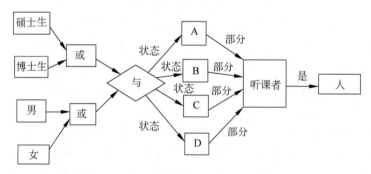

图 2.21 具有合取、析取关系的语义网络

2) 存在量词和全称量词的表示

存在量词可直接用 ISA、AKO 等语义关系表示。全称量词可采用亨德里克提出的网络分区技术,其基本思想是:把一个复杂命题划分为若干个子命题,每个子命题用一个较简单的语义网络表示,称为一个子空间,多个子空间构成一个大空间。每个子空间看作是大空间中的一个节点,称为超节点。空间可逐层嵌套,子空间之间用弧互相连接。例如"每个学生都学习了一门程序设计语言课",用语义网络表示如图 2.22 所示。

其中,G_s 是一个概念节点,它表示具有全称量化的一般事件。g 是一个实例节点,代表 G_s 中的一个具体例子,如上面所提到的事实。s 是一个全称变量,表示任意一个学生。l 是一个存在变量,表示某一次学习。p 是一个存在变量,表示某一门程序设计语言。这样,s、l、p 之间的语义联系就构成一个子空间,它表示对每一个学生 s,都存在一个学习事件 l 和一门程序设计语言 p。

在从节点 g 引出的 3 条弧中,弧"是一个"说明节点 g 是 G_s 中一个实例;弧 F 说明它所代表的子空间及其具体形式;弧 ∀ 说明它所代表的全称量词,每一个全称量词都需要一条这样的弧,子空间有多少个全称量词,就需要有多少条这样的弧。

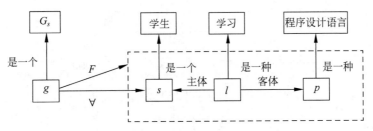

图 2.22　具有一个全称变量的语义网络

另外,在网络分区技术中,要求 F 指向的子空间中的所有非全称变量节点都应该是全称变量节点的函数,否则应放在子空间的外面。例如"每个学生都学习了 C 语言",其语义网络如图 2.23 所示。

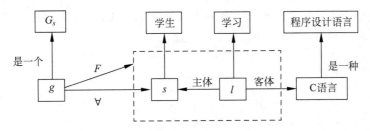

图 2.23　非全称变量节点不为全称变量函数的语义网络

在该图中,节点"C 语言"代表一门具体的程序设计语言,是节点"程序设计语言"的一个实例,而不是全称变量的函数,故被放到 F 所指的子空间的外边。

3) 否定的表示

否定可分为基本语义关系的否定和一般语义关系的否定。基本语义关系的否定通过在有向弧上直接标注该否定解决,一般语义关系的否定通常通过引进"非"节点表示。

例如,"书不在桌子上"的表示如图 2.24 所示。

"李二没给王山一块巧克力"的表示如图 2.25 所示。

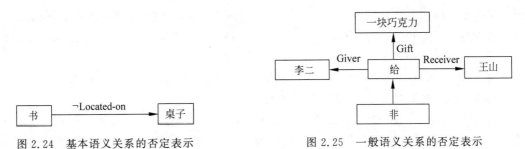

图 2.24　基本语义关系的否定表示　　图 2.25　一般语义关系的否定表示

4) 蕴含的表示

在蕴含关系中,通过增加蕴含关系节点实现知识表示,且有两条指向节点的弧,分别表示前提条件和结论,将其分别标记为 ANTE 和 CONSE。

例如,"如果学校组织研究生学术辩论赛,那么李二就参加",其语义网络如图 2.26 所示。

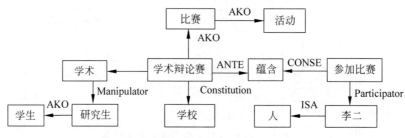

图 2.26　带有蕴含关系的语义网络

2.5.4　语义网络的推理过程

语义网络表示的问题求解系统主要由两部分组成,一是由语义网络构成的知识库,其中存放了许多已知事实的语义网络;二是求解问题的解释程序,即推理机。语义网络采用的推理方法一般有两种:一种是匹配,另一种是继承。

1. 匹配推理方法

匹配是指在知识库的语义网络中寻找与待求解问题相符的语义网络模式,待求解问题是通过设立空的节点或弧实现的。其推理过程如下:

(1) 根据待求问题的要求,构造一个网络片段或者局部语义网络,这里包含着一些空的节点或弧,即待求解的问题。

(2) 根据该局部网络到知识库中寻找所需要的信息。

(3) 当局部网络与知识库中的某个语义网络匹配时,则与未知处相匹配的事实就是问题的解。

2. 继承推理方法

继承指将抽象事物的属性传递给具体事物,通常具有类属关系的事物之间具有继承性。继承一般包括值继承和方法继承两种。值继承又称为属性继承,它通常是沿着 ISA、AKO 等语义关系链继承。方法继承又称为过程继承,强调的是属性值不是直接继承的,而是通过计算才能得到的,但它的计算方法是从上一层节点继承下来的,故而称为方法继承或过程继承。继承的一般过程如下:

(1) 建立一个节点表,用来存放待求解节点和所有以 ISA、AKO 等继承弧与此节点相连的那些节点。初始情况下,表中只有待求解节点。

(2) 检查表中的第一个节点是否是有继承弧。如果有,就把该弧所指的所有节点放入节点表的末尾,记录这些节点的所有属性,并从节点表中删除第一个节点。如果没有继承弧,仅从节点表中删除第一个节点。

(3) 重复(2),直到节点表为空。此时,记录下来的所有属性都是待求解节点继承来的属性。

2.5.5　语义网络表示的特点

语义网络表示具有以下 5 个特点:

(1) 结构性。语义网络是一种结构化的知识表示方法,易于被询问和学习,它能将事物属性以及事物间的各种语义联系显式地表示出来,下层节点可以继承、新增和变异上层节点的属性,从而实现信息的共享。

(2) 自然性。语义网络是一个带有标识的有向图,提供了自然的架构,可直观地把事物的属性及事物间的语义联系表示出来,便于理解,易于转换,符合人们表达事物间关系的习惯,自然语言与语义网络之间的转换也比较容易实现。

(3) 联想性。语义网络本来是作为人类联想记忆模型提出来的,它着重强调事物间的语义联系,体现了人类的联想思维过程。

(4) 非严格性。语义网络没有公认的形式表示体系,它没有给其节点和弧赋予确切的含义。推理过程中有时不能区分物体的"类"和"个体"的特点,因此通过推理网络而实现的推理不能保证其正确性。

(5) 复杂性。语义网络表示知识的手段是多种多样的,这虽然给其表示带来了灵活性,但同时也由于表示形式的不一致使处理变得复杂。

2.6　知识图谱表示法

2006 年,Berners-Lee 提出了数据链接的思想,呼吁推广和完善 RDF(Resource Description Framework)和 OWL(Web Ontology Language)技术,掀起了语义网络研究的热潮。随后在相关研究成果的基础上,谷歌公司为了提高搜索引擎的能力,增强搜索结果的质量以及用户的搜索体验,在 2012 年提出了知识图谱的概念。

2.6.1　知识图谱基本概念

知识图谱是一种用符号的形式描述实体概念及实体之间关系的结构化知识库。知识图谱的基本组成单位是(实体,关系,实体)三元组,以及实体相关的属性-值对。在表现形式上,知识图谱与语义网络相似,都是以有向网络图的形式对知识进行表示。但语义网络更侧重于表示概念与概念之间的关系,知识图谱更侧重于表示实体与实体之间的关系。因此,在表现形式上,知识图谱可以看作一种揭示实体之间关系的语义网络。知识图谱中的节点通常代表的是实体或属性值,如某个人、某个商品、某个地点、某个时刻、身高高度、颜色值等,知识图谱中的每个实体可以用一个全局唯一的 ID 进行标识。知识图谱中的弧通常代表的是属性和关系,用来表示节点之间的联系。知识图谱的逻辑结构分为两个层次:数据层和模式层。模式层在数据层之上,是知识图谱的核心,在模式层存储的是经过提炼的知识,通常采用本体库管理知识图谱的模式层,借助本体库对公理、规则和约束条件的支持能力规范实体、关系以及实体的类型和属性等对象之间的联系。

例 2.5　用知识图谱表示语句"桌子上方有一个红色的苹果"。

分析:语句描述中"桌子"和"苹果"是实体,两个实体之间的关系是方位关系"上方",苹果的颜色属性是"红色",则可将语句表示成图 2.27 所示的知识图谱。

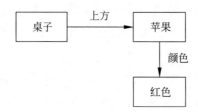

图 2.27　"桌子上方有一个红色的苹果"的知识图谱

2.6.2　知识图谱常用的表示方法

1. RDF 表示法

RDF 即资源描述框架,是 W3C 提倡的一个数据模型,用来描述万维网上的资源及其相互间的关系。RDF 数据模型的核心包括资源(resource)、属性(property)、RDF 陈述(RDF statement)等,RDF 中最核心的就是(资源,属性,属性值)三元组。

1) RDF 图

RDF 表示法是最常用的符号语义表示模型。RDF 通过三元组和实体之间的边构建出一个有向标记图用来表示各个实体之间的关联。目前,RDF 序列化的方式主要有 RDF/XML,N-Triples,Turtle,RDFa,JSON-LD 等几种。

2) RDF 编写规则

RDF 通常使用 Web 标识符(URI)标识事物,并通过属性和属性值描述事物。在 RDF 中,资源指的是可拥有 URL 的任何事物,属性指的是拥有名称的资源,属性值指的是某个属性具体的值。

3) RDF 实例

标题	学生	科目	成绩
Report card	小明	人工智能	90

```
<?xml version = "1.0"?>
 < rdf:RDF
xmlns:rdf = "http://www.w3.org/1999/02/22 - rdf - syntax - ns ♯ "
xmlns:score = "http://www.score.result/ score ♯ ">
 < rdf:Description
rdf:about = "http://www. score.result/ score /Report card">
   < score:student >小明</ score: student >
   < score:subject >人工智能</ score: subject >
   < score:grade > 90 </ score:grade >
</rdf:Description >
</rdf:RDF >
```

RDF 实例的第一行是 XML 声明。这个 XML 声明之后是 RDF 文档的根元素: < rdf: RDF >。

xmlns:rdf 命名空间,规定了带有前缀 rdf 的元素来自命名空间 "http://www. w3. org/1999/02/22-rdf-syntax-ns ♯ "。

xmlns:score 命名空间,规定了带有前缀 score 的元素来自命名空间 "http://www. score.result/ score♯"。

< rdf:Description > 元素包含了对被 rdf:about 属性标识的资源的描述。

元素:< score:student >、< score:subject >、< score:grade > 等是此资源的属性。

2. OWL 表示法

OWL 即网络本体语言,是 W3C 为需要处理信息内容提出的应用程序设计。OWL 不仅仅是向人类呈现信息,通过提供额外的词汇和形式化的语义,OWL 提供了比 XML、RDF 和 RDF Schema 更高的机器对 Web 内容的可解释性。

1) OWL 基本元素

一个 OWL 本体中的大部分元素是与类(class)、属性(property)、类的实例(instance)以及这些实例间的关系有关的。

2) Class 类

一个领域中的最基本概念应分别对应于各个分类层次树的根。OWL 中的所有个体都是类 owl:Thing 的成员。因此,各个用户自定义的类都隐含的是 owl:Thing 的一个子类。要定义特定领域的根类,只需将它们声明为一个具名类(named class)。OWL 也可以定义空类,owl:Nothing。

rdfs:subClassOf 是用于类的基本分类构造符。它将一个较具体的类与一个较一般的类关联。如果 X 是 Y 的一个子类(subclass),那么 X 的每个实例同时也都是 Y 的实例。rdfs:subClassOf 关系是可传递的,即如果 X 是 Y 的一个子类,而 Y 又是 Z 的一个子类,那么 X 就是 Z 的一个子类。

3) 个体

通常认为类的成员是我们所关心的范畴中的一个个体(而不是另一个类或属性)。要引入一个个体(individual),只需将它们声明为某个类的成员。

```
< owl:NamedIndividual >
< owl:Thing rdf:ID = "CentralCoastRegion" />
 < owl:Thing rdf:about = "♯CentralCoastRegion">
    < rdf:type rdf:resource = "♯Region"/>
 </owl:Thing >
</owl:NamedIndividual >
```

rdf:type 是一个 RDF 属性(RDF property),用于关联一个个体和它所属的类。

4) 属性

一个属性是一个二元关系。有两种类型的属性:

数据类型属性(datatype properties),类实例与 RDF 文字或 XML Schema 数据类型间的关系。

对象属性(object properties),两个类的实例间的关系。

在定义一个属性的时候,有一些对该二元关系施加限定的方法。我们可以指定定义域(domain)和值域(range)。

```
< owl:ObjectProperty rdf:ID = "madeFromGrape">
```

```
        < rdfs:domain rdf:resource = "♯Wine"/>
        < rdfs:range rdf:resource = "♯WineGrape"/>
    </owl:ObjectProperty>
    < owl:DatatypeProperty rdf:ID = "yearValue">
      < rdfs:domain rdf:resource = "♯VintageYear" />
      < rdfs:range  rdf:resource = "&xsd;positiveInteger" />
    </owl:DatatypeProperty>
```

2.6.3　知识图谱的构建方法

1. 自顶向下的构建方法

自顶向下的构建方式,是指先确定知识图谱的数据模型,再根据模型填充具体数据,最终形成知识图谱。数据模型的设计,是知识图谱的顶层设计,根据知识图谱的特点确定数据模型,就相当于确定了知识图谱收集数据的范围,以及数据的组织方式。这种构建方式,一般适用于行业知识图谱的构建。对于一个行业来说,数据内容,数据组织方式相对来说比较容易确定。例如,对于法律领域的知识图谱,可能会以法律分类,法律条文,法律案例等方式组织。

再比如建立一个三国时期人物的知识图谱,可能会以某个历史时期,将魏蜀吴三个国家人物进行分类,统计人物的师承、上下属、朋友、敌对等关系,依据这些关系设计数据模型,然后再收集具体人物数据,形成人物的知识图谱。总起来说,自顶向下的构建方式,适用于那些知识内容比较明确,关系比较清晰的领域构建知识图谱。

2. 自底向上的构建方法

自底向上的构建方式,是指先按照三元组的方式收集具体数据,然后根据数据内容来提炼数据模型。采用这种方式构建知识图谱,是因为在开始构建知识图谱的时候,还不清楚收集数据的范围,也不清楚数据怎么使用,就是先把所有的数据收集起来,形成一个庞大的数据集,然后再根据数据内容,总结数据的特点,将数据进行整理、分析、归纳、总结,形成一个框架,也就是数据模型。一般公共领域的知识图谱采用这种方式,因为公共领域的知识图谱,涉及海量数据,并且包括方方面面的知识,做出来的效果是大而全,这在构建初期,很难想清楚数据的整体架构,只能是根据数据的内容总结提炼特征,形成数据框架模型。

比如 Google、百度的知识图谱,属于典型的公共领域知识图谱。现实中,使用它们的搜索工具进行内容搜索时,用户可能输入的内容千差万别,各个领域的问题都可能问到,也就使得它们的后台知识图谱的内容也要覆盖所有知识,在构建这种公共领域的知识图谱过程中,随着数据的不断积累,才能对数据知识进行分类,慢慢呈现出知识架构。

2.6.4　知识图谱表示法的特点

(1) 结构性。以本体为核心,以 RDF 或 OWL 的三元组模式为基础框架,体现实体、类别、属性、关系等多颗粒度多层次的语义关系,并且节点和边拥有统一的标准。

(2) 深层性。知识图谱表示法可以根据知识图谱自身双层结构以及实体之间的结构化关联,表示实体之间的复杂联系。

（3）自然性。知识图谱对于知识的表示是通过构建实体、属性和关系之间的自然连接，对客观世界的直观准确的描述。

知识表示的方法另外还有过程表示法、脚本表示法、面向对象表示法等，不再一一赘述。

2.7 实践：构建领域知识图谱

在线视频

按照知识的适应范围可以将知识图谱分为领域知识图谱与通用知识图谱。构建知识图谱的方式可以分为两种：自动化构建和人工构建。通用知识图谱可以理解为大规模的语义网络，它所包含的实体和实体间关系特别庞大，不适合人工构建。而领域知识图谱可以认为是对某一领域封闭性的细粒度建模。例如：实验室知识图谱，它里面的大多实体和概念都与实验室有关。所以，领域越封闭，构建知识图谱越容易。本节将尝试构建一个领域知识图谱。

2.7.1 选定构建领域

例如：构建某计算机实验室知识图谱。

说明：本实验室由刘老师、韩梅梅同学和李雷同学三人组成。实验室有计算机和打印机若干，还有面包和香肠。其中有三个面包是李雷同学的。

2.7.2 知识抽取

使用文字或抽象图的方式对要构建的知识图谱进行知识抽取

1. 实体（类）：

```
人物：
    ① 老师
    ② 学生
物品：
    ① 办公用品
    ② 食品
```

2. 实体间（类间）关系

```
① 师生关系
② 同学关系
③ 使用关系
④ 品尝关系
```

3. 实例

① 老师：刘老师
② 学生：李雷、韩梅梅
③ 办公物品：计算机、打印机
④ 食品：面包、香肠

4. 属性

① 对象属性(实例间关系)
② 数据属性：3 个面包

2.7.3 对知识图谱进行描述

使用 OWL 或 RDF 语言对要构建的领域知识图谱进行描述。

采用 OWL 语言对知识图谱部分内容描述：

```
< Declaration >
< Class IRI = "♯人物"/>
    </Declaration>
    < Declaration >
        < ObjectProperty IRI = "♯使用关系"/>
    </Declaration>
< SubClassOf >
    < Class IRI = "♯办公用品"/>
    < Class IRI = "♯物品"/>
</SubClassOf >
< ObjectPropertyAssertion >
    < ObjectProperty IRI = "♯使用关系"/>
    < NamedIndividual IRI = "♯李雷"/>
    < NamedIndividual IRI = "♯计算机"/>
</ObjectPropertyAssertion >
< DataPropertyAssertion >
    < DataProperty IRI = "♯数量"/>
    < NamedIndividual IRI = "♯面包"/>
    < Literal datatypeIRI = "&xsd;int"> 3 </Literal>
</DataPropertyAssertion >
```

2.7.4 使用 protégé 工具搭建领域知识图谱

使用 protégé 工具搭建领域知识图谱步骤如下。

(1) 创建实体类：人物和物品。

(2) 在人物和物品类下，添加 Subclassof 类(子实体类)，例如：物品子类食品。

(3) 添加类间关系(对象属性)，例如：师生关系。

（4）添加实例，例如：刘老师。

（5）添加实例间关系（对象属性），例如：刘老师与李雷师生关系。

（6）对实例添加数据属性，例如：3个面包。

（7）知识图谱构建完成、可视化展示。

本实例所构建的知识图谱如图 2.28 所示。

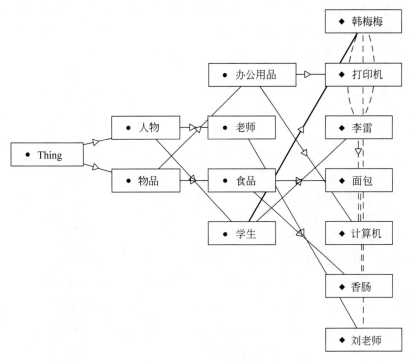

图 2.28 知识图谱

详细步骤参考附录 A。

2.7.5 思考与练习

上述知识图谱的构建只是实验室知识图谱的一部分，可以尝试对已构建好的知识图谱进行扩展，例如：添加新的类、新的关系，新的实例等，也可以在构建好的知识图谱的基础上进行细粒度划分，例如：对李雷同学的个人身高、体重进行描述；对面包的品牌、颜色、味道进行描述等。

2.8 习题

1. 什么是知识？它有哪些特性？有哪几种分类方法？

2. 什么是知识表示？有哪几种常用的知识表示方法？

3. 一阶谓词逻辑表示法适合表示哪种类型的知识？它有什么特点？

4. 试写出一阶谓词逻辑表示法表示知识的步骤。

5. 设有下列语句，请用相应的谓词公式把它们表示出来：

（1）有的人喜欢打羽毛球，有的人喜欢打网球，有的人既喜欢打羽毛球又喜欢打网球。

（2）他每天下午都去打网球。

（3）并不是每个人都喜欢看电视。

（4）要想出国留学,必须通过外语考试。

6. 产生式的基本形式是什么？它与谓词逻辑中的蕴含式有哪些相同和不同之处？

7. 什么是产生式系统？它由哪几部分组成？其求解问题的一般步骤是什么？

8. 什么是语义网络？语义网络表示法的特点是什么？

9. 试把下列命题用一个语义网络表示出来：

（1）树和草都是植物。

（2）树和草都是有根有叶的。

（3）海藻是草,且长在水中。

（4）苹果树是果树,且结苹果。

（5）果树是树,且会结果。

10. 什么是框架？框架的表示形式是什么？

11. 框架表示法有什么特点？请叙述框架表示法表示知识的步骤。

12. 试写出"学生"框架的描述。

13. 什么是知识图谱？

14. 简述知识图谱和语义网的区别和联系？

15. 试使用 OWL 或 RDF 简要表示如下内容：

姓名	性别	年龄	专业
小明	男	23	人工智能

第 3 章

搜 索 策 略

3.1 搜索的基本概念

3.1.1 搜索的含义

如何在大量的结构不良或非结构化的问题中获取对自己有用的信息,是人工智能中非常重要的一部分。对于这些问题,一般很难获得其全部信息,更没有现成的算法可供使用。因此,根据问题的实际情况,不断寻找可利用知识,从而构造一条代价最小的推理路线,就显得尤为重要。搜索就是要寻找一个操作序列,使问题从初始状态转换到目标状态。这个操作序列就是目标的解。因此,所谓搜索,就是根据问题的实际情况,按照一定的策略或规则,从知识库中寻找可利用的知识,从而构造一条使问题获得解决的推理路线的过程。搜索包含两层含义:一是要找到从初始事实到问题最终答案的一条推理路线,二是找到的这条路线是时间和空间复杂度最小的求解路线。

通常搜索策略的主要任务是确定选取规则的方式。可根据是否使用启发式信息分为盲目搜索和启发式搜索,也可以根据问题的表示方法分为状态空间搜索和与/或树搜索。

盲目搜索是不考虑给定问题所具有的特定知识,系统根据事先确定好的某种固定排序,依次调用规则或随机调用规则,一般统称为无信息引导的搜索策略。由于搜索总是按照预定的控制策略进行搜索,因此这种搜索策略具有盲目性,效率不高,不便于复杂问题的求解。启发式搜索考虑问题领域可应用的知识,动态地确定规则的排序,优先调用较合适的规则,加速问题的求解过程,使搜索朝着最有希望的方向前进,找到最优解。

状态空间搜索是指用状态空间法来求解问题所进行的搜索。与/或树搜索是指用问题归约法来求解问题时进行的搜索。下面分别介绍状态空间法与问题归约法。

3.1.2　状态空间法

在分析了人工智能研究的求解方法之后,就会发现许多问题求解方法采用了试探搜索方法。也就是说,这些方法是通过在某个可能的解空间内寻找一个解来求解问题。这种基于解空间的问题表示和求解方法就是状态空间法。状态空间搜索的研究焦点在于设计高效的搜索算法,以降低搜索代价并解决组合爆炸问题。

1. 状态空间及其搜索的表示

在状态空间表示法中,问题是用"状态"和"操作"来表示的,问题求解的过程使用状态空间来表示。

1) 状态

状态(state)是表示问题求解过程中每一步问题状况的数据结构,可以用如下形式表示:

$$S_k = \{S_{k0}, S_{k1}, \cdots\}$$

在这种表示方式中,当对每一个分量都给予确定的值时,就得到了一个具体的状态。其中,每一个分量称为状态变量。实际上,任何一种类型的数据结构都可以用来描述状态,只要它有利于问题求解,就可以选用。

2) 操作

操作(operation)也称为算符,它是把问题从一种状态变换为另一种状态的手段。当对一个问题状态使用某种操作时,它将引起该状态中某些分量值的变化,从而使问题从一个具体状态变为另一个具体状态。操作符可以是过程、规划、数学算子、运算符号或逻辑符号等。操作可理解为状态集合上的一个函数,它描述状态之间的关系。

3) 状态空间

状态空间(state space)用来描述一个问题的全部状态及这些状态之间的相互关系。状态空间常用一个三元组(S, F, G)来表示。其中:

- S 为问题的所有初始状态的集合,其中的每个元素表示一种状态。
- F 为操作的集合,用于把一个状态转换为另一个状态。
- G 是 S 的一个非空子集,为目标状态的集合。它可以是若干具体的状态,也可以是对某些状态性质的描述。

状态空间也可以用一个赋值的有向图来表示,该有向图称为状态空间图。在状态空间图中,节点表示问题的状态,有向边(弧)表示操作。

2. 状态空间问题的例子

下面通过具体例子来说明状态空间法。

例 3.1　二阶梵塔问题。设有 3 根柱子,它们的编号分别为 1 号、2 号、3 号。在初始情况下,1 号柱子上穿有 A 和 B 两个圆盘,A 比 B 小,A 位于 B 的上面。要求把这两个圆盘全部移到另一根柱子上,而且规定每次只能移动一个圆盘,任何时刻都不能使大圆盘位于小圆盘的上面。

解:设用 $S_k = \{S_{k0}, S_{k1}\}$ 表示问题的状态,其中 S_{k0} 表示圆盘 A 所在的柱子号,S_{k1} 表

示圆盘 B 所在的柱子号。全部可能的问题状态共有以下 9 种：

$$S_0=\{1,1\}\quad S_1=\{1,2\}\quad S_2=\{1,3\}\quad S_3=\{2,1\}\quad S_4=\{2,2\}$$
$$S_5=\{2,3\}\quad S_6=\{3,1\}\quad S_7=\{3,2\}\quad S_8=\{3,3\}$$

其中，初始状态 S_0 和目标状态 S_4、S_8 如图 3.1 所示。

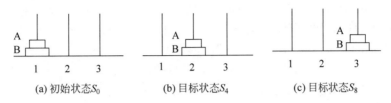

(a) 初始状态 S_0 (b) 目标状态 S_4 (c) 目标状态 S_8

图 3.1 二阶梵塔问题的部分状态

问题的初始状态集合为 $S_k=\{S_0\}$，目标状态集合为 $G=\{S_4,S_8\}$。操作分别用 $A(i,j)$ 和 $B(i,j)$ 表示。其中 $A(i,j)$ 表示把圆盘 A 从第 i 号柱子移到第 j 号柱子上，$B(i,j)$ 表示把圆盘 B 从第 i 号柱子移到第 j 号柱子上。共有 12 种操作，分别是

$$A(1,2)\quad A(1,3)\quad A(2,1)\quad A(2,3)\quad A(3,1)\quad A(3,2)$$
$$B(1,2)\quad B(1,3)\quad B(2,1)\quad B(2,3)\quad B(3,1)\quad B(3,2)$$

根据上述 9 种可能的状态和 12 种操作，可构成二阶梵塔问题的状态空间图，如图 3.2 所示。

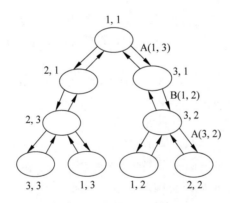

图 3.2 二阶梵塔的状态空间图

在图 3.2 中，从初始节点 $(1,1)$ 到目标节点 $(2,2)$ 及 $(3,3)$ 的任何一条路径都是问题的一个解。其中，最短的路径长度是 3，它由 3 个操作组成。例如，从初始状态 $(1,1)$ 开始，通过使用操作 $A(1,3)$、$B(1,2)$ 及 $A(3,2)$，可到达目标状态 $(2,2)$。

例 3.2 作为状态空间的经典例子，我们来观察"传教士与野人问题"。设 N 个传教士带领 N 个野人划船渡河，且为安全起见，渡河需要遵循两个约束：①船上人数不得超过载重限量，设为 K 个人；②为预防野人攻击，任何时刻（包括两岸、船上）野人数目不得超过传教士数目。

为便于理解状态空间表示方法，可以将该问题简化为一个特例：$N=3$，$K=2$；并以变量 m 和 c 分别表示传教士和野人在左岸或者在船上的实际人数，变量 b 表示船是否在左岸（值 1 表示船在左岸，否则为 0）。从而上述约束条件转变成为 $m+c\leqslant 2$，$m\geqslant c$。

考虑到在这个渡河问题中,左岸的状态描述 (m,c,b) 可以决定右岸的状态,所以整个问题的状态就可以用左岸的状态来描述,以简化问题的表示。设初始状态下传教士、野人和船都在左岸,目标状态下这三者均在右岸,问题状态以三元组 (m,c,b) 表示,则问题求解任务可以描述为

$$(3,3,1) \rightarrow (0,0,0)$$

在此问题中,状态空间可能的状态总数为 $4 \times 4 \times 2 = 32$,但由于要遵守安全约束,只有 20 种状态是合法的。下面是几个不合法状态的例子:

$$(1,0,1),(1,2,1),(2,3,1)$$

鉴于存在不合法的状态,还会导致某些合法的状态不可达,例如状态 $(0,0,1)$、$(0,3,0)$。因此,此问题总共只有 16 种可达的合法状态:

$$
\begin{aligned}
&S_0 = (3,3,1) \quad S_1 = (3,2,1) \quad S_2 = (3,1,1) \quad S_3 = (2,2,1) \\
&S_4 = (1,1,1) \quad S_5 = (0,3,1) \quad S_6 = (0,2,1) \quad S_7 = (0,1,1) \\
&S_8 = (3,2,0) \quad S_9 = (3,1,0) \quad S_{10} = (3,0,0) \quad S_{11} = (2,2,0) \\
&S_{12} = (1,1,0) \quad S_{13} = (0,2,0) \quad S_{14} = (0,1,0) \quad S_{15} = (0,0,0)
\end{aligned}
$$

有了这些状态,还需要考虑可进行的操作。在此问题中,操作是指用船把传教士或野人从河的左岸运到右岸,或者从河的右岸运到左岸,并且每个操作都应该满足条件①、②。因此,操作应该由两部分组成,即条件部分和动作部分。操作只有当其条件具备时才能进行,动作则刻画了应用此操作所产生的结果。

此处用符号 P_{ij} 表示从左岸到右岸的运人操作,用符号 Q_{ij} 表示从右岸到左岸的运人操作,其中,i 表示船上的传教士数,j 表示船上的野人数。通过分析可以知道有 10 种操作可供选择,其操作集为

$$F = \{P_{01}, P_{10}, P_{11}, P_{02}, P_{20}, Q_{01}, Q_{10}, Q_{11}, Q_{02}, Q_{20}\}$$

下面以 P_{01} 和 Q_{01} 为例说明这些操作的条件和动作:

操作符号	条件	动作
P_{01}	$b=1, m=0$ 或 $3, c \geqslant 1$	$b=0, c=c-1$
Q_{01}	$b=0, m=0$ 或 $3, c \leqslant 2$	$b=1, c=c+1$

从而可画出类似图 3.2 所示的状态空间图。

例 3.3　猴子摘香蕉问题。在前面讨论谓词逻辑知识表示时曾经提到这一问题,现在用状态空间法求解。

解:问题状态可用四元组 (w,x,y,z) 来表示。其中,w 表示猴子的水平位置;x 表示箱子的水平位置;y 表示猴子是否在箱子上,当猴子在箱子上时 y 取 1,否则 y 取 0;z 表示猴子是否拿到香蕉,当拿到香蕉时 z 取 1,否则 z 取 0。

所有可能的状态为

S_0:$(a,b,0,0)$　初始状态

S_1:$(b,b,0,0)$

S_2:$(c,c,0,0)$

S_3:$(c,c,1,0)$

S_4:$(c,c,1,1)$　目标状态

允许的操作为

Goto(u)：猴子走到位置 u，即 $(w,x,0,0) \rightarrow (u,x,0,0)$。

Pushbox(v)：猴子推着箱子到水平位置 v，即 $(x,x,0,0) \rightarrow (v,v,0,0)$。

Climbbox：猴子爬上箱子，即 $(x,x,0,0) \rightarrow (x,x,1,0)$。

Grasp：猴子拿到香蕉，即 $(c,c,1,0) \rightarrow (c,c,1,1)$。

这个问题的状态空间图如图 3.3 所示。由初始状态变为目标状态的操作序列为

$$\{\text{Goto}(b), \text{Pushbox}(c), \text{Climbbox}, \text{Grasp}\}$$

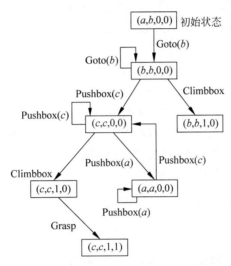

图 3.3　猴子摘香蕉问题的状态空间图

3.1.3　问题归约法

问题归约法是另一种对问题进行描述及求解的办法。其基本思想是：对问题进行分解和变换，将此问题最终变为一个子问题的集合，通过求解子问题达到求解原问题的目的。问题归约法适用于当初始问题比较复杂时，分解后的子问题的解可以直接得到，从而解决了初始问题的情况。

所谓"分解"是指：如果一个问题 P 可以归约为一组子问题 $P_1, P_2, \cdots, P_n$，并且只有当所有子问题 P_i 都有解时原问题 P 才有解，任何一个子问题 P_i 无解都会导致原问题 P 无解，则称此种归约为问题的分解，即分解所得到的子问题的"与"与原问题 P 等价。

所谓"变换"是指：如果一个问题 P 可以归约为一组子问题 $P_1, P_2, \cdots, P_n$，并且子问题 P_i 中只要有一个有解，则原问题 P 就有解，只有当所有子问题 P_i 都无解时原问题 P 才无解，称此种归约为问题的等价变换，简称变换，即变换所得到的子问题的"或"与原问题 P 等价。

1. 问题归约描述

问题归约法由下面 3 个部分组成：

（1）一个初始问题的描述。

（2）一套把问题变换成为子问题的操作符。

（3）一套本原问题的描述。

从目标（要解决的问题）出发逆向推理，建立子问题以及子问题的子问题，直至最后把初

始问题归纳成为一个平凡的本原问题集合,这就是问题归约的实质。

例 3.4　三阶梵塔问题。有 3 个柱子(1,2,3)和 3 个不同尺寸的圆盘(A,B,C)。在每个圆盘的中心有一个孔,所以圆盘可以堆叠在柱子上。最初,全部 3 个圆盘都堆在柱子 1 上,最大的圆盘 C 在底部,最小的圆盘 A 在顶部。要求把所有圆盘都移到柱子 3 上,每次只许移动一个,而且只能先搬动柱子顶部的圆盘,还不许把尺寸较大的圆盘堆放在尺寸较小的圆盘上。

若采用状态空间法来求解这个问题,其状态空间有 27 个节点,每个节点代表柱子上的圆盘的一种正确位置。当然,也可以用问题归约法来求解此问题。

归约过程如下:

(1) 移动圆盘 A 和 B 至柱子 2 的双圆盘移动问题。

(2) 移动圆盘 C 至柱子 3 的单圆盘移动问题。

(3) 移动圆盘 A 和 B 至柱子 3 的双圆盘移动问题。

可以看出简化后的问题每一个都比原问题容易,所以原问题都可以变成易解决的本原问题。而将一个复杂的原问题归约成一系列本原问题的过程可以很方便地用与/或树来表示。下面介绍有关与/或树的相关内容。

2. 与/或树的相关概念

1) 节点与弧线

父节点:是一个初始问题或是可分解为子问题的问题节点。

子节点:是一个初始问题或是子问题分解的子问题节点。

或节点:只要解决某个问题就可解决其父问题的节点集合。

与节点:只有解决所有子问题,才能解决其父问题的节点集合。

端节点:没有子节点的节点。

终止节点:本原问题所对应的节点。由此可见,终止节点一定是端节点,而端节点却不一定是终止节点。

弧线:是父节点指向子节点的圆弧连线。

2) 或树、与/或树和解树

把一个原问题变换成若干个子问题可用一个或树来表示,如图 3.4 所示。

把一个问题分解为若干个子问题可用一个与树来表示,如图 3.5 所示。

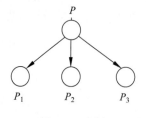

图 3.4　或树

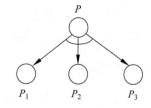

图 3.5　与树

如果一个问题既需要通过分解,又需要通过变换才能得到其本原问题,其归约过程可以用一个与/或树来表示,如图 3.6 所示。

由可解节点构成,并且由这些可解节点可以推出初始节点(它对应着原问题)为可解节点的子树为解树。在解树中一定包含初始节点。例如,在图 3.7 所给的与/或树中,用粗线表示的子树是一个解树。在该图中,节点 P 为原始问题节点,用 t 标出的节点是终止节点。

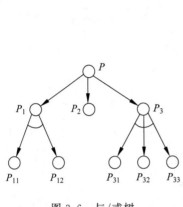

图 3.6 与/或树

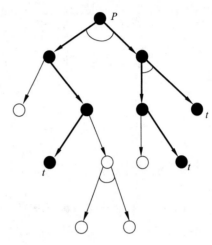

图 3.7 解树

3. 问题归约的例子

如例 3.4 的三阶梵塔问题,此问题也可以用状态空间法来解,不过本例主要用它来说明如何用问题归约法来解决问题。

首先,定义该问题的形式化表示方法。设用三元组 (i,j,k) 表示问题在任意时刻的状态,用→表示状态的转换。在此三元组中,i 代表圆盘 C 所在的柱子号,j 代表圆盘 B 所在的柱子号,k 代表圆盘 A 所在的柱子号。

前面分解的 3 个子问题可分别表示如下。

(1) 移动圆盘 A 和 B 至柱子 2 的双圆盘问题:
$$(1,1,1) \rightarrow (1,2,2)$$

(2) 移动圆盘 C 至柱子 3 的单圆盘问题:
$$(1,2,2) \rightarrow (3,2,2)$$

(3) 移动圆盘 A 和 B 至柱子 3 的双圆盘问题:
$$(3,2,2) \rightarrow (3,3,3)$$

其中,子问题(1)、(3)都是一个二阶梵塔问题,它们都可以再继续进行分解;子问题(2)是本原问题,它已经不需要再分解。

三阶梵塔问题的分解过程可用图 3.8 所示的与/或树来表示。在该与/或树中,有 7 个终止节点,它们分别对应着 7 个本原问题。得到问题的解为

$$(1,1,1) \rightarrow (1,1,3) \quad (1,1,3) \rightarrow (1,2,3) \quad (1,2,3) \rightarrow (1,2,2)$$
$$(1,2,2) \rightarrow (3,2,2) \quad (3,2,2) \rightarrow (3,2,1) \quad (3,2,1) \rightarrow (3,3,1)$$
$$(3,3,1) \rightarrow (3,3,3)$$

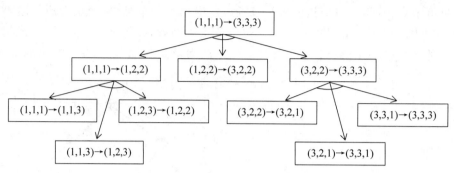

图 3.8　三阶梵塔问题的与/或树表示

3.2　状态空间搜索

状态空间的搜索策略分为盲目搜索和启发式搜索两大类。下面讨论的广度优先搜索、深度优先搜索和有界深度优先搜索都属于盲目搜索策略。

盲目搜索策略的一个共同特点是它们的搜索路线是已经决定好的,没有利用被求解问题的任何特征信息,在决定要被扩展的节点时,并没有考虑该节点到底是否可能出现在解的路径上,也没有考虑它是否有利于问题的求解以及所求的解是否为最优解。

3.2.1　盲目搜索

1. 一般图搜索

一般图搜索是在状态空间中搜索从初始状态到目标状态解答路径的过程。由于问题的状态空间可以用一个有向图来表示,因此状态空间搜索实际上就是对有向图的搜索。从图搜索的角度来看,状态空间搜索的基本思想可以概括为:将问题的初始状态作为当前扩展节点对其进行扩展,生成一组子节点,然后检查目标状态是否出现在这些节点中。如果出现,表明搜索成功,即找到了该问题的解;如果没有出现,则再按照某一种搜索策略从已生成的子节点中选择一个节点作为当前的扩展节点。重复上述过程,直到目标状态出现在子节点中或者没有可供扩展的节点为止。所谓对一个节点进行"扩展"是指对该节点用某个可用操作施加作用,生成该节点的一组子节点。

在开始搜索过程之前,先定义两个数据结构 OPEN 表与 CLOSED 表。OPEN 表用于存放刚生成的节点,对于不同的搜索策略,节点在 OPEN 表中的排列顺序是不同的。例如,对广度优先搜索,节点按生成的顺序排列,先生成的节点排在前面,后生成的节点排在后面。CLOSED 表用于存放将要扩展或已扩展的节点。

搜索步骤如下:

(1) 把初始节点 S_0 放入 OPEN 表,并建立目前只包含 S_0 的图,记为 G。

(2) 检查 OPEN 表是否为空,若为空则问题无解,失败退出。

(3) 把 OPEN 表的第一个节点取出放入 CLOSED 表,并记该节点为节点 n。

(4) 判断节点 n 是否为目标节点。若是,则求得问题的解,成功退出。

（5）考察节点 n，生成一组子节点。把其中不是节点 n 先辈的那些子节点记作集合 M，并把这些子节点作为节点 n 的子节点加入 G 中。

（6）针对 M 中子节点的不同情况，分别进行如下处理：

- 对那些未曾在 G 中出现过的 M 成员设置一个指向父节点（即节点 n）的指针，并将它们放入 OPEN 表。
- 对那些先前已在 G 中出现过的 M 成员，确定是否需要修改它指向父节点的指针。
- 对那些先前已经在 G 中出现并且已经扩展了的 M 成员，确定是否需要修改其后继节点指向父节点的指针。

（7）按某种搜索策略对 OPEN 表中的节点进行排序。

（8）转（2）。

2. 广度优先搜索

广度优先搜索又称为宽度优先搜索，是一种先生成的节点先扩展的简单策略。从初始节点 S_0 开始逐层向下扩展，只有当同一层的节点全部被搜索完以后，才能进入下一层继续搜索。

在搜索的过程中，要建立两个数据结构：OPEN 表和 CLOSED 表，其形式分别如表 3.1 和表 3.2 所示。

表 3.1　OPEN 表

节　　点	父节点编号

表 3.2　CLOSED 表

编　　号	节　　点	父节点编号

OPEN 表用于存放刚生成的节点，对于不同的策略，节点在此表中的排列顺序是不同的。CLOSED 表用于存放将要扩展或者已扩展的节点（节点 n 的子节点）。

所谓对一个节点进行扩展，是指用合适的算符对该节点进行操作，生成一组子节点。一个节点经一个算符操作后一般只生成一个子节点，但对一个可使用的节点可能有多个，故此时会生成一组子节点。需要注意的是，在这些子节点中，可能有些是当前扩展节点（节点 n）的父节点或者祖父节点等，此时不能把这些先辈节点作为当前扩展节点的子节点。

在广度优先搜索策略中，OPEN 表中的节点是按进入的先后排序，先进入 OPEN 表的节点排在前，后进入的节点排在后。

因此，广度优先搜索的基本思想是：从初始节点 S_0 开始，逐层地对节点进行扩展并考察它是否为目标节点，在第 n 层的节点没有全部扩展并考察之前，不对第 $n+1$ 层的节点进行扩展。其搜索过程如下：

（1）把初始节点 S_0 放在 OPEN 表中。

（2）若 OPEN 表为空，则问题无解，退出。

（3）把 OPEN 表中的第一个节点（记为节点 n）取出放入 CLOSED 表中。

（4）考察节点 n 是否为目标节点。若是，则得到问题的解，成功退出。

（5）若节点 n 不可扩展，则转（2）。

（6）扩展节点 n，将其子节点放入 OPEN 表的尾部，并且为每一个子节点设置指向父节点的指针,然后转(2)。

例3.5 重排九宫问题。在 3×3 的方格棋盘上,分别放置了标有数字 $1\sim8$ 的 8 张牌,初始状态为 S_0,目标状态为 S_g,如图 3.9 所示。可用的操作有空格左移、空格上移、空格右移、空格下移。即只允许把位于空格左、上、右、下的牌移入空格。要求用广度优先搜索策略寻找初始状态到目标状态的路径。

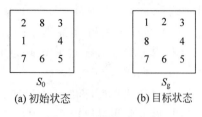

图 3.9　重排九宫问题

解:应用广度优先策略,可以在第四级得到解,搜索树如图 3.10 所示。可以看出,解的路径是

$$S_0 \to 3 \to 8 \to 16 \to 26$$

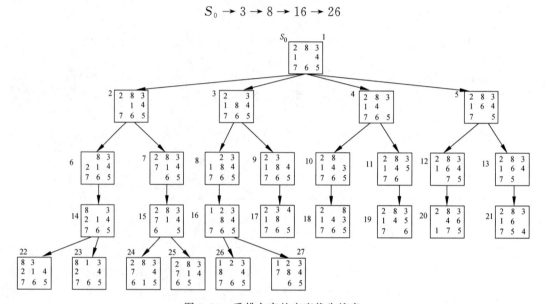

图 3.10　重排九宫的广度优先搜索

由于广度优先搜索总是在生成扩展完第 n 层的节点后才转到第 $n+1$ 层,所以总能找到最优解。但是实用意义不大,广度优先算法的主要缺点是盲目性较大,尤其是当目标节点距初始节点较远时,将产生许多无用节点,最后导致组合爆炸,尽管耗尽资源,在可利用的空间中也找不到解。

3. 深度优先搜索

深度优先搜索总是先扩展后生成的节点。其基本思想是:从初始节点 S_0 开始,在其子节点中选择一个最新生成的节点进行考察,如果该子节点不是目标节点并且可以扩展,则扩展此子节点,再在此节点的子节点中选择一个最新生成的节点进行扩展,一直如此向下搜索。当到达某一子节点,此子节点既不是目标节点又不能继续扩展时,才选择其兄弟节点进行考察。其搜索过程如下:

(1) 初始节点放入 OPEN 表中。

(2) 若 OPEN 表为空,则问题无解,退出。

(3) 把 OPEN 表中的第一个节点(记为 n)取出放入 CLOSED 表中。

（4）考察节点 n 是否为目标节点，若是，则问题解求出，退出。

（5）若节点不可扩展，则转（2）。

（6）扩展节点 n，将其子节点放入 OPEN 表的首部，并为其配置指向父节点的指针，然后转（2）。

对比广度优先搜索与深度优先搜索，可以看出二者唯一的区别是，广度优先搜索时将节点 n 的子节点放到 OPEN 表的尾部，而深度优先搜索时把节点 n 的子节点放到 OPEN 表的首部。这一不同点使得搜索的路线完全不同。

例 3.6　对例 3.5 的重排九宫问题进行深度优先搜索。

解：用深度优先搜索可得到图 3.11 所示的搜索树。但这只是搜索树的一部分，尚未到达目标节点，仍可继续往下搜索。

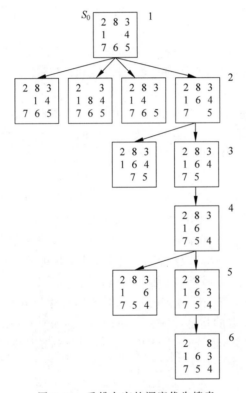

图 3.11　重排九宫的深度优先搜索

从深度优先搜索的算法可以看出，搜索一旦进入某个分支，就将沿着这个分支一直向下进行下去，如果目标恰好在这一个分支上，则可以很快找到解。但是，如果目标不在此分支上，且该分支是一个无穷分支，则搜索过程就不可能找到解。因此，深度优先搜索是一种不完备策略，即使问题有解也不一定能够找到。此外，即使能够找到解，此解也不一定是最短路径的解。

广度优先搜索和深度优先搜索各有不足，为了弥补各自的不足，可以采用有界深度优先算法。顾名思义，这是对深度优先算法给出深度限制 d_m，当搜索深度达到了 d_m，即使没有找到目标，也要停止该分支的搜索，换到另一个分支进行搜索。折中的办法是广度优先和深度优先策略的一种结合。

4. 代价树搜索

当路径的花费与弧有关时,我们常常想到的是花费最小的路径。例如,对于一个投递机器人,花费可能是两个位置之间的距离,需要解出距离最短的那条解路径。花费也可能是机器人按照弧实施动作所需要的各种资源。而在前面讨论的各种搜索策略中,并没有将注意力放在各边的代价上,因为默认各边的代价是相同的,且都为一个单位量。但是,对于许多实际问题,状态空间的各个边的代价不可能完全相同。为此,需要在搜索树中给每一条边都标上代价。这种标有代价的树称为代价树。

1) 代价树的代价表示

$$g(n_2) = g(n_1) + c(n_1, n_2)$$

其中,n_1 与 n_2 分别表示某一父节点与其子节点,$g(n)$ 表示从初始节点 S_0 到节点 n 的代价,用 $c(n_1, n_2)$ 表示从父节点 n_1 到其子节点 n_2 的代价。

在代价树中,最小代价的路径和最短路径(即路径长度最短)是有可能不同的。代价树搜索的目的是为了找到最优解,即找到一条代价最小的解路径。

2) 代价树的广度优先搜索

代价树的广度优先搜索每次从 OPEN 表中选择节点以及往 CLOSED 表中存放节点时,总是选择代价最小的节点。即 OPEN 表中节点的顺序是按照其代价由小到大排列的,代价小的节点排在前面,代价大的节点排在后面,与节点在树中的位置无关。

代价树的广度优先搜索算法如下:

(1) 将初始节点 S_0 放入 OPEN 表中,置 S_0 的代价 $g(S_0) = 0$。

(2) 如果 OPEN 表为空,则问题无解,失败退出。

(3) 把 OPEN 表的第一个节点取出放入 CLOSED 表,并记该节点为 n。

(4) 考察节点 n 是否为目标节点,若是,则找到了问题的解,成功退出;否则继续。

(5) 若节点 n 不可扩展,则转(2);否则转(6)。

(6) 扩展节点 n,生成其子节点 $n_i (i = 1, 2, 3, \cdots)$,将这些节点放入 OPEN 表中,并为每一个子节点设置指向父节点的指针。按公式 $g(n_i) = g(n) + c(n, n_i) (i = 1, 2, 3, \cdots)$ 计算各节点的代价,并根据各节点的代价对 OPEN 表中的全部节点按照从小到大的顺序重新进行排序。

(7) 转(2)。

代价树的广度优先搜索策略是完备的。如果问题有解,上述算法一定能找到它,并且找到的一定是最优解。

例 3.7 城市交通问题。设有 5 个城市,城市之间的交通线路如图 3.12 所示,图中的数字表示两个城市之间的交通费用,即代价。用代价树的广度优先搜索,求出从 A 市出发到 E 市费用最小的交通路线。

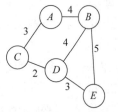

图 3.12　城市交通线路图

解:图 3.12 是一个网络图,不能直接用于搜索算法,需要将其先转换为代价树。

把一个网络图转换为代价树的方法是:从起始节点 A 开始,把与它直接邻接的节点作为其子节点。对其他的节点也做同样的处理。但当一个节点已作为某个节点的直系先辈节点时,就不能再作为这个节点的子节点。例如,图中与节点 B 直接相邻的节点有节点 A,D,E,但由于 A 已经作为 B 的父节点在代价树中出现过了,因此 A 不能再作为 B 的子节点。此外,图中的节点除初始节点 A 外,其他节点都可能在代价树中出现多次,为区别它们的多次出现,分别用下标 $1,2,\cdots$ 标出,但实际上是同一个节点。

转换后的代价树如图 3.13 所示。

对如图 3.13 所示的代价树,按广度优先搜索可得到最优解:

$$A \to C_1 \to D_1 \to E_2$$

其代价为 8。可见,从 A 市到 E 市的最小费用路线为:

$$A \to C \to D \to E$$

3) 代价树的深度优先搜索

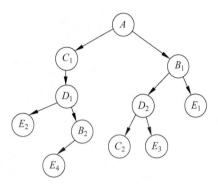

图 3.13 城市交通线路图的代价树

代价树的广度优先搜索每次都是从 OPEN 表的全体节点中选择一个代价最小的节点,而深度优先搜索是从刚扩展的子节点中选择一个代价最小的节点。即两种搜索策略的区别在于每次选择最小代价节点的方法不同。

代价树的深度优先搜索算法如下:

(1) 将初始节点 S_0 放入 OPEN 表中,置 S_0 的代价 $g(S_0)=0$。

(2) 如果 OPEN 表为空,则问题无解,失败退出。

(3) 把 OPEN 表的第一个节点取出放入 CLOSED 表,并记该节点为 n。

(4) 考察节点 n 是否为目标节点,若是,则找到了问题的解,成功退出。

(5) 若节点不可扩展,则转(2),否则转(6)。

(6) 扩展节点 n,生成其子节点 $n_i(i=1,2,3,\cdots)$,将这些子节点按边代价由小到大放入 OPEN 表中的首部,并为每一个子节点设置指向父节点的指针。

(7) 转(2)。

对例 3.7 所给出的问题,用代价树的深度优先搜索策略找到的路径为

$$A \to C_1 \to D_1 \to E_1$$

和广度优先搜索相比,深度优先搜索找到的路径是相同的。这只是一种巧合。一般来说,它找到的解不一定是最优解,即代价树的深度优先搜索策略是不完备的,甚至当搜索进入无穷分支时,算法将找不到解。

3.2.2 状态空间的启发式搜索

3.2.1 节介绍了状态空间的盲目搜索策略。例如状态空间的深度优先搜索和宽度优先搜索。这类方法进行的是一种蛮力搜索,因而效率低。本节介绍状态空间的启发式搜索策略,由于此种方法有较强的针对性,因此可以缩小搜索范围,提高搜索效率。

1. 估价函数与启发式信息

3.2.1 节所介绍的所有搜索算法都是无指导信息的,并没有考虑目标节点在哪里。它们没有使用任何指引它们该去哪里的信息,除非它们无意中发现了目标。

在搜索过程中,用于决定要扩展的下一个节点的信息,即用于指导搜索过程且与具体问题求解有关的控制信息称为启发信息;决定下一步要控制的节点称作"最有希望"的节点,其"希望"的程度通常通过构造一个函数来表示,这种函数被称为估价函数。

1) 估价函数

估价函数的任务是估计待搜索节点的重要程度,给它们排定顺序。在这里,把估价函数 $f(n)$ 定义为从初始节点 S_0 经过节点 n 到达目标节点的最小代价路径的代价估计值,它的一般形式为

$$f(n) = g(n) + h(n)$$

其中,$g(n)$ 为初始节点 S_0 到节点 n 已实际付出的代价;$h(n)$ 是从节点 n 到目标节点 S_g 最优路径的估计代价,搜索的启发式信息主要由 $h(n)$ 来体现,故把 $h(n)$ 称为启发函数。对 $g(n)$ 的值,可以按指向父节点的指针,从节点 n 反向跟踪到初始节点 S_0,得到一条从初始节点 S_0 到节点 n 的最小代价路径,然后把这条路径上的所有有向边的代价相加,就得到 $g(n)$ 的值。

2) 启发信息

启发信息是指与具体问题求解过程有关的,并可指导搜索过程朝着最有希望的方向前进的控制信息。一般有以下 3 种:

(1) 有效地帮助确定扩展节点的信息。

(2) 有效地帮助决定哪些后继节点应被生成的信息。

(3) 能决定在扩展节点时哪些节点应从搜索树上删除的信息。

一般来说,搜索过程所使用的启发性信息的启发能力越强,扩展的无用节点就越少。

例 3.8 八数码难题。设问题的初始状态 S_0 和目标状态 S_g 如图 3.9 所示,且估价函数为 $f(n) = d(n) + W(n)$,式中,$d(n)$ 表示节点 n 在搜索树中的深度;$W(n)$ 表示节点 n 中"不在位"的数码个数,请计算初始状态 S_0 的估价函数值 $f(S_0)$。

解:在本例的估价函数中,取 $g(n) = d(n)$,$h(n) = W(n)$。此处用 S_0 到 n 的路径上的单位代价表示实际代价,用 n 中"不在位"的数码个数作为启发信息。一般来说,某节点中的"不在位"的数码个数越多,说明它离目标节点越远。

对初始节点 S_0,由于 $d(S_0) = 0$,$W(S_0) = 3$,因此有

$$f(S_0) = 0 + 3 = 3$$

这个例子仅是为了说明估价函数的含义及估价函数值的计算。在问题搜索过程中,除了需要计算初始节点的估价函数之外,更多的是要计算新生成节点的估价函数值。

2. A 算法

在搜索的每一步都利用估价函数 $f(n) = g(n) + h(n)$ 对 OPEN 表中的节点进行排序,则该搜索算法称为 A 算法。由于估价函数中带有问题自身的启发性信息,因此,A 算法也称为启发式搜索算法。

根据搜索过程中选择扩展节点的范围,启发式搜索算法可分为全局择优搜索算法和局部择优搜索算法。其中,全局择优搜索算法每当需要扩展节点时,总是从 OPEN 表的所有节点中选择一个估价函数值最小的节点进行扩展。局部择优搜索算法每当需要扩展节点时,总是从刚生成的子节点中选择一个估价函数最小的节点进行扩展。下面主要讨论全局择优搜索算法。

全局择优搜索算法的搜索过程可描述如下：

(1) 把初始节点 S_0 放入 OPEN 表中，$f(S_0)=g(S_0)+h(S_0)$。

(2) 如果 OPEN 表为空，则问题无解，失败退出。

(3) 把 OPEN 表的第一个节点取出放入 CLOSED 表，并标记该节点为 n。

(4) 考察节点 n 是否为目标节点，若是，则找到了问题的解，成功退出。

(5) 若节点不可扩展，则转(2)。

(6) 扩展节点 n，生成其子节点 $n_i(i=1,2,3,\cdots)$，计算每一个子节点的估价值 $f(n_i)$ $(i=1,2,3,\cdots)$，并为每个子节点设置指向父节点的指针，然后将这些子节点放入 OPEN 表中。

(7) 根据各节点的估价函数值，对 OPEN 表中的全部节点按从小到大的顺序重新进行排序。

(8) 转(2)。

由于上述算法的第(7)步要对 OPEN 表中的全部节点按估价函数值从小到大重新进行排序，这样在算法第(3)步取出的节点就一定是 OPEN 表的所有节点中估价函数值最小的一个节点。因此，它是一种全局择优的搜索方式。

对上述算法进一步分析还可以发现：如果取估价函数 $f(n)=g(n)$，则它将退化为代价树的广度优先搜索；如果取估价函数 $f(n)=d(n)$，则它将退化为广度优先搜索。可见，广度优先搜索和代价树的广度优先搜索是全局择优搜索的两个特例。

例 3.9 八数码难题。设问题的初始状态 S_0 和目标状态 S_g 如图 3.9 所示，估价函数与例 3.8 相同，请用全局择优搜索解决该问题。

解：这个问题的全局择优搜索树如图 3.14 所示，在图 3.14 中，每个节点旁边的数字是该节点的估价函数值。例如，对节点 S_2，其估价函数值的计算为

$$f(S_2)=d(S_2)+W(S_2)=2+2=4$$

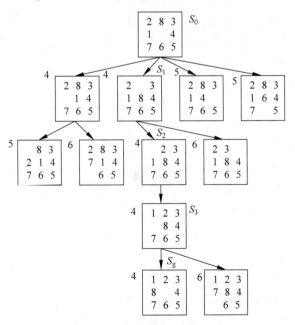

图 3.14　全局择优搜索树

从图 3.14 还可以看出，该问题的解为

$$S_0 \rightarrow S_1 \rightarrow S_2 \rightarrow S_3 \rightarrow S_g$$

3. A* 算法

1) A* 算法概述

A* 算法也是一种启发式搜索方法，它是对扩展节点的选择方法做了一些限制，选用了一个比较特殊的估价函数，这时的估价函数 $f(n) = g(n) + h(n)$ 是对函数 $f^*(n) = g^*(n) + h^*(n)$ 的一种估计或近似，即，$f(n)$ 是对 $f^*(n)$ 的估计，$g(n)$ 是对 $g^*(n)$ 的估计，$h(n)$ 是对 $h^*(n)$ 的估计。

函数 $f^*(n)$ 的定义是这样的：它表示从节点 S_0 到节点 n 的一条最佳路径的实际代价加上从节点 n 到目标节点 S_g 的一条最佳路径的代价之和。而 $g^*(n)$ 就是从节点 S_0 到节点 n 之间最小代价路径的实际代价，$h^*(n)$ 则是从节点 n 到目标节点 S_g 的最小代价路径上的代价。既然 $g(n)$ 是对 $g^*(n)$ 的估计，所以 $g(n)$ 是比较容易求得的，它就是从初始节点 S_0 到节点 n 的路径代价，这可通过由节点 n 到节点 S_0 回溯时把所遇各段弧线的代价加起来而得到，显然恒有 $g(n) \geqslant g^*(n)$。$h(n)$ 是对 $h^*(n)$ 的估计，它依赖于有关问题领域的启发信息，是上述提到的启发函数，其具体形式要根据问题特性进行构造。在 A* 算法中要求启发函数 $h(n)$ 是 $h^*(n)$ 的下界，即对所有的 n 均有 $h(n) \leqslant h^*(n)$。这一要求十分重要，它能保证 A* 算法找到最优解。理论分析表明，若问题存在最优解，则此限制就可能保证找到最优解。虽然，这个限制可能产生无用搜索，但是不难想象，当某一节点 n 的 $h(n) > h^*(n)$，则该节点就有可能失去优先扩展的机会，因而导致得不到最优解。

2) A* 算法性质

A* 算法具有可采纳性、单调性和信息性。

(1) 可采纳性。

所谓可采纳性是指对于可求解的状态空间图(即从状态空间图的初始节点到目标节点有路径存在)来说，如果一个搜索算法能在有限步内终止，并且能找到最优解，则称该算法是可采纳的。分 3 步证明如下：

① 对于有限图，A* 算法一定会在有限步内终止。

对于有限图，其节点个数是有限的。可见 A* 算法在经过若干次循环之后只可能出现两种情况：或者由于搜索到了目标节点而终止；或者由于 OPEN 表中的节点被取完而终止。不管发生哪种情况，A* 算法都在有限步内终止。

② 对于无限图，只要初始节点到目标节点有路径存在，则 A* 算法也必然会终止。

该证明分两步进行。证明在 A* 算法结束之前，OPEN 表中总存在节点 x'。该节点是最优路径上的一个节点，且满足

$$f(x') \leqslant f^*(S_0)$$

设最优路径是 $S_0, x_1, x_2, \cdots, x_m, S_g^*$。由于 A* 算法中的 $h(x)$ 满足 $h(x) \leqslant h^*(x)$，所以 $f(S_0), f(x_1), f(x_2), \cdots, f(x_m)$ 均不大于 $f(S_g^*)$，$f(S_g^*) = f^*(S_0)$。

又因为 A* 算法是全局择优的，所以在它结束之前，OPEN 表中一定含有 $S_0, x_1, x_2, \cdots, x_m, S_g^*$ 中的一些节点。设 x' 是最前面的一个，则它满足

$$f(x') \leqslant f^*(S_0)$$

至此,第一步证明结束。

现在进行第二步的证明。这一步用反证法,即假设 A* 算法不终止,则会得出与上一步矛盾的结论,从而说明 A* 算法一定会终止。

假设 A* 算法不终止,并设 e 是图中各条边的最小代价,$d^*(x_n)$ 是从 S_0 到节点 x_n 的最短路径长度,则显然有

$$g^*(x_n) \geqslant d^*(x_n) \times e$$

又因为

$$g(x_n) \geqslant g^*(x_n)$$

所以有

$$g(x_n) \geqslant d^*(x_n) \times e$$

因为

$$h(x_n) \geqslant 0, \quad f(x_n) \geqslant g(x_n)$$

故得到

$$f(x_n) \geqslant d^*(x_n) \times e$$

由于 A* 算法不终止,随着搜索的进行,$d^*(x_n)$ 会无限增长,从而使 $f(x_n)$ 也无限增长。这就与上一步证明得出的结论矛盾。因为对可解状态空间来说,$f^*(S_0)$ 一定是有限值。

所以,只要从初始节点到目标节点有路径存在,即使对于无限图,A* 算法也一定会终止。

③ A* 算法一定终止在最优路径上。

假设 A* 算法不是在最优路径上终止,而是在某个目标节点 t 处终止,即 A* 算法未能找到一条最优路径,则

$$f(t) = g(t) > f^*(S_0)$$

但由②的证明可知,在 A* 算法结束之前,OPEN 表中存在节点 x',它在最优路径上,且满足

$$f(x') \leqslant f^*(S_0)$$

此时,A* 算法一定会选择 x' 来扩展而不会选择 t,这就与假设矛盾。显然,A* 算法一定终止在最优路径上。

根据可采纳性的定义及以上证明可知 A* 算法是可采纳的。同时由上面的证明还可知,A* 算法选择扩展的任何一个节点 x' 都满足如下性质:

$$f(x') \leqslant f^*(S_0)$$

（2）单调性。

在 A* 算法中,若对启发性函数加以适当的单调性条件限制,就可使它对所扩展的一系列节点的估价函数单调递增（或非递减）,从而减少对 OPEN 表或 CLOSED 表的检查和调整,提高搜索效率。

所谓单调性限制是指 $h(x)$ 满足如下两个条件:

① $h(S_g) = 0$。

② 设 x_j 是节点 x_i 的任一子节点,则有

$$h(x_i) - h(x_j) \leqslant c(x_i, x_j)$$

其中，S_g 是目标节点，$c(x_i, x_j)$ 是节点 x_i 到其子节点 x_j 的边代价。

若把上述不等式改写为如下形式：

$$h(x_i) \leqslant h(x_j) + c(x_i, x_j)$$

就可看出节点 x_i 到目标节点最优费用的估价不会超过从 x_i 到其子节点 x_j 的边代价加上从 x_j 到目标节点最优费用的估价。

可以证明，当 A* 算法的启发式函数 $h(x)$ 满足单调限制时，有如下两个结论：

① 若 A* 算法选择节点 x_n 进行扩展，则

$$g(x_n) = g^*(x_n)$$

② 由 A* 算法所扩展的节点序列的估价值是非递减的。

这两个结论都是在 $h(x)$ 满足单调限制时才成立的。否则，它们不一定成立。例如，对于第②个结论，当 $h(x)$ 不满足单调限制时，有可能某个要扩展的节点比以前扩展的节点的估价值小。

（3）信息性。

A* 算法的搜索效率主要取决于启发函数 $h(n)$，在满足 $h(n) \leqslant h^*(n)$ 的前提下，$h(n)$ 的值越大越好。$h(n)$ 的值越大，表明它携带的与求解问题相关的启发信息越多，搜索过程就会在启发信息指导下朝着目标节点逼近，少走弯路，提高搜索效率。

设 $f_1(x)$ 与 $f_2(x)$ 是对同一问题的两个估价函数：

$$f_1(x) = g_1(x) + h_1(x)$$
$$f_2(x) = g_2(x) + h_2(x)$$

A_1^* 与 A_2^* 分别是以 $f_1(x)$ 与 $f_2(x)$ 为估价函数的 A* 算法，且设对所有非目标节点 x 均有

$$h_1(x) < h_2(x)$$

在此情况下，将证明 A_1^* 扩展的节点数不会比 A_2^* 扩展的节点数少，即 A_2^* 扩展的节点集是 A_1^* 扩展的节点集的子集。可用归纳法证明如下。

设 K 表示搜索的深度。当 $K=0$ 时，结论显然成立。因为若初始状态就是目标状态，则 A_1^* 与 A_2^* 都无须扩展任何节点。若初始状态不是目标状态，它们都要对初始节点进行扩展，此时 A_1^* 与 A_2^* 扩展的节点数是相同的。

设当搜索树的深度为 $K-1$ 时结论成立，即凡 A_2^* 扩展了的前 $K-1$ 代节点，A_1^* 也都扩展了。此时，只要证明 A_2^* 扩展的第 K 代的任一节点 x_k 也被 A_1^* 扩展就可以了。

由假设可知，A_2^* 扩展的前 $K-1$ 代节点 A_1^* 也都扩展了。因此在 A_1^* 搜索树中有一条从初始节点 S_0 到 x_k 的路径，其费用不会比 A_2^* 搜索树中从 S_0 到 x_k 的费用更大，即

$$g_1(x_k) \leqslant g_2(x_k)$$

假设 A_1^* 不扩展节点 x_k，就表示 A_1^* 能找到另一个具有更小估价值的节点进行扩展并找到最优解。此时有

$$f_1(x_k) \geqslant f^*(S_0)$$

即

$$g_1(x_k) + h_1(x_k) \geqslant f^*(S_0)$$

对上述不等式应用如下关系式

$$g_1(x_k) \leqslant g_2(x_k)$$

得到

$$h_1(x_k) \geqslant f^*(S_0) - g_2(x_k)$$

这与最初的假设 $h_1(x) < h_2(x)$ 矛盾。

由此可得出"A_1^* 扩展的节点数不会比 A_2^* 扩展的节点数少"这一结论是正确的,即启发函数所携带的启发性信息越多,搜索时扩展的节点数越少,搜索效率越高。

3)A* 算法应用举例

例 3.10 传教士和野人问题(简称 MC 问题)。设在河的左岸有三个野人、三个传教士和一条船,传教士想用这条船把所有的野人运到对岸,但是受以下条件的约束:

一是传教士和野人都会划船,但每次船上至多可载两个人。

二是在河的任一岸,如果野人数目超过传教士数目,传教士就会被野人吃掉。

如果野人会服从任何一次过河安排,请规划一个确保传教士和野人都能过河,且没有传教士被野人吃掉的安全过河计划。用 A* 算法解决该问题。

解:用 m 表示左岸的传教士人数,c 表示左岸的野人数,b 表示左岸的船数,用 (m,c,b) 表示问题的状态。

对于 A* 算法,首先需要确定估价函数。设 $g(n)=d(n)$,$h(n)=m+c-2b$,则有

$$f(n) = g(n) + h(n) = d(n) + m + c - 2b$$

式中,$d(n)$ 为节点的深度。通过分析可知,$h(n) \leqslant h^*(n)$,满足 A* 算法的限制条件。

MC 问题的搜索图如图 3.15 所示。在该图中,每个节点旁边还标出了该节点的 h 值和 f 值。

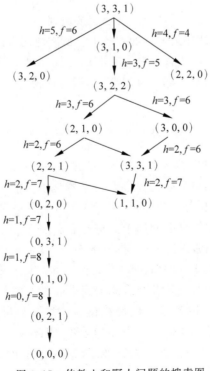

图 3.15 传教士和野人问题的搜索图

3.3 博弈树的启发式搜索

3.3.1 概述

博弈是一类富有智能行为的竞争活动,如下棋、打牌、战争等。博弈可以分为双人完备信息博弈和机遇性博弈。所谓双人完备信息博弈,就是两位选手对垒,轮流走步,每一方不仅知道对方已经走过的棋步,而且还可以估计出对方未来的走步。对弈的结果是一方赢,另一方输,或者是双方和局。这类博弈的实例有象棋、围棋等。所谓机遇性博弈,是指存在不可预测性的博弈,如掷币等。对机遇性博弈,由于不具备完备信息,因此本节不讨论。本节主要讨论双人完备信息博弈问题。

在双人完备信息博弈的过程中,双方都希望自己能获胜。因此,当任何一方走步时,都是选择对自己最为有利,而对另一方最为不利的行动方案。假设博弈的一方为MAX,另一方为MIN。在博弈过程中的每一步,可供MAX和MIN选择的行动方案都可能有很多种。从MAX方的观点来看,可供自己选择的那些行动方案之间是"或"的关系,原因是主动权掌握在MAX手里,选择哪个方案完全是由自己决定的;而那些可供对方选择的行动方案之间是"与"的关系,原因是主动权掌握在MIN的手里,任何一个方案都可能被MIN选中,MAX必须防止那种对自己最为不利的情况的发生。

若把双人完备信息博弈过程用图表示出来,就可以得到一棵与/或树,这种与/或树称为博弈树。在博弈树中,那些下一步该MAX走步的节点称为MAX节点,而下一步该MIN走步的节点称为MIN节点。博弈树具有如下特点:

(1)博弈的初始状态是初始节点。

(2)博弈树中的"或"节点和"与"节点逐层交替出现。

(3)整个博弈过程始终站在某一方的立场上。所有能使自己一方胜利的终局都是本原问题,相应的节点是可解节点;所有使对方获胜的终局都是不可解节点。例如,站在MAX方,所有能使MAX方获胜的节点都是可解节点,所有能使MIN方获胜的节点都是不可解节点。

3.3.2 极大极小过程

对简单的博弈问题,可以生成整个博弈树,找到必胜的策略。但对于复杂的博弈,如国际象棋,大约有10^{120}个节点,可见要生成整个搜索树是不可能的。一种可行的方法是使用当前正在考查的节点生成一棵部分博弈树,由于该博弈树的叶节点一般不是哪一方的获胜节点,因此,需要利用估价函数$f(n)$对叶节点进行静态估值。一般来说,那些对MAX有利的节点,其估价函数取正值;那些对MIN有利的节点,其估价函数取负值;那些使双方均等的节点,其估价函数取接近于0的值。

为了计算非叶节点的值,必须从叶节点向上倒推。对于MAX节点,由于MAX方总是选择估值最大的走步,因此,MAX节点的倒推值应该取其后继节点估值的最大值。对于MIN节点,由于MIN方总是选择使估值最小的走步,因此MIN节点的倒推值应取其后继节点估值的最小值。这样一步一步地计算倒推值,直至求出初始节点的倒推值为止。由于我们是站在MAX立场上,因此应该选择具有最大倒推值的走步。这一过程称为极大极小过程。

下面给出一个极大极小过程的例子。

例 3.11 一字棋游戏。设有一个 3 行 3 列的棋盘,如图 3.16 所示,两个棋手轮流走步,每个棋手走步时往空格上摆一个自己的棋子,谁先使自己的棋子成三子一线为赢。设 MAX 方的棋子用×标记,MIN 方的棋子用○标记,并规定 MAX 方先走步。

解:为了对叶节点进行静态估值,规定估价函数 $e(P)$ 如下:

- 若 P 是 MAX 的必胜局,则 $e(P)=+\infty$;
- 若 P 是 MIN 的必胜局,则 $e(P)=-\infty$;
- 若 P 对 MIN、MAX 都是胜负未定局,则

$$e(P)=e(+P)-e(-P)$$

式中,$e(+P)$ 表示棋局 P 上有可能使×成三子一线的数目,$e(-P)$ 表示棋局 P 上有可能使○成三子一线的数目。例如,对于如图 3.17 所示的棋局有估价函数值为:

$$e(P)=6-4=2$$

图 3.16　一字棋棋盘　　　　　　图 3.17　棋局 1

在搜索过程中,具有对称性的棋局认为是同一棋局。例如,如图 3.18 所示的棋局可以认为是同一个棋局,这样能大大减少搜索空间。图 3.19 给出了第一招走棋后生成的博弈树。图中叶节点下面的数字是该节点的静态估值,非叶节点旁边的数字是计算出的倒推值。从图中可以看出,对 MAX 来说,S_3 是一招最好的走棋,它具有较大的倒推值。

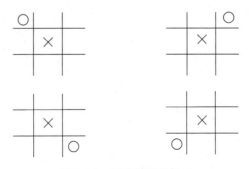

图 3.18　对称棋局的例子

3.3.3　α-β 剪枝

上述极大极小过程是先生成与/或树,然后再计算各节点的估值,这种生成节点和计算估值相分离的搜索方式需要生成规定深度内的所有节点,因此搜索效率低。如果能在生成节点的同时对节点进行估值,从而可以剪去一些没用的分枝,这种技术称为 α-β 剪枝过程。

α-β 剪枝的方法如下:

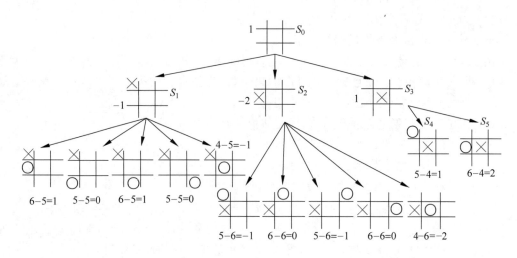

图 3.19 一字棋的极大极小搜索

(1) MAX 节点的 α 值为当前子节点最大倒推值。

(2) MIN 节点的 β 值为当前子节点最小倒推值。

α-β 剪枝的规则如下:

(1) 任何 MAX 节点 n 的 α 值大于或等于它先辈节点的 β 值,则 n 以下的分枝可停止搜索,并令节点 n 的倒推值为 α。这种剪枝称为 β 剪枝。

(2) 任何 MIN 节点 n 的 β 值小于或等于它先辈节点的 α 值,则 n 以下的分枝可停止搜索,并令节点 n 的倒推值为 β。这种剪枝称为 α 剪枝。

下面来看一个 α-β 剪枝的具体例子,如图 3.20 所示。其中,最下面一层端节点下面的数字是假设的估值。

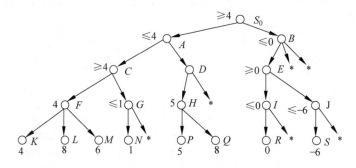

图 3.20 α-β 剪枝的例子

在图 3.20 中,由节点 K、L、M 的估值推出节点 F 的倒推值为 4,即 F 的 β 值为 4,由此可推出节点 C 的倒推值($\geqslant 4$)。记 C 的倒推值的下界为 4,不可能再比 4 小,故 C 的 α 值为 4。由节点 N 的估值推出节点 G 的倒推值($\leqslant 1$),无论 G 的其他子节点的估值是多少,G 的倒推值都不可能比 1 大。事实上,随着子节点的增多,G 的倒推值只可能是越来越小。因此,1 是 G 的倒推值的上界,所以 G 的值为 1。另外,已经知道 C 的倒推值($\geqslant 4$),G 的其他子节点又不可能使 C 的倒推值增大。因此,对 G 的其他分枝不必再进行搜索,这就相当于把这些分枝剪去。由 F、G 的倒推值可推出节点 C 的倒推值为 4,再由 C 可推出节点 A 的倒推值（≤4），即 A 的 β 值为4。另外，由节点 P、Q 推出的节点 H 的倒推值为5，此时可推出 D 的倒推值（≥5），即 D 的 α 值为5。此时，D 的其他子节点的倒推值无论是多少都不能使 D 及 A 的倒推值减少或者增加，所以 D 的其他分枝被剪去，并可确定 A 的倒推值为4。用同样的方法可推出其他分枝的剪枝情况，最终推出 S_0 的倒推为4。

3.4　实践：A*算法实现最优路径规划

在线视频

本章彩图

启发式探索是利用问题拥有的启发信息来引导搜索，达到减少探索范围、降低问题复杂度的目的。A* 寻路算法是启发式探索的一个典型实践，在寻路搜索的过程中，给每个节点绑定了一个估计值（即启发式），在对节点的遍历过程中采取估计值优先原则，估计值更优的节点会被优先遍历。

3.4.1　A*算法基本原理

A* 算法是一种有序搜索算法，其特点在于对估价函数的定义上。公式表示为：$f(n)=g(n)+h(n)$，其中，$f(n)$ 是从初始状态经由状态 n 到目标状态的代价估计，$g(n)$ 是在状态空间中从初始状态到状态 n 的实际代价，$h(n)$ 是从状态 n 到目标状态的最佳路径的估计代价。对于路径搜索问题，状态就是图中的节点，代价就是距离。

3.4.2　A*算法搜索步骤

1. 算法步骤

（1）设置地图大小，起点 S，终点 E，障碍集合 Blocklist。

（2）添加起点 S 到 Openlist（待搜索集合）。

（3）将 S 取出，添加到 Closelist（已搜索集合）。

（4）查找 S 所有相邻节点，添加到 Openlist，并设置 S 为它们的父节点；以绿色初始节点右侧的灰色节点为例：$f(n)=g(n)+h(n)$。$g(n)=1$，绿色初始节点到该节点的移动步数；$h(n)=3$，灰色节点移动到红色终点的步数（曼哈顿距离），也可以使用欧氏距离。$f(n)=g(n)+h(n)=1+3=4$，其他相邻节点计算相同。如图 3.21 所示，曼哈顿距离向 4 个方向移动，距离公式为：

$$d=(x_2-x_1)+(y_2-y_1)$$

欧氏距离向 8 个方向移动，距离公式为：

$$d=\sqrt{(x_2-x_1)^2+(y_2-y_1)^2}$$

（5）选择 Openlist 中 f 值最小点，有两个分别为绿色右侧节点和绿色下方节点，将右侧节点添加至 Closelist，并设置绿色节点为其父节点，选择下方节点也可以，本例节点顺序右下左上，根据启发式规则相同，结果和搜索效率与选取顺序无关，如图 3.22 所示。

（6）此时 Openlist 中 f 的最小值是4，黄色相邻节点中只有上下节点可达，根据计算得到上下节点 f 值，此处 f 值为最小值，采用其他路径计算值均不小于4，如图 3.23 所示。

因此，选取黄色节点下方 f 值小的节点添加至 Closelist，此时 Openlist 中 f 的最小值为4，继续选取节点添加至 Openlist，如图 3.24 所示。

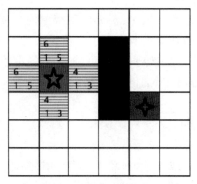

图 3.21　步骤(4)示意图

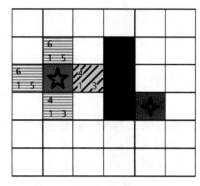

图 3.22　步骤(5)示意图

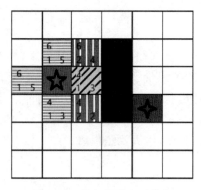

图 3.23　黄色相邻上下节点

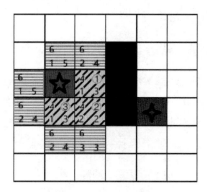

图 3.24　步骤(6)示意图

接下来算法进入相同方式迭代过程,具体步骤参见附录 B。

A* 算法最终执行结果如图 3.25 所示。

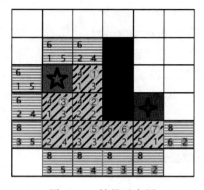

图 3.25　结果示意图

2. 路径搜索

开始从红色节点逆推,红色节点的父节点为⑦号节点,⑦号节点的父节点为⑥号节点,⑥号节点的父节点为⑤号节点,⑤号节点的父节点为②号节点,⑤号节点是搜索到②号节点时添加到 Openlist 中的,并且一直未被更新,②号节点的父节点为①号节点,最终的搜索路径为:起点-①-②-⑤-⑥-⑦-终点。

　　这里的搜索路径并不是最佳路径的唯一解,其中路径:起点-③-④-⑤-⑥-⑦和路径:起点-③-②-⑤-⑥-⑦都可以通过相应的算法求出,作为搜索的最佳路径,因为这些路径理论上是等同的,这里只以一种最佳路径作为演示。

　　对于上例演示的情况中存在无论如何重新计算 Openlist 中节点的 f 值都不会更小,也就是无法进行更新操作,因此再举一个例子,演示更新搜索。

　　现在考虑可以 8 个方向搜索,但是斜向搜索需要步数为 4。

　　选择 Openlist 中 f 值最小的节点,选择了右侧 f 值为 4 的节点,此时计算右侧 f 值为 4 的节点的相邻节点的 f 值,如图 3.26 所示。其中左侧绿色起始点已经添加进 Closelist 中,右侧三个为黑色节点,因此不考虑这 4 个节点,其他节点均已存在于 Openlist 中,现对其 f 值进行更新。

　　(1) 先看左上角的相邻节点,通过黄色节点到达该节点,$g(n) = 5$,$h(n)$不变,$f(n)$反而更大了,因此不更新。左下角节点同理。

　　(2) 上方节点,通过黄色节点计算 $g(n) = 2$,$h(n)$不变,$f(n) = 6 < 8$。所以,更新这个节点的 f 值,并将其父节点修改为黄色节点。下方居中节点同理,如图 3.27 所示。

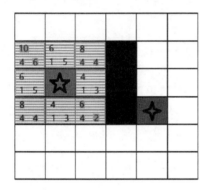

图 3.26　计算相邻节点 f 值

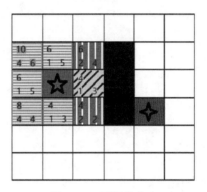

图 3.27　更新父节点

3.4.3　使用 Python 实现上述流程

　　(1) 绘制地图全貌:起点、终点、障碍和可通行节点。

```
for (x, y) in mymap.generate_cell(CELL_WIDTH, CELL_HEIGHT):
    if (x,y) in bl_pix:
        # 绘制黑色的障碍物单元格,并留出 2 个像素的边框
        pygame.draw.rect(screen, Color.BLACK.value, ((x + BORDER_WIDTH, y + BORDER_WIDTH),
(CELL_WIDTH - 2 * BORDER_WIDTH, CELL_HEIGHT - 2 * BORDER_WIDTH)))
    else:
        # 绘制绿色的可通行单元格,并留出 2 个像素的边框
        pygame.draw.rect(screen, Color.GREEN.value, ((x + BORDER_WIDTH, y + BORDER_WIDTH),
(CELL_WIDTH - 2 * BORDER_WIDTH, CELL_HEIGHT - 2 * BORDER_WIDTH)))
# 绘制起点和终点
pygame.draw.circle(screen, Color.BLUE.value, (pix_sn[0] + CELL_WIDTH//2, pix_sn[1] + CELL_
HEIGHT//2), CELL_WIDTH//2 - 1)
pygame.draw.circle(screen, Color.RED.value, (pix_en[0] + CELL_WIDTH//2, pix_en[1] + CELL_
HEIGHT//2), CELL_WIDTH//2 - 1)
```

（2）获得相邻节点。

```python
def get_neighbor(self, cnode):
    # offsets = [(-1,1),(0,1),(1,1),(-1,0),(1,0),(-1,-1),(0,-1),(1,-1)]
    offsets = [(-1, 0), (1, 0), (0, 1), (0, -1)]
    nodes_neighbor = []
    x, y = cnode.pos[0], cnode.pos[1]
    for os in offsets:
        x_new, y_new = x + os[0], y + os[1]
        pos_new = (x_new, y_new)
        # 判断是否在地图范围内，超出范围跳过
        if x_new < 0 or x_new > self.mapsize[0] - 1 or y_new < 0 or y_new > self.mapsize[1]:
            continue
        nodes_neighbor.append(Node(pos_new))
    return nodes_neighbor
```

（3）采用曼哈顿或欧氏距离计算 $h(n)$。

```python
# gx_f2n = math.sqrt((father.pos[0] - self.pos[0]) ** 2 + (father.pos[1] - self.pos[1]) ** 2)
gx_f2n = abs(father.pos[0] - self.pos[0]) + abs(father.pos[1] - self.pos[1])
gvalue = gx_f2n + gx_father
```

（4）更新 f 值。

```python
def update_fx(self, enode, father):
    gvalue, fvalue = self.compute_fx(enode, father)
    if fvalue < self.fvalue:
        self.gvalue, self.fvalue = gvalue, fvalue
        self.father = father
```

（5）绘制搜索最优路径

```python
for (x, y) in mymap.generate_cell(CELL_WIDTH, CELL_HEIGHT):
    if (x,y) in rl_pix and (x,y)!= (pix_sn[0],pix_sn[1]) and (x,y)!= (pix_en[0],pix_en[1]):
        pygame.draw.rect(screen, Color.GREY.value, ((x + BORDER_WIDTH, y + BORDER_WIDTH),
(CELL_WIDTH - 2 * BORDER_WIDTH, CELL_HEIGHT - 2 * BORDER_WIDTH)))
```

算法对应示例程序参照附录 B。

3.4.4　最优路径规划

尝试采用 A^* 算法对图 3.28 所示的地图进行最优路径规划。

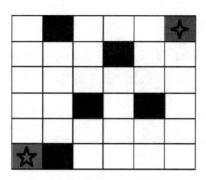

图 3.28   路径规划图

3.5   习题

1. 什么是搜索？有哪两类不同的搜索方法？两者的区别是什么？

2. 什么是状态空间？用状态空间法表示问题时,什么是问题的解？什么是最优解？最优解唯一吗？

3. 试写出状态空间图的一般搜索过程。在搜索过程中 OPEN 表和 CLOSED 表的作用分别是什么？有何区别？

4. 什么是盲目搜索？主要有哪几种盲目搜索策略？

5. 什么是宽度优先搜索？什么是深度优先搜索？有何不同？

6. 什么是与树？什么是或树？什么是与/或树？什么是可解节点？什么是解树？

7. 有一个农夫带一只狼、一只羊和一筐青菜从河的左岸乘船到右岸,但受到下列条件的限制:

(1) 船太小,农夫每次只能带一样东西过河。

(2) 如果没有农夫看管,则狼要吃羊,羊要吃菜。

请设计一个过河方案,使得羊和菜都能不受损失地过河,画出相应的状态空间图。

8. 圆盘问题。设有大小不等的 3 个圆盘 A、B、C 套在一根轴上,每个盘上都标有数字 1、2、3、4,并且每个圆盘都可以独立地绕轴做逆时针转动,每次转动 $90°$,其初始状态 S_0 和目标状态 S_g 如图 3.29 所示,请用广度优先搜索和深度优先搜索求出从 S_0 到 S_g 的路径。

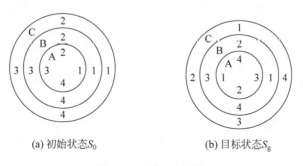

(a) 初始状态S_0 (b) 目标状态S_g

图 3.29   题 8 示意图

9. 设有如图 3.30 所示的与/或树,请分别用与/或树的广度优先搜索和深度优先搜索求出解树。

10. 设有如图 3.31 所示的与/或树,请分别按和代价法及最大代价法求解树的代价。

11. 设有如图 3.32 所示的博弈树,其中最下面的数字是假设的估值。请对该博弈树做如下工作:

(1) 计算各节点的倒推值。

(2) 利用 α-β 剪枝技术剪去不必要的分枝。

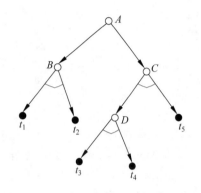

图 3.30　题 9 示意图

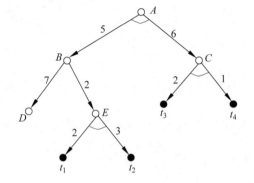

图 3.31　题 10 示意图

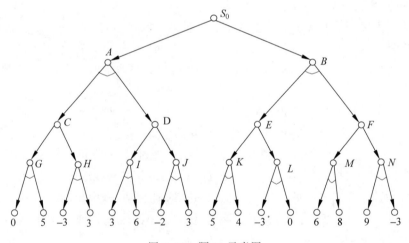

图 3.32　题 11 示意图

第 **4** 章

确定性推理

一个智能系统不仅应该拥有知识,而且还应该能够很好地利用这些知识,即利用知识推理和求解问题。智能系统的推理过程实际上就是一种思维过程。按照推理过程中所用到的知识的确定性,可分为确定性推理和不确定性推理。

若在推理中所用的知识都是精确的,即可以把知识表示成必然的因果关系,然后进行推理,推理的结论或为真,或为假,这种推理就称为确定性推理。反之,在人类知识中,有相当一部分属于人们的主观判断,是不精确和含糊的,这些知识归纳总结出来的推理规则往往也是不精确的,基于这种不精确的推理规则进行推理,形成的结论也是不确定的,这种推理就称为不确定性推理。本章重点讨论确定性推理,不确定性推理将在第 5章讨论。

4.1 推理的基本概念

4.1.1 什么是推理

在现实生活中,人们对各种事物进行分析、合并最后做出决策时,通常是从已知的事实出发,通过运用已掌握的知识,找出其中蕴含的事实或归纳出新的知识,这一过程通常称为推理。因此,从智能技术的角度来说,所谓推理就是按照某种策略由已知判断推出另一种判断的思维过程。在人工智能系统中,推理通常是由一组程序来实现的,人们把这一组用来控制计算机实现推理的程序称为推理机。例如,在医疗诊断专家系统中,知识库存储专家经验及医学常识,数据库存放病人的症状、化验结果等初始事实,利用该专家系统为病人诊治疾病实际上就是一次推理过程,即从病人的症状及化验结果等初始事实出发,利用知识库中的知识及一定的控制策略,对病情做出诊断,并开出医疗处方。像这样从初始事实出发,不断运用知识库中的已知知识逐步推出结论的过程就是推理。

4.1.2　推理方法及其分类

推理方法主要解决在推理过程中前提与结论之间的逻辑关系,以及在非精确性推理中不确定性的传递问题。推理可以有很多种不同的分类方法,例如,可以按照推理的逻辑基础、所用知识的确定性、推理过程的单调性以及是否使用启发性信息等角度来划分。

1. 按推理的逻辑基础分类

按照推理的逻辑基础,常用的推理方法可分为演绎推理和归纳推理。

1) 演绎推理

演绎推理是从已知的一般性知识出发,推出蕴含在这些知识中的适合于某种个别情况的结论。它是一种由一般到个别的推理方法,其核心是三段论。常用的三段论由一个大前提、一个小前提和一个结论3个部分组成。其中,大前提是已知的一般性知识或推理过程得到的判断;小前提是关于某种具体情况或某个具体实例的判断;结论是由大前提推出的,并且适合于小前提的判断。

例如,有如下3个判断:

(1) 计算机系的学生都会编写程序。

(2) 程强是计算机系的一位学生。

(3) 程强会编写程序。

这是一个三段论理论。其中,(1)是大前提,(2)是小前提,(3)是经演绎推理出来的结论。从这个例子可以看出,"程强会编写程序"这一结论是蕴含在"计算机系的所有学生都会编写程序"这个大前提中的。因此,演绎推理就是从已知的大前提中推导出适合于小前提的结论,即从已知的一般性知识中抽取所包含的特殊性知识。由此可见,只要大前提和小前提是正确的,则由它们推出的结论也必然是正确的。

2) 归纳推理

归纳推理是从一类事物的大量特殊事例出发,推出该类事物的一般性结论。它是一种由个别到一般的推理方法。归纳推理的基本思想是:先从已知事实中猜测出一个结论,然后对这个结论的正确性加以证明确认。数学归纳法就是归纳推理的一种典型例子。对于归纳推理,如果按照所选事例的广泛性可分为完全归纳推理和不完全归纳推理;如果按照推理所使用的方法可分为枚举归纳推理和类比归纳推理等。

完全归纳推理是指在进行归纳时需要考察相应事物的全部对象,并根据这些对象是否都具有某种属性来推出该类事物是否具有此种属性。例如,某公司选购一批计算机,如果对每台计算机都进行了质量检测,并且都合格,则可以得出结论:这批计算机的质量是合格的。

不完全归纳推理是指在进行归纳时只考察了相应事物的部分对象,就得出了关于该事物的结论。例如,某公司选购一批计算机,如果只是随机抽查了其中的部分计算机,便可根据这些被抽查的计算机的质量来推测出整批计算机的质量。

枚举归纳推理是指在进行归纳时,如果已知某类事物的部分对象具有某种属性,且没有遇到相反的情况,则可推出该类事物的全部对象都具有此种属性。设 $a_1,a_2,\cdots,a_n$ 是某类事物 A 的具体事物,若已知 $a_1,a_2,\cdots,a_n$ 都具有属性 B,并且没有发现反例,那么当 n 足够大时,就可以得出"事物 A 中的所有事物都具有属性 B"这一结论。

例如,设有如下事例:

王强是计算机系学生,他会编写程序。

高华是计算机系学生,他会编写程序。

李明是计算机系学生,他会编写程序。

······

当这些具体事例足够多时,就可归纳出一个一般性的知识:

凡是计算机系的学生,就一定会编写程序。

类比归纳推理是指在两个或两类事物有许多属性都相同或相似的基础上,推出它们在其他属性也相同或相似的一种归纳推理。

设 A、B 分别是两类事物的集合:

$$A = \{a_1, a_2, a_3, \cdots\}, \quad B = \{b_1, b_2, b_3, \cdots\}$$

并设 a_i 与 b_i 总是成对出现,且当 a_i 有属性 P 时,b_i 就有属性 Q 与之对应,即

$$P(a_i) \rightarrow Q(b_i) \quad i = 1, 2, 3, \cdots$$

则当 A 与 B 中有新的元素对出现的时候,若已知 a' 有属性 P,b' 有属性 Q,即 $P(a') \rightarrow Q(b')$。

类比归纳推理的基础是相似原理,其可靠程度取决于两个或两类事物的相似程度,以及这两个或两类事物的相同属性与推出的那个属性之间的相关程度。

3) 演绎推理与归纳推理的区别

演绎推理与归纳推理是两种完全不同的推理。演绎推理是在已知领域内的一般性知识的前提下,通过演绎求解一个具体问题或者证明一个给定的结论。这个结论实际上早已蕴含在一般性知识的前提中,演绎推理只不过是将其解释出来,因此它不能增殖新知识。

在归纳推理中,所推出的结论是没有包含在前提内容中的。这种由个别事物或现象推出一般性知识的过程是增殖新知识的过程。

2. 按所用知识的确定性分类

按所用知识的确定性,推理可以分为确定性推理和不确定性推理。所谓确定性推理,是指推理所使用的知识和推出的结论都是可以精确表示的,其真值要么为真,要么为假,不会有第 3 种情况出现。本章主要讨论的是确定性推理。

所谓不确定性推理,是指推理时所用的知识不都是确定的,推出的结论也不完全是确定的,其真值会位于真假之间。由于现实世界中大多数事物都具有一定程度的不确定性,并且这些事物很难用精确的数学模型来表示和处理,因此不确定性推理也就成了人工智能的一个重要研究课题。不确定性推理将在第 5 章进行讨论。

3. 按推理过程的单调性分类

按照推理过程的单调性,或者说按照推理过程所得出的结论是否越来越接近目标,推理可分为单调推理与非单调推理。

所谓单调推理是指在推理过程中,每当使用新知识后,所得到的结论会越来越接近目标,而不会出现反复的情况,即不会因为新知识的加入否定了前面推出的结论,从而使得推

理过程又退回到先前的一步。

所谓非单调性推理是指在推理过程中,当某些新知识加入后,会否定原来推出的结论,使推理过程退回到先前的一步。非单调性推理往往是在知识不完全的情况下发生的。在这种情况下,为使推理能够进行下去,就需要先进行某些假设,并在此假设的基础上进行推理。但是,当后来由于新的知识的加入,发现原来的假设不正确时,就需要撤销原来的假设及以此假设为基础推出的一切结论,再运用新的知识重新进行推理。

4.1.3 推理的控制策略及其分类

推理过程不仅依赖于所用的推理方法,也依赖于推理的控制策略。推理的控制策略是指如何使用领域知识使推理过程尽快达到目标的策略。由于智能系统的推理过程一般表现为一种搜索过程,因此,推理的控制策略又可分为推理策略和搜索策略。其中,推理策略主要解决推理方向、冲突消解等问题,如推理方向控制策略、求解策略、限制策略、冲突消解策略等;搜索策略主要解决推理线路、推理效果、推理效率等问题。

推理方向用来确定推理的控制方式,即推理过程是从初始证据开始到目标,还是从目标开始到初始证据。按照对推理方向的控制,推理可分为正向推理、逆向推理和混合推理等。无论哪一种推理方式,系统都需要有一个存放知识的知识库,一个存放初始证据和中间结果的综合数据库和一个用于推理的推理机。求解策略是指仅求一个解还是求所有解或最优解等。限制策略是指对推理的深度、宽度、时间、空间等进行的限制。冲突消解策略是指当推理过程有多条知识可用时,如何从这多条可用知识中选出一条最佳知识用于推理的策略。常用的冲突为选择知识的依据。新鲜知识优先,是指把知识前提条件中事实的新鲜性作为选择知识的依据。例如,综合数据中后生成的事实比先生成的事实具有更大的新鲜性。

4.1.4 正向推理

正向推理是一种从已知事实出发,正向使用推理规则的推理方法,也称为数据驱动推理或者前向链推理。其基本思想是:用户需要事先提供一组初始证据,并将其放入综合数据库。推理开始后,推理机根据综合数据库中的已有事实,到知识库中寻找当前可用知识,形成一个当前可用知识集,然后按照冲突消解策略,从该知识集中选择一条知识进行推理,并将新推出的事实加入综合数据库,作为后面继续推理时可用的已知事实。如此重复这一过程,直到求出所需要的解或者知识库中再无可用知识为止。

正向推理过程可用如下算法描述:

(1) 用户提供的初始证据放入综合数据库。

(2) 检查综合数据库中是否包含了问题的解。若已包含,则求解结束,并成功退出;否则,执行下一步。

(3) 检查知识库中是否有可用知识。若有,形成当前可用知识集,执行下一步;否则,转(5)。

(4) 按照某种冲突消解策略,从当前可用知识集中选出一条知识进行推理,并将推出的新事实加入综合数据库,然后转(2)。

(5) 询问用户是否可以进一步补充新的事实,若可补充,则将补充的新事实加入综合数据库,然后转(3);否则表示无解,失败退出。

以上算法的流程图如图 4.1 所示。

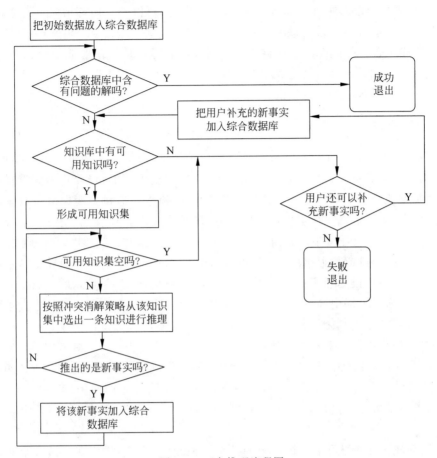

图 4.1 正向推理流程图

仅从正向推理的算法来看好像比较简单,但实际上,推理的每一步都还有许多要做的工作。例如,如何根据综合数据库中的事实在知识库中选取可用知识;当知识库中有多条知识可用时,应该先使用哪一条知识等。这些问题涉及知识的匹配方法和冲突消解策略,如何解决,以后将进行讨论。

作为对正向推理过程的说明,下面给出一个简单的例子。

例 4.1 请用正向推理完成以下问题的求解。

假设知识库中包含以下两条规则:

$$r_1: \text{IF } B \text{ THEN } C$$
$$r_2: \text{IF } A \text{ THEN } B$$

已知初始证据 A,求证目标 C。

解:本例的推理过程如下:

推理开始前,综合数据库为空。推理开始后,先把初始证据 A 放入综合数据库,然后检查综合数据库中是否含有该问题的解,回答为"N"。接着检查知识库中是否有可用知识,显然 r_2 可用,形成仅含 r_2 的知识集。从该知识集中取出 r_2,推出新的事实 B,将 B 加入综合数据库,检查综合数据库中是否有目标 C,回答为"N"。再检查知识库中是否有可用知识,此时由于 B 的加入使得 r_1 可用,形成仅含 r_1 的知识集。从该知识集中取出 r_1,推出新的事实 C,将 C 加入综合数据库,检查综合数据库中是否含有目标 C,回答为"Y"。说明综合数据库中已经包含问题的解,推理过程成功结束,目标 C 得证。

正向推理的优点是比较直观,允许用户主动提供有用的事实信息,适合于诊断、设计、预测、监控等领域的问题求解。其主要缺点是推理无明确的目标,求解问题时可能会执行许多与解无关的操作,导致推理效率较低。

4.1.5 逆向推理

逆向推理是一种以某个假设目标作为出发点的推理方法,也称为目标驱动推理或逆向链推理。其基本思想是:首先根据问题求解的要求,将要求证的目标(称为假设)构成一个假设集,然后从假设集中取出一个假设对其进行验证,检查该假设是否在综合数据库中,是否为用户认可的事实。当该假设在数据库中时,该假设成立,若此时假设集为空,则成功退出;若假设不在综合数据库中,但可被用户证实为原始证据时,将该假设放入综合数据库,此时若假设集为空,则成功退出;若假设可由知识库中的一个或多个知识导出,则将知识库中所有可以导出该假设的知识构成一个可用知识集,并根据冲突消解策略,从可用知识集中取出一个知识,将其前提中的所有子条件都作为新的假设放入假设集。重复上述过程,直到假设集为空时成功退出,或假设集非空但可用知识集为空时失败退出为止。

逆向推理过程可用如下算法描述:

(1) 问题的初始证据和要求证的目标(称为假设)分别放入综合数据库和假设集。

(2) 从假设集中选取一个假设,检查该假设是否在综合数据库中。若在,则该假设成立。此时,若假设集为空,则成功退出;否则,仍执行(2)。若假设不在数据库中,则执行下一步。

(3) 检查该假设是否可由知识库中的某个知识导出。若不能由某个知识导出,则询问用户该假设是否为可由用户证实的原始事实。若是,则该假设成立,并将其放入到综合数据库,再重新寻找新的假设;若不是,则转(5)。若能由某个知识导出,则执行下一步。

(4) 知识库中可以导出该假设的所有知识构成一个可用知识集。

(5) 检查可用知识集是否为空。若空,失败退出;否则,执行下一步。

(6) 按照冲突消解策略从可用知识集中取出一个知识,继续执行下一步。

(7) 该知识的前提中的每个子条件都作为新的假设放入假设集,转(2)。

以上算法的流程图如图 4.2 所示。

对例 4.1 的问题,如果采用逆向推理方法,其推理过程如下:

推理开始前,综合数据库和假设集均为空。推理开始后,先将初始证据 A 和目标 C 分别放入综合数据库和假设集,然后从假设集中取出一个假设 C,查找假设 C 是否为综合数据库中的已知事实,回答为"N"。再检查 C 是否能被知识库中的知识所导出,发现 C 可由 r_1 导出,于是 r_1 被放入可用知识集。由于知识库中只有 r_1 可用,故可用知识集中仅含 r_1。接着从可用知识集中取出 r_1,将其前提条件 B 作为新的假设放入假设集。从假设集中取出 B,检查 B 是否为综合数据库中的事实,回答为"N"。再检查 B 是否能被知识库中的知识所导出,发现 B 可由 r_2 导出,于是 r_2 被放入可用知识集。由于知识库中只有 r_2 可用,故可用

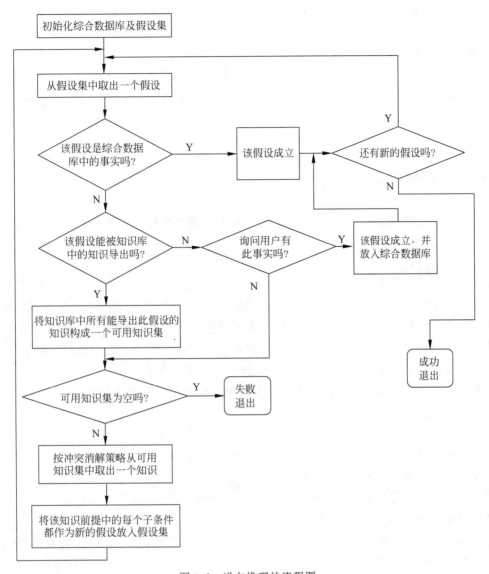

图 4.2　逆向推理的流程图

知识集中仅含 r_2。从可用知识集中取出 r_2，将其前提条件 A 作为新的假设放入假设集。然后从假设集中取出 A，检查 A 是否为综合数据库中的事实，回答为"Y"，说明该假设成立。由于无新的假设，故推理过程成功结束，于是目标 C 得证。

逆向推理的主要优点是不必寻找和使用那些与假设无关的信息和知识，推理过程的目标明确，也有利于向用户提供解释，在诊断性专家系统中较为有效。其主要缺点是，当用户对解的情况认识不清的时候，由系统自主选择假设目标的盲目性比较大，若选择不好，可能需要多次提出假设，会影响系统效率。

4.1.6　混合推理

由以上讨论可知，正向推理和逆向推理都有各自的优缺点。当问题较为复杂时，单独使用其中的一种,都会影响到推理效率。为了更好地发挥这两种算法各自的长处,避免各自的短处,互相取长补短,可以将它们结合起来使用。这种把正向推理和逆向推理结合起来所进行的推理称为混合推理。

混合推理可以有很多具体的实现办法。例如,可以采用先正向推理,后逆向推理的方法;也可以采用先逆向推理,再正向推理的方法;还可以采用随机选择正向推理和逆向推理的方法。由于这些方法仅是正向推理和逆向推理的某种结合,因此对这 3 种情况不再进行讨论。

4.2　推理的逻辑基础

前文讨论了知识表示的逻辑基础,已经引入了谓词逻辑的一些简单概念。本节主要讨论推理所需的一些逻辑基础。

4.2.1　谓词公式的解释

在命题逻辑中,命题公式的一个解释就是对该命题公式各个命题变元的一次真值指派。有了命题公式的解释,就可以根据这个解释求出该命题公式的真值。但谓词逻辑不同,由于谓词公式中可能包含有个体常量、个体变元或者函数,因此不能像命题逻辑中命题公式的解释那样为谓词分别指派真值。下面给出谓词公式的解释的含义。

定义 4.1　设 D 是谓词公式 P 的非空个体域,若对 P 中的个体常量、函数和谓词按照如下规则赋值:

(1) 为每个个体变量指派 D 中的一个元素。

(2) 为每个 n 元函数指派一个从 D^n 到 D 的映射,其中

$$D^n = \{(x_1, x_2, \cdots, x_n) \mid x_1, x_2, \cdots, x_n \in D\}$$

(3) 为每个 n 元谓词指派一个从 D^n 到 $\{F, T\}$ 的映射。

则称这些指派为 P 在 D 上的一个解释。

例 4.2　设个体域 $D = \{1, 2\}$,求公式 $A = (\forall x)(\exists y)P(x, y)$ 在 D 上的解释,并指出在每一种解释下公式 A 的真值。

解:由于公式 A 中没有包含个体常量和函数,因此可以直接为谓词指派真值,设有

$P(1,1)$	$P(1,2)$	$P(2,1)$	$P(2,2)$
T	F	T	F

这就是公式 A 在 D 上的一个解释。从这个解释中可以看出:

- 当 $x = 1, y = 1$ 时,有 $P(x, y)$ 的真值为 T。
- 当 $x = 2, y = 1$ 时,有 $P(x, y)$ 的真值为 T。

即对 x 在 D 上的任意取值,都存在 $y = 1$ 使 $P(x, y)$ 的真值为 T。因此,在此解释下公式 A 的真值为 T。

需要注意的是,一个谓词公式在其个体域上的解释是不唯一的。例如,对公式 A,若给出另一组真值指派:

$P(1,1)$	$P(1,2)$	$P(2,1)$	$P(2,2)$
T	T	F	F

这也是公式 A 在 D 上的一个解释。从这个解释可以看出:

- 当 $x=1,y=1$ 时,有 $P(x,y)$ 的真值为 T。
- 当 $x=2,y=1$ 时,有 $P(x,y)$ 的真值为 F。

同样:

- 当 $x=1,y=2$ 时,有 $P(x,y)$ 的真值为 T。
- 当 $x=2,y=2$ 时,有 $P(x,y)$ 的真值为 F。

即对 x 在 D 上的任意取值,都存在一个 y 使得 $P(x,y)$ 的值为 T。因此,该解释下公式 A 的真值为 T。

实际上,A 在 D 上共有 16 种解释,在这里不一一列举。

例 4.3 设个体域 $D=\{1,2\}$,求公式 $B=(\forall x)P(f(x),a)$ 在 D 上的解释,并指出在该解释下公式 B 的真值。

解:设对个体常量 a 和函数 $f(x)$ 的真值指派为

a	$f(1)$	$f(2)$
1	1	2

对谓词的真值指派为

$P(1,1)$	$P(1,2)$	$P(2,1)$	$P(2,2)$
T	×	T	×

这里,由于已知指派 $a=1$,所以 $P(1,2)$ 和 $P(2,2)$ 不可能出现,故没有给它们指派真值。

上述指派是公式 B 在 D 上的一个解释。在此解释下有:

- 当 $x=1$ 时,$a=1$ 使得 $P(1,1)=$ T。
- 当 $x=2$ 时,$a=1$ 使得 $P(2,1)=$ T。

即对 x 在 D 上的任意取值,都存在 $a=1$ 使 $P(f(x),a)$ 的真值为 T。因此,在此解释下公式 B 的真值为 T。

由上面的例子可以看出,谓词公式的真值都是针对某一个解释而言的,它可能在某一个解释下真值为 T,而在另一个解释下真值为 F。

4.2.2 谓词公式的永真性与可满足性

为了以后推理的需要,下面先定义谓词公式的永真性、永假性、可满足性与不可满足性。

定义 4.2 如果谓词公式 P 对非空个体域 D 上的任一解释都取得真值 T,则称 P 在 D 上是永真的;如果 P 在任何非空个体域上均是永真的,则称 P 永真。

由此定义可以看出,要判定一个谓词公式为永真,必须对每个非空个体域上的每个解释逐一进行判断。当解释的个数有限时,尽管工作量大,公式的永真性毕竟还是可以判定的;但当解释个数无限时,其永真性就很难判定了。

定义 4.3 对于谓词公式 P,如果至少存在 D 上的一个解释,使公式 P 在此解释下的真值为 T,则称公式 P 在 D 上是可满足的。

谓词公式的可满足性也称为相容性。

定义 4.4 如果谓词公式 P 对非空个体域 D 上的任一解释都取真值 F,则称 P 在 D 上是永假的;如果 P 在任何非空个体域上均是永假的,则称 P 永假。

谓词公式的永假性又称为不可满足性或不相容性。

4.2.3 谓词公式的等价性与永真蕴含性

谓词公式的等价性和永真蕴含性可分别用相应的等价式和永真蕴含式来表示,这些等价式和永真蕴含式都是演绎推理的主要依据,因此也称它们为推理规则。

1. 等价式

谓词公式的等价式可定义如下:

定义 4.5 设 P 与 Q 是 D 上的两个谓词公式,若对 D 上的任意解释,P 与 Q 都有相同的真值,则称 P 与 Q 在 D 上是等价的。如果 D 是任意非空个体域,则称 P 与 Q 是等价的,记作 $P \Leftrightarrow Q$。

常用的等价式如下:

(1) 双重否定律:
$$\neg \neg P \Leftrightarrow P$$

(2) 交换律:
$$P \vee Q \Leftrightarrow Q \vee P, \quad P \wedge Q \Leftrightarrow Q \wedge P$$

(3) 结合律:
$$(P \vee Q) \vee R \Leftrightarrow P \vee (Q \vee R)$$
$$(P \wedge Q) \wedge R \Leftrightarrow P \wedge (Q \wedge R)$$

(4) 分配律:
$$P \vee (Q \wedge R) \Leftrightarrow (P \vee Q) \wedge (P \vee R)$$
$$P \wedge (Q \vee R) \Leftrightarrow (P \wedge Q) \vee (P \wedge R)$$

(5) 摩根定律:
$$\neg (P \vee Q) \Leftrightarrow \neg P \wedge \neg Q$$
$$\neg (P \wedge Q) \Leftrightarrow \neg P \vee \neg Q$$

(6) 吸收律:
$$P \vee (P \wedge Q) \Leftrightarrow P, \quad P \wedge (P \vee Q) \Leftrightarrow P$$

(7) 补余律:
$$P \vee \neg P \Leftrightarrow T, \quad P \wedge \neg P \Leftrightarrow F$$

(8) 连词化归律:
$$P \rightarrow Q \Leftrightarrow \neg P \vee Q$$
$$P \leftrightarrow Q \Leftrightarrow (P \rightarrow Q) \wedge (Q \rightarrow P)$$

$$P \leftrightarrow Q \Leftrightarrow (P \wedge Q) \vee (\neg Q \wedge \neg P)$$

（9）量词转化律：

$$\neg (\exists x)P(x) \Leftrightarrow (\forall x)(\neg P(x))$$

$$\neg (\forall x)P(x) \Leftrightarrow (\exists x)(\neg P(x))$$

（10）量词分配律：

$$(\forall x)(P(x) \wedge Q(x)) \Leftrightarrow (\forall x)P(x) \wedge (\forall x)Q(x)$$

$$(\exists x)(P(x) \vee Q(x)) \Leftrightarrow (\exists x)P(x) \vee (\exists x)Q(x)$$

2. 永真蕴含式

谓词永真蕴含式可定义如下：

定义 4.6 对谓词公式 P 和 Q，如果 $P \rightarrow Q$ 永真，则称 P 永真蕴含 Q，且称 Q 为 P 的逻辑结论，P 为 Q 的前提，记作 $P \Rightarrow Q$。

常用的永真蕴含式如下：

（1）化简式：

$$P \wedge Q \Rightarrow P, \quad P \wedge Q \Rightarrow Q$$

（2）附加式：

$$P \Rightarrow P \vee Q, \quad Q \Rightarrow P \vee Q$$

（3）析取三段论：

$$\neg P, P \vee Q \Rightarrow Q$$

（4）假言推理：

$$P, P \rightarrow Q \Rightarrow Q$$

（5）拒取式：

$$\neg Q, P \rightarrow Q \Rightarrow \neg P$$

（6）假言三段论：

$$P \rightarrow Q, \quad Q \rightarrow R \Rightarrow P \rightarrow R$$

（7）二难推理：

$$P \vee Q, \quad P \rightarrow R, \quad Q \rightarrow R \Rightarrow R$$

（8）全称固化：

$$(\forall x)P(x) \Rightarrow P(y)$$

式中，y 是个体域中的任一个体，利用此永真蕴含式可消去谓词公式中的全称量词。

（9）存在固化：

$$(\exists x)P(x) \Rightarrow P(y)$$

式中，y 是个体域中某一个可以使 $P(y)$ 为真的个体，利用此永真蕴含式可消去谓词公式中的存在量词。

上面给出的等价式和永真蕴含式是进行演绎推理的重要依据，因此这些公式也被称为推理规则。除了这些公式以外，在 4.4 节的归结演绎推理中，还需要将反证法推广到谓词公式集，即 G 为 F 的逻辑推论，当且仅当 $F \wedge \neg G$ 是不可满足的。

4.2.4 谓词公式的范式

范式是公式的标准形式，公式往往需要变换为同它等价的范式，以便对它们进行一般性的处理。在谓词逻辑中,根据量词在公式中出现的情况,可将谓词公式的范式分为两种。

1. 前束范式

定义 4.7 设 F 为一个谓词公式,如果其中的所有量词均非否定地出现在公式的最前面,而它们的辖域为整个公式,则称 F 为前束范式。一般地,前束范式可写成

$$(Q_1 x_1) \cdots (Q_n x_n) M(x_1, x_2, \cdots, x_n)$$

式中,$Q_i (i = 1, 2, \cdots, n)$ 为前缀,它是一个由全称量词或存在量词组成的单词串;$M(x_1, x_2, \cdots, x_n)$ 为母式,它是一个不含任何量词的谓词公式。

例如,$(\forall x)(\forall y)(\exists z)(P(x) \land Q(y, z) \lor R(x, z))$ 是前束范式。

任一含有量词的谓词公式均可化为与其对应的前束范式,其化简方法将在 4.4.1 节中讨论。

2. Skolem 范式

定义 4.8 如果前束范式中的所有存在量词都在全称量词之前,则称这种形式的谓词公式为 Skolem 范式。

例如,$(\exists z)(\exists x)(\exists y)(P(x) \lor Q(y, z) \land R(x, z))$ 是 Skolem 范式。

任一含有量词的谓词公式均可化为与其对应的 Skolem 范式,其化简方法将在 4.4.1 节中讨论。

4.2.5 置换与合一

在不同的谓词公式中,往往会出现谓词名相同但其个体不同的情况,此时推理过程是不能直接进行匹配的,需要先进行置换。例如,可根据全称固化推理和假言推理由谓词公式 $W_1(A)$ 和 $(\forall x)(W_1(x) \to W_2(x))$ 推出 $W_2(A)$。对谓词 $W_1(A)$ 可看作是由全称固化推理推出的,其中 A 是任一个体常量。要使用假言推理,首先需要找到项 A 对变元 x 的置换,使 $W_1(A)$ 与 $W_1(x)$ 一致。这种寻找项对变元的置换,使谓词一致的过程称为合一的过程。下面讨论置换与合一的有关概念与方法。

1. 置换

置换(substitution)可以简单地理解为在一个谓词公式中用置换项替换变元。其形式定义如下:

定义 4.9 置换是形如

$$\{t_1/x_1, t_2/x_2, \cdots, t_n/x_n\}$$

的有限集合。其中 $t_1, t_2, \cdots, t_n$ 是项,$x_1, x_2, \cdots, x_n$ 是互不相同的变元;t_i/x_i 表示用 t_i 置换 x_i,并且要求 t_i 与 x_i 不能相同,x_i 不能循环地出现在另一个 t_i 中。

例如:

$$\{a/x, c/y, f(b)/z\}$$

是一个置换,但是

$$\{g(y)/x, f(x)/y\}$$

不是一个置换,原因在于 x 与 y 之间出现了循环置换的现象。置换的目的本来是要将某些

变元用另外的变元、常量或函数取代,使其不在公式中出现。但在 $\{g(y)/x,f(x)/y\}$ 中,它用 $g(y)$ 置换 x,用 $f(g(y))$ 置换 y,既没有消去 x,也没有消去 y。若改为

$$\{g(a)/x,f(x)/y\}$$

就可以了,它将把公式中的 x 用 $g(a)$ 来置换,y 用 $f(g(a))$ 来置换,从而消去了 x 和 y。

通常,置换用希腊字母 $\theta、\delta、\alpha、\lambda$ 等来表示。

定义 4.10 设 $\theta=\{t_1/x_1,t_2/x_2,\cdots,t_n/x_n\}$ 是一个置换,F 是一个谓词公式,把公式 F 中出现的所有 x_i 换成 $t_i(i=1,2,\cdots,n)$,得到一个新公式 G,称 G 为 F 在置换 θ 下的例示,记作 $G=F\theta$。

一个谓词公式的任何例示都是该公式的逻辑结论。

定义 4.11 设

$$\theta=\{t_1/x_1,t_2/x_2,\cdots,t_n/x_n\}$$
$$\lambda=\{u_1/y_1,u_2/y_2,\cdots,u_m/y_m\}$$

是两个置换。则 θ 与 λ 的合成也是一个置换,记作 $\theta \cdot \lambda$。它是从集合

$$\{t_1/x_1,t_2/x_2,\cdots,t_n/x_n,u_1/y_1,u_2/y_2,\cdots,u_m/y_m\}$$

中删去以下两种元素:

(1) 当 $t_i\lambda=x_i$ 时,删去 $t_i\lambda/x_i(i=1,2,\cdots,n)$;

(2) 当 $y_j\in\{x_1,x_2,\cdots,x_n\}$ 时,删去 $u_j/y_j(j=1,2,\cdots,m)$。

最后剩下的元素所构成的集合。

例 4.4 设 $\theta=\{f(y)/x,z/y\},\lambda=\{a/x,b/y,y/z\}$,求 θ 与 λ 的合成。

解:先求出集合

$$\{f(b/y)/x,(y/z)/y,a/x,b/y,y/z\}=\{f(b)/x,y/y,a/x,b/y,y/z\}$$

式中,$f(b)/x$ 中的 $f(b)$ 是置换 λ 作用于 $f(y)$ 的结果,y/y 中的 y 是置换 λ 作用于 z 的结果。在该集合中,y/y 满足定义中的条件(1),需要删除;a/x 和 b/y 满足定义中的条件(2),也需要删除。最后得

$$\theta \cdot \lambda=\{f(b)/x,y/z\}$$

2. 合一

合一(unifier)可以简单地理解为寻找项对变量的替换,使得两个谓词公式一致。其形式定义如下。

定义 4.12 设有公式集 $F=\{F_1,F_2,\cdots,F_n\}$,若存在一个置换 θ,可使 $F_1\theta=F_2\theta=\cdots=F_n\theta$,则称 θ 是 F 的一个合一,称 $F_1,F_2,\cdots,F_n$ 是可合一的。

例如,设有公式集 $F=\{P(x,y,f(y)),P(a,g(r),z)\}$,则

$$\lambda=\{a/x,g(a)/y,f(g(a))/z\}$$

是 F 的一个合一。

一般来说,一个公式集的合一不是唯一的。

定义 4.13 设 δ 是公式集 F 的一个合一,如果对 F 的任一个合一 θ 都存在一个置换 λ,使得 $\theta=\delta \cdot \lambda$,则称 δ 是一个最一般合一(Most General Unifier,MGU)。

一个公式集的最一般合一是唯一的。若用最一般合一去置换那些可合一的谓词公式,可使它们变成完全一致的谓词公式。

4.3 自然演绎推理

从一组已知为真的事实出发,直接运用经典逻辑中的推理规则推出结论的过程称为自然演绎推理。在这种推理中,最基本的推理规则为三段论推理,包括假言推理、拒取式推理、假言三段论等。

在自然演绎推理中,需要避免两类错误:肯定后件的错误和否定前件的错误。所谓肯定后件的错误是指,当 $P \rightarrow Q$ 为真时,希望通过肯定后件 Q 为真来推出前件 P 为真,这是不允许的。原因是当 $P \rightarrow Q$ 为真及 Q 为真时,前件 P 既可能为真,也可能为假。所谓否定前件的错误是指,当 $P \rightarrow Q$ 为真时,希望通过否定前件 P 来推出后件 Q 为假,这也是不允许的。原因是当 $P \rightarrow Q$ 及 P 为假时,后件 Q 既可能为真,也可能为假。

例 4.5 设已知如下事实:

$$A , B , A \rightarrow C , B \wedge C \rightarrow D , D \rightarrow Q$$

求证: Q 为真。

证明:因为

$$A , A \rightarrow C \Rightarrow C \qquad\qquad 假言推理$$
$$B , C \Rightarrow B \wedge C \qquad\qquad 引入合取词$$
$$B \wedge C , B \wedge C \rightarrow D \Rightarrow D \qquad\qquad 假言推理$$
$$D , D \rightarrow Q \Rightarrow Q \qquad\qquad 假言推理$$

所以, Q 为真。

例 4.6 设已知如下事实:

(1) 如果是需要编写程序的课,王程就喜欢。

(2) 所有的程序设计语言课都是需要编写程序的课。

(3) C 语言是一门程序设计语言课。

求证:王程喜欢 C 语言这门课。

证明:首先定义谓词。

$$\mathrm{Prog}(x) \qquad\qquad x \text{ 是需要编程的课}$$
$$\mathrm{Like}(x , y) \qquad\qquad x \text{ 喜欢 } y$$
$$\mathrm{Lang}(x) \qquad\qquad x \text{ 是一门程序设计语言课}$$

把上述已知事实及待求解问题用谓词公式表示如下:

$$\mathrm{Prog}(x) \rightarrow \mathrm{Like}(\mathrm{Wang} , x)$$
$$(\forall x)(\mathrm{Lang}(x) \rightarrow \mathrm{Prog}(x))$$
$$\mathrm{Lang}(\mathrm{C})$$

应用推理规则进行推理:

$$\mathrm{Lang}(y) \rightarrow \mathrm{Prog}(y) \qquad\qquad 全称固化$$
$$\mathrm{Lang}(\mathrm{C}) , \mathrm{Lang}(y) \rightarrow \mathrm{Prog}(y) => \mathrm{Prog}(\mathrm{C}) \qquad\qquad 假言推理$$
$$\mathrm{Prog}(\mathrm{C}) , \mathrm{Prog}(x) \rightarrow \mathrm{Like}(\mathrm{Wang} , x) => \mathrm{Like}(\mathrm{Wang} , \mathrm{C}) \qquad\qquad 假言推理$$

因此,王程喜欢 C 语言这门课。

一般来说,自然演绎推理由已知事实推出的结论可能有多个,只要其中包含了需要证明的结论,就认为问题得到解。

自然演绎推理的优点是定理证明过程自然,易于理解,并且有丰富的推理规则可用。其主要缺点是容易产生知识爆炸,推理过程中得到的中间结论一般按指数递增,对于复杂问题的推理不利,甚至难以实现。

4.4 归结演绎推理

归结演绎推理是一种基于鲁滨逊归结原理的机器推理技术,鲁滨逊归结原理也称为消解原理,是鲁滨逊于1965年在海伯伦(Herbrand)理论基础上提出的一种基于逻辑反证法的机械化定理证明方法。

在人工智能中,几乎所有的问题都可转化为一个定理证明问题,而定理证明的实质就是要对前提 P 和结论 Q 证明 $P \rightarrow Q$ 永真。由4.2节可知,要证明 $P \rightarrow Q$ 永真,就是要证明 $P \rightarrow Q$ 在任何一个非空的个体域上都是永真的。这将是非常困难的,甚至是不可能实现的。为此,人们进行了大量的探索,后来发现可以采用反证法的思想,把关于永真性的证明转化为关于不可满足性的证明,即,要证明 $P \rightarrow Q$ 永真,只要能够证明 $P \wedge \neg Q$ 为不可满足即可,这正是归结演绎推理的基本出发点。

4.4.1 子句集及其简化

由于鲁滨逊归结原理是在子句集的基础上进行定理证明的,因此,在讨论这些方法之前,需要先介绍子句集的有关概念。

1. 子句和子句集

定义4.14 原子谓词公式及其否定统称为文字。

例如, $P(x)$、$Q(x)$、$\neg P(x)$、$\neg Q(x)$ 等都是文字。

定义4.15 任何文字的析取式统称为子句。

例如, $P(x) \vee Q(x)$、$P(x, f(x)) \vee Q(x, g(x))$ 都是子句。

定义4.16 不包含任何文字的子句统称为空子句。

由于空子句不含有任何文字,也就不能被任何解释所满足,因此空子句是永假的,不可满足的。空子句一般记为□或NIL。

定义4.17 由子句或空子句所构成的集合称为子句集。

2. 子句集的化简

在谓词逻辑中,任何一个谓词公式都可以通过应用等价关系及推理规则化简成相应的子集,其化简步骤如下:

(1) 消去连接词 $\rightarrow$ 和 $\leftrightarrow$。

反复使用如下等价公式:

$$P \rightarrow Q \Leftrightarrow \neg P \vee Q$$
$$P \leftrightarrow Q \Leftrightarrow (P \wedge Q) \vee (\neg P \wedge \neg Q)$$

即可消去谓词公式中的连接词 $\rightarrow$ 和 $\leftrightarrow$。

例如公式

$$(\forall x)((\forall y)P(x,y) \rightarrow \neg(\forall y)(Q(x,y) \rightarrow R(x,y)))$$

经等价变化后为

$$(\forall x)(\neg(\forall y)P(x,y) \vee \neg(\forall y)(\neg Q(x,y) \vee R(x,y)))$$

（2）减少否定符号的辖域。

反复使用双重否定律：

$$\neg(\neg P) \Leftrightarrow P$$

摩根定律：

$$\neg(P \wedge Q) \Leftrightarrow \neg P \vee \neg Q$$
$$\neg(P \vee Q) \Leftrightarrow \neg P \wedge \neg Q$$

量词转化律：

$$\neg(\forall x)P(x) \Leftrightarrow (\exists x)\neg P(x)$$
$$\neg(\exists x)P(x) \Leftrightarrow (\forall x)\neg P(x)$$

将每个否定符号¬移到紧靠谓词的位置，使得每个否定符号最多只作用于一个谓词上。

例如，第（1）步所得公式经本步变换后为

$$(\forall x)((\exists y)\neg P(x,y) \vee (\exists y)(Q(x,y) \wedge \neg R(x,y)))$$

（3）对变元标准化。

在一个量词的辖域内，把谓词公式中受该量词约束的变元全部用另外一个没有出现过的任意变元代替，使不同量词约束的变元有不同的名字。

例如，第（2）步所得公式经本步变换后为

$$(\forall x)((\exists y)\neg P(x,y) \vee (\exists z)(Q(x,z) \wedge \neg R(x,z)))$$

（4）化为前束范式。

化为前束范式的方法是把所有量词都移到公式的左边，并且在移动时不能改变其相对顺序。由于第（3）步已对变元进行了标准化，每个量词都有自己的变元，这就消除了任何由变元引起冲突的可能，因此这种移动是可行的。

例如，第（3）步所得公式化为前束范式后为

$$(\forall x)(\exists y)(\exists z)(\neg P(x,y) \vee (Q(x,z) \wedge \neg R(x,z)))$$

（5）消去存在量词。

消去存在量词时，需要区分以下两种情况。

- 若存在量词不出现在全称量词的辖域内（即它的左边没有全称量词），只要用一个新的个体常量替换受该存在量词约束的变元，就可消去该存在量词。
- 若存在量词位于一个或多个全称量词的辖域内，例如：

$$(\forall x_1)(\forall x_2)\cdots(\forall x_n)(\exists y)P(x_1,x_2,\cdots,x_n,y)$$

则需要使用 Skolem 函数 $f(x_1,x_2,\cdots,x_n)$ 替换受该存在量词约束的变元，然后消去该存在量词。

例如，在第（4）步所得公式中存在量词$(\exists y)$和$(\exists z)$都位于$(\forall x)$的辖域内，因此都需要用 Skolem 函数来替换。设替换 y 和 z 的 Skolem 函数分别是 $f(x)$ 和 $g(x)$，则替换后的公式为

$$(\forall x)(\neg P(x,f(x)) \vee (Q(x,g(x)) \wedge \neg R(x,g(x))))$$

（6）化为 Skolem 标准形。

Skolem 标准形为

$$(\forall x_1)(\forall x_2)\cdots(\forall x_n)M(x_1,x_2,\cdots,x_n)$$

式中，$M(x_1,x_2,\cdots,x_n)$ 是 Skolem 标准形的母式，它由子句的合取构成。

把谓词公式化为 Skolem 标准形需要使用以下等价关系：

$$P\vee(Q\wedge R)\Leftrightarrow(P\vee Q)\wedge(P\vee R)$$

例如，第（5）步所得的公式化为 Skolem 标准形后为

$$(\forall x)((\neg P(x,f(x))\vee Q(x,g(x)))\wedge(\neg P(x,f(x))\vee\neg R(x,g(x))))$$

（7）消去全称量词。

由于母式中的全部变元均受全称量词的约束，并且全称量词的次序已无关紧要，因此可以省略。但对于剩下的母式，仍假设其变元是被全称量词量化的。

例如，第（6）步所得公式消去全称量词后为

$$(\neg P(x,f(x))\vee Q(x,g(x)))\wedge(\neg P(x,f(x))\vee\neg R(x,g(x)))$$

（8）消去合取词。

在母式中消去所有合取词，把母式用子句集的形式表示出来。其中，子句集的每一个元素都是一个子句。

例如，第（7）步所得公式的子句集中包含以下两个子句：

$$\neg P(x,f(x))\vee Q(x,g(x))$$
$$\neg P(x,f(x))\vee\neg R(x,g(x))$$

（9）更换变元名称。

对子句集中的某些变元重新命名，使任意两个子句中不出现相同的变元名。由于每一个子句都对应母式中的一个合取元，并且所有变元都是由全称量词量化的，因此任意两个不同子句的变元之间实际上不存在任何关系。这样，更换变元名不会影响公式的真值。

例如，对第（8）步所得公式，可把第二个子句集中的变元名 x 更换为 y，得到如下子句集：

$$\neg P(x,f(x))\vee Q(x,g(x))$$
$$\neg P(y,f(y))\vee\neg R(y,g(y))$$

3. 子句集的应用

通过上述化简步骤，可以将谓词公式化简为一个标准子句集。由于在消去存在量词时所用的 Skolem 函数可以不同，因此化简后的标准子句集是不唯一的。这样，当原谓词公式为非永假时，它与其标准子句集并不等价。但是，当原谓词公式为永假（即不可满足）时，其标准子句集则一定是永假的，即 Skolem 化并不影响原谓词公式的永假性。这个结论很重要，是归结原理的主要依据，可用定理的形式来描述。

定理 4.1 设有谓词公式 F，其标准子句集为 S，则 F 为不可满足的充要条件是 S 为不可满足的。

在证明此定理之前，先进行如下说明。

为讨论问题方便，设给定的谓词公式 F 已为前束形：

$$(Q_1x_1)\cdots(Q_rx_r)\cdots(Q_nx_n)M(x_1,x_2,\cdots,x_n)$$

式中，$M(x_1,x_2,\cdots,x_n)$ 已化为合取范式。由于将 F 化为这种前束形是一种很容易实现的

等值运算,因此这种假设是可以的。

又设$(Q_r x_r)$是第一个出现的存在量词$(\exists x_r)$,即 F 为

$$F = (\forall x_1)\cdots(\forall x_{r-1})(\exists x_r)(Q_{r+1} x_{r+1})\cdots(Q_n x_n)M(x_1,\cdots,x_{r-1},x_r,x_{r+1},\cdots,x_n)$$

为把 F 化为 Skolem 标准形,需要先消去这个$(\exists x_r)$,并引入 Skolem 函数,得到

$$F_1 = (\forall x_1)\cdots(\forall x_{r-1})(Q_{r+1} x_{r+1})\cdots(Q_n x_n)M(x_1,\cdots,x_{r-1},f(x_1,\cdots,x_{r-1}),x_{r+1},\cdots,x_n)$$

若能证明

$$F \text{ 不可满足} \Leftrightarrow F_1 \text{ 不可满足}$$

则同理可证

$$F_1 \text{ 不可满足} \Leftrightarrow F_2 \text{ 不可满足}$$

重复这一过程,直到证明了

$$F_{m-1} \text{ 不可满足} \Leftrightarrow F_m \text{ 不可满足}$$

为止。此时,F_m 已为 F 的 Skolem 标准形。而 S 只不过是 F_m 的一种集合表示形式。因此有

$$F \text{ 不可满足} \Leftrightarrow S \text{ 不可满足}$$

下面开始用反证法证明

$$F \text{ 不可满足} \Leftrightarrow F_1 \text{ 不可满足}$$

先证明$\Rightarrow$。

已知 F 不可满足,假设 F_1 是可满足的,则存在一个解释 I,使 F_1 在解释 I 下为真。即对任意的 $x_1,\cdots,x_{r-1}$ 在 I 的设定下有

$$(Q_{r+1} x_{r+1})\cdots(Q_n x_n)M(x_1,\cdots,x_{r-1},f(x_1,\cdots,x_{r-1}),x_{r+1},\cdots,x_n)$$

为真,即对任意的 $x_1,\cdots,x_{r-1}$ 都有一个 $f(x_1,\cdots,x_{r-1})$ 使

$$(Q_{r+1} x_{r+1})\cdots(Q_n x_n)M(x_1,\cdots,x_{r-1},f(x_1,\cdots,x_{r-1}),x_{r+1},\cdots,x_n)$$

为真,即在 I 下有

$$(\forall x_1)\cdots(\forall x_{r-1})(\exists x_r)(Q_{r+1} x_{r+1})\cdots(Q_n x_n)M(x_1,\cdots,x_{r-1},x_r,x_{r+1},\cdots,x_n)$$

为真,即 F 在 I 下为真。

但这与前提 F 是不可满足的相矛盾,即假设 F_1 为可满足是错误的。从而可以得出“若 F 不可满足,则必有 F_1 不可满足”。

再证明$\Leftarrow$。

已知 F_1 不可满足,假设 F 是可满足的。于是便有某个解释 I 使 F 在 I 下为真。即对任意的 $x_1,\cdots,x_{r-1}$ 在 I 的设定下都可以找到一个 x_r,使

$$(Q_{r+1} x_{r+1})\cdots(Q_n x_n)M(x_1,\cdots,x_{r-1},x_r,x_{r+1},\cdots,x_n)$$

为真。若扩充 I,使它包含一个函数 $f(x_1,\cdots,x_{r-1})$,且有

$$x_r = f(x_1,\cdots,x_{r-1})$$

这样,就可以把所有的$(x_1,\cdots,x_{r-1})$映射到 x_r,从而得到一个新的解释 Γ,并且在此解释下对任意的 $x_1,\cdots,x_{r-1}$ 都有

$$(Q_{r+1} x_{r+1})\cdots(Q_n x_n)M(x_1,\cdots,x_{r-1},f(x_1,\cdots,x_{r-1}),x_{r+1},\cdots,x_n)$$

为真。即在 Γ 下有

$$(\forall x_1)\cdots(\forall x_{r-1})(\exists x_r)(Q_{r+1} x_{r+1})\cdots(Q_n x_n)M(x_1,\cdots,x_{r-1},f(x_1,\cdots,x_{r-1}),x_{r+1},\cdots,x_n)$$

为真。它说明 F_1 在解释 Γ 下为真。但这与前提 F_1 是不可满足的相矛盾,即假设 F 为可满足是错误的。从而可以得出“若 F_1 不可满足,则必有 F 不可满足”。

于是,定理得证。

由此定理可知,要证明一个谓词公式是不可满足的,只要证明其相应的标准子句集是不可满足的就可以了。至于如何证明一个子句集的不可满足性,由鲁滨逊归结原理来解决。

4.4.2 鲁滨逊归结原理

鲁滨逊归结原理通过对子句集的子句做逐次归结来证明子句集的不可满足性,它是对定理自动证明的一个重大突破。

1. 基本思想

由谓词公式转化为子句集的方法可以知道,在子句集中子句之间是合取关系。其中,只要有一个子句为不可满足的,则整个子句集就是不可满足的。另外,前面已经指出空子句是不可满足的。因此,一个子句集中如果包含空子句,则此子句集就一定是不可满足的。

鲁滨逊归结原理就是基于上述认识提出来的。其基本思想是:首先把欲证明问题的结论否定,并加入子句集,得到一个扩充的子句集 S'。然后设法检验子句集 S' 是否含有空子句,若含有空子句,则表明 S' 是不可满足的;若不含有空子句,则继续使用归结法,在子句集中选择合适的子句进行归结,直至导出空子句或不能继续归结为止。鲁滨逊归结原理分为命题逻辑归结原理和谓词逻辑归结原理。

2. 命题逻辑的归结

归结原理的核心是求两个子句的归结式,因此需要先讨论归结式的定义和性质,然后讨论命题逻辑的归结过程。

下面给出归结式的定义及性质。

定义 4.18 若 P 是原子谓词公式,则称 P 与 $\neg P$ 为互补文字。

定义 4.19 设 C_1 和 C_2 是子句集中的任意两个子句,如果 C_1 中的文字 L_1 与 C_2 中的文字 L_2 互补,那么可以从 C_1 和 C_2 中分别消去 L_1 和 L_2,并将 C_1 和 C_2 中余下的部分按析取关系构成一个新的子句 C_{12},则称这一过程为归结,称 C_{12} 为 C_1 和 C_2 的归结式,称 C_1 和 C_2 为 C_{12} 的亲本子句。

例 4.7 设 $C_1 = P \lor Q \lor R, C_2 = \neg P \lor S$,求 C_1 和 C_2 的归结式 C_{12}。

解:这里 $L_1 = P, L_2 = \neg P$,通过归结可以得到

$$C_{12} = Q \lor R \lor S$$

例 4.8 设 $C_1 = \neg Q, C_2 = Q$,求 C_1 和 C_2 的归结式 C_{12}。

解:这里 $L_1 = \neg Q, L_2 = Q$,通过归结原理可以得到

$$C_{12} = \text{NIL}$$

例 4.9 设 $C_1 = \neg P \lor Q, C_2 = \neg Q, C_3 = P$,求 C_1、C_2、C_3 的归结式 C_{123}。

解:若先对 C_1、C_2 归结,可得到

$$C_{12} = \neg P$$

然后对 C_{12} 和 C_3 归结,可得到

$$C_{123} = \text{NIL}$$

如果改变归结顺序,可以得到相同的结果,即其归结过程是不唯一的。归结可用一棵树

来表示,如例 4.9 的归结过程可用图 4.3 来表示。

定理 4.2　归结式 C_{12} 是其亲本子句 C_1 和 C_2 的逻辑结论。

证明：设 $C_1 = L \vee C_1'$，$C_2 = \neg L \vee C_2'$ 关于解释 I 为真,只需证明 $C_{12} = C_1' \vee C_2'$ 关于解释 I 也为真。对于解释 I，L 和 $\neg L$ 中必有一个为假。

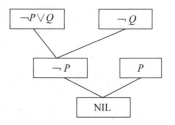

图 4.3　归结过程的树形表示

若 L 为假,则必有 C_1' 为真,不然就会使 C_1 为假,这将与前提假设 C_1 为真矛盾,因此只能有 C_1' 为真。

同理,若 $\neg L$ 为假,则必有 C_2' 为真。

因此,必有 $C_{12} = C_1' \vee C_2'$ 关于解释 I 也为真,即 C_{12} 是 C_1 和 C_2 的逻辑结论。

这个定理是鲁滨逊归结原理中很重要的一个定理,由它可得到以下两个推论。

推论 1　设 C_1 和 C_2 是子句集 S 中的两个子句,C_{12} 是 C_1 和 C_2 的归结式,若用 C_{12} 代替 C_1 和 C_2 后得到新的子句集 S_1，则由 S_1 的不可满足性可以推出原子句集 S 的不可满足性,即

$$S_1 \text{ 的不可满足性} \Leftrightarrow S \text{ 的不可满足性}$$

推论 2　设 C_1 和 C_2 是子句集 S 中的两个子句,C_{12} 是 C_1 和 C_2 的归结式,把 C_{12} 加入 S 中得到新的子句集 S_2，则 S 与 S_2 的不可满足性是等价的,即

$$S_2 \text{ 的不可满足性} \Leftrightarrow S \text{ 的不可满足性}$$

推论 1 和推论 2 的证明可利用不可满足性的定义和解释 I 的定义来完成。

这两个推论说明,为证明子句集 S 的不可满足性,只要对其中可归结的子句进行归结,并把归结式加入到子句集 S 中,或者用归结式代替它的亲本子句,然后对新的子句集证明其不可满足性就可以了。如果经归结能得到空子句,根据空子句的不可满足性,即可得到原子句集 S 是不可满足的结论。

在命题逻辑中,对不可满足的子句集 S，其归结原理是完备的。这种不可满足性可用如下定理描述。

定理 4.3　子句集 S 是不可满足的,当且仅当存在一个从 S 到空子句的归结过程。

要证明此定理,需要用到海伯伦原理,正是从这种意义上说,鲁滨逊归结原理是建立在海伯伦原理的基础上的。对此定理的证明从略,有兴趣者请查阅有关资料。最后还需要指出,鲁滨逊归结原理对可满足的子句集 S 是得不出任何结果的。

归结原理给出了证明子句集不可满足性的方法。若假设 F 为已知的前提条件,G 为欲证明的结论,且 F 和 G 都是公式集的形式,根据前面提到的反证法:"G 为 F 的逻辑结论,当且仅当 $F \wedge \neg G$ 是不可满足的",可把已知 F 证明 G 为真的问题转化为证明 $F \wedge \neg G$ 为不可满足的问题。再根据定理 4.1,在不可满足的意义上,公式集 $F \wedge \neg G$ 与其子句集是等价的,又可把 $F \wedge \neg G$ 在公式集上的不可满足性问题转化为子句集上的不可满足性问题,这样,就可用归结原理来进行定理的自动证明。

应用归结原理证明定理的过程称为归结反演。在命题逻辑中,已知 F，证明 G 为真的归结反演过程如下:

(1) 否定目标公式 G，得 $\neg G$。

(2) 把 $\neg G$ 并入到公式集 F 中,得到 $\{F, \neg G\}$。

(3) 把 $\{F, \neg G\}$ 化为子句集 S。

(4) 应用归结原理对子句集 S 中的子句进行归结,并把每次得到的归结式并入 S 中。如此反复进行,若出现空子句,则停止归结,此时就证明了 G 为真。

例 4.10　设已知的公式集为 $\{P, (P \wedge Q) \to R, (S \vee T) \to Q, T\}$,求证结论 R。

解:假设结论 R 为假,即 $\neg R$ 为真,将 $\neg R$ 加入公式集,并化为子句集

$$S = \{P, \neg P \vee \neg Q \vee R, \neg S \vee Q, \neg T \vee Q, T, \neg R\}$$

其归结演绎树如图 4.4 所示。在该树中,由于根部出现空子句,因此命题 R 得到证明。

这个归结证明过程的含义为:开始假设子句集 S 中的所有子句均为真,即原公式集为真,$\neg R$ 也为真;然后利用归结原理,对子句集中含有互补文字的子句进行归结,并把所得到的归结式并入子句集中;重复这一过程,最后归结出空子句。根据归结原理的完备性,可知子句集 S 是不可满足的,即开始时假设 $\neg R$ 为真是错误的,这就证明了 R 为真。

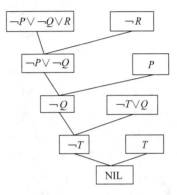

图 4.4　一个命题逻辑的归结演绎树

3. 谓词逻辑的归结

在谓词逻辑中,由于子句集中的谓词一般都含有变元,因此不能像命题逻辑那样直接消去互补文字,而需要先用一个最一般合一对变元进行代换,然后才能进行归结。可见,谓词逻辑的归结要比命题逻辑的归结复杂一些。

谓词逻辑中的归结可用如下定义来描述。

定义 4.20　设 C_1 和 C_2 是两个没有公共变元的子句,L_1 和 L_2 分别是 C_1 和 C_2 中的文字。如果 L_1 和 $\neg L_2$ 存在最一般合一 σ,则称

$$C_{12} = (\{C_1 \sigma\} - \{L_1 \sigma\}) \bigcup (\{C_2 \sigma\} - \{L_2 \sigma\})$$

为 C_1 和 C_2 的二元归结式,而 L_1 和 L_2 为归结式上的文字。

这里使用集合符号和集合的运算是为了说明问题的方便,即先将子句 $C_1 \sigma$ 和 $L_1 \sigma$ 写成集合的形式,并在集合表示下做减法和并集运算,然后再写成子句集的形式。

此外,定义中还要求 C_1 和 C_2 无公共变元,这也是合理的。例如,$C_1 = P(x)$,$C_2 = \neg P(f(x))$,而 $S = \{C_1, C_2\}$ 是不可满足的,但由于 C_1 和 C_2 的变元相同,就无法合一了。没有归结式,就不能用归结法证明 S 的不可满足性,这就限制了归结法的使用范围,如果对 C_1 或 C_2 的变元进行换名,便可通过合一对 C_1 和 C_2 进行归结。如例 4.10,首先对 C_2 进行换名,即 $C_2 = \neg P(f(y))$,则可对 C_1 和 C_2 进行归结,得到一个空子句,从而证明了 S 是不可满足的。事实上,在由公式集化为子句集的过程中,其最后一步就是进行换名处理。因此,定义中假设 C_1 和 C_2 没有相同变元是可以的。

例 4.11　设 $C_1 = P(a) \vee R(x)$,$C_2 = \neg P(y) \vee Q(b)$,求 C_{12}。

解:取 $L_1 = P(a)$,$L_2 = \neg P(y)$,则 L_1 和 $\neg L_2$ 的最一般合一是 $\sigma = \{a/y\}$。根据定义 4.18 可得

$$C_{12} = (\{C_1 \sigma\} - \{L_1 \sigma\}) \bigcup (\{C_2 \sigma\} - \{L_2 \sigma\})$$

$$= (\{P(a), R(x)\} - \{P(a)\}) \bigcup (\{\neg P(a), Q(b)\} - \{\neg P(a)\})$$

$$= \{R(x)\} \bigcup \{Q(b)\} = \{R(x), Q(b)\}$$
$$= R(x) \vee Q(b)$$

例 4.12   设 $C_1 = P(x) \vee Q(a)$，$C_2 = \neg P(b) \vee R(x)$，求 C_{12}。

解：由于 C_1 和 C_2 有相同的变元 x，不符合定义 4.18 的要求。为了进行归结，需要修改 C_2 中变元的名字，令 $C_2 = \neg P(b) \vee R(y)$，此时 $L_1 = P(x)$，$L_2 = \neg P(b)$，L_1 和 L_2 的最一般合一 $\sigma = \{b/x\}$，则有

$$C_{12} = (\{C_1\sigma\} - \{L_1\sigma\}) \bigcup (\{C_2\sigma\} - \{L_2\sigma\})$$
$$= (\{P(b), Q(a)\} - \{P(b)\}) \bigcup (\{\neg P(b), R(y)\} - \{\neg P(b)\})$$
$$= \{Q(a)\} \bigcup \{R(y)\} = \{Q(a), R(y)\}$$
$$= Q(a) \vee R(y)$$

例 4.13   设 $C_1 = P(x) \vee \neg Q(b)$，$C_2 = \neg P(a) \vee Q(y) \vee R(z)$，求 C_{12}。

解：对 C_1 和 C_2 通过最一般合一的作用可以得到两个互补对。但需要注意，求归结式不能同时消去两个互补对，同时消去两个互补对的结果不是二元归结式。例如，在 $\sigma = \{a/x, b/y\}$ 下，若同时消去两个互补对，所得到的 $R(z)$ 不是 C_1 和 C_2 的二元归结式。

例 4.14   设 $C_1 = P(x) \vee P(f(a)) \vee Q(x)$，$C_2 = \neg P(y) \vee R(b)$，求 C_{12}。

解：对参加归结的某个子句，若其内部有可合一的文字，则在进行归结之前应先对这些文字进行合一。本例的 C_1 中有可合一的文字 $P(x)$ 与 $P(f(a))$，若用它们的最一般合一 $\sigma = \{f(a)/x\}$ 进行代换，可得到

$$C_1\sigma = P(f(a)) \vee Q(f(a))$$

此时，可对 $C_1\sigma$ 与 C_2 进行归结。选择 $L_1 = P(f(a))$，$L_2 = \neg P(y)$，L_1 和 $\neg L_2 d$ 最一般合一是 $\sigma = \{f(a)/y\}$，则可得到 C_1 和 C_2 的二元归结式为

$$C_{12} = R(b) \vee Q(f(a))$$

在这个例子中，把 $C_1\sigma$ 称为 C_1 的因子。一般来说，若子句 C 中有两个或两个以上的文字具有最一般合一 σ，则称 $C\sigma$ 为子句 C 的因子。如果 $C\sigma$ 是一个单文字，则称它为 C 的单元因子。应用因子概念，谓词逻辑中的归结原理给出如下定义。

定义 4.21   若 C_1 和 C_2 是无公共变元的子句，则

(1) C_1 和 C_2 的二元归结式。

(2) C_1 和 C_2 的因子 $C_2\sigma_2$ 的二元归结式。

(3) C_1 的因子 $C_1\sigma_1$ 和 C_2 的二元归结式。

(4) C_1 的因子 $C_1\sigma_1$ 和 C_2 的因子 $C_2\sigma_2$ 的二元归结式。

这 4 种二元归结式都是子句 C_1 和 C_2 的二元归结式，记为 C_{12}。

例 4.15   设 $C_1 = P(y) \vee P(f(x)) \vee Q(g(x))$，$C_2 = \neg P(f(g(a))) \vee Q(b)$，求 C_{12}。

解：对 C_1，取最一般合一 $\sigma = \{f(x)/y\}$，得 C_1 的因子：

$$C_1\sigma = P(f(x)) \vee Q(g(x))$$

对 C_1 的因子和 C_2 的因子进行归结，可得到 C_1 和 C_2 的二元归结式：

$$C_{12} = Q(g(g(a))) \vee Q(b)$$

对谓词逻辑，定理 4.2 仍然适用，即归结式 C_{12} 是其亲本子句 C_1 和 C_2 的逻辑结论。用归结式取代它在子句集 S 中的亲本子句，所得到的子句集仍然保持着原子句集 S 的不可满足性。

此外，对谓词逻辑，定理 4.3 也仍然适用，即从不可满足的意义上说，一阶谓词逻辑的归

结原理也是完备的。

　　谓词逻辑的归结反演过程与命题逻辑的归结反演过程相比,其步骤基本相同,但每步的处理对象不同。例如,在步骤(3)化简子句集时,谓词逻辑需要把由谓词构成的公式集化为子句集;在步骤(4)按归结原理进行归结时,谓词逻辑的归结原理需要考虑两个亲本子句的最一般合一。

　　例 4.16　已知

$$F:(\forall x)((\exists y)(A(x,y) \land B(y)) \to (\exists y)(C(y) \land D(x,y)))$$
$$G:\neg(\exists x)C(x) \to (\forall x)(\forall y)(A(x,y) \to \neg B(y))$$

证明:G 是 F 的逻辑结论。

　　证明:先把 G 否定,并放入 F 中,得到的 $\{F, \neg G\}$ 为

$$\{(\forall x)((\exists y)(A(x,y) \land B(y)) \to (\exists y)(C(y) \land D(x,y))),$$
$$\neg(\neg(\exists x)C(x) \to (\forall x)(\forall y)(A(x,y) \to \neg B(y)))\}$$

再把 $\{F, \neg G\}$ 化为子句集,得到

(1) $\neg A(x,y) \lor \neg B(y) \lor C(f(x))$

(2) $\neg A(u,v) \lor \neg B(v) \lor D(u,f(u))$

(3) $\neg C(z)$

(4) $A(m,n)$

(5) $B(k)$

其中,(1)、(2)是由 F 化出的两个子句,(3)～(5)是由 $\neg G$ 化出的 3 个子句。

最后应用谓词逻辑的归结原理对上述子句集进行归结,其过程为

(6) $\neg A(x,y) \lor \neg B(y)$　　　　（由(1)和(3)归结,取 $\sigma = \{f(x)/z\}$）

(7) $\neg B(n)$　　　　　　　　　　（由(4)和(6)归结,取 $\sigma = \{m/x, n/y\}$）

(8) NIL　　　　　　　　　　　　（由(5)和(7)归结,取 $\sigma = \{n/k\}$）

因此 G 是 F 的逻辑结论。上述归结过程可用图 4.5 所示的归结树来表示。

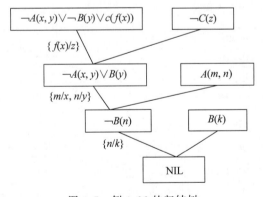

图 4.5　例 4.16 的归结树

　　为了进一步加深对谓词逻辑归结的理解,下面再给出两个经典的归结问题。

　　例 4.17　"快乐学生"问题。

　　假设:任何通过计算机考试并获奖的人都是快乐的,任何肯学习或幸运的人都可以通过所有考试,张不肯学习但是他是幸运的,任何幸运的人都能获奖。证明张是快乐的。

解：先将问题用谓词表示如下：

任何通过计算机考试并获奖的人都是快乐的：
$$(\forall x)((\text{Pass}(x,\text{computer}) \wedge \text{Win}(x,\text{prize})) \rightarrow \text{Happy}(x))$$

任何肯学习或幸运的人都可以通过所有考试：
$$(\forall x)(\forall y)(\text{Study}(x) \vee \text{Lucky}(x) \rightarrow \text{Pass}(x,y))$$

张不肯学习但他是幸运的：
$$\neg\text{Study}(\text{Zhang}) \wedge \text{Lucky}(\text{Zhang})$$

任何幸运的人都能获奖：
$$(\forall x)(\text{Lucky}(x) \rightarrow \text{Win}(x,\text{prize}))$$

目标"张是快乐的"的否定：
$$\neg\text{Happy}(\text{Zhang})$$

将上述谓词公式转化为子句集如下：

(1) $\neg\text{Pass}(x,\text{computer}) \vee \neg\text{Win}(x,\text{prize}) \vee \text{Happy}(x)$

(2) $\neg\text{Study}(y) \vee \text{Pass}(y,z)$

(3) $\neg\text{Lucky}(u) \vee \text{Pass}(u,v)$

(4) $\neg\text{Study}(\text{Zhang})$

(5) $\text{Lucky}(\text{Zhang})$

(6) $\neg\text{Lucky}(\omega) \vee \text{Win}(\omega,\text{prize})$

(7) $\neg\text{Happy}(\text{Zhang})$　　　　（本子句为结论的否定）

按谓词逻辑的归结原理对此子句集进行归结,其归结反演树如图 4.6 所示。由于归结出了空子句,这就证明了张是快乐的。

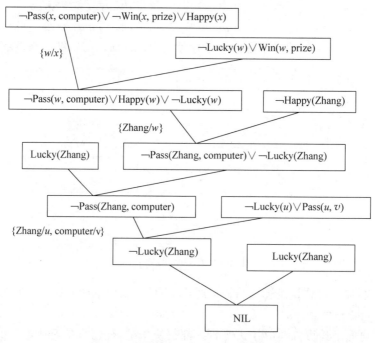

图 4.6　"快乐学生"问题的归结反演树

例 4.18 "激动人心的生活"问题。

假设：所有不贫穷并且聪明的人都是快乐的。那些看书的人是聪明的。李明能看书且不贫穷。快乐的人过着激动人心的生活。求证：李明过着激动人心的生活。

解：先将问题用谓词表示如下：

所有不贫穷并且聪明的人都是快乐的：

$$(\forall x)((\neg \mathrm{Poor}(x) \wedge \mathrm{Smart}(x)) \rightarrow \mathrm{Happy}(x))$$

那些看书的人是聪明的：

$$(\forall y)(\mathrm{Read}(y) \rightarrow \mathrm{Smart}(y))$$

李明能看书且不贫穷：

$$\mathrm{Read}(\mathrm{LiMing}) \wedge \neg \mathrm{Poor}(\mathrm{LiMing})$$

快乐的人过着激动人心的生活：

$$(\forall z)(\mathrm{Happy}(z) \rightarrow \mathrm{Exciting}(z))$$

目标"李明过着激动人心的生活"的否定：

$$\neg \mathrm{Exciting}(\mathrm{LiMing})$$

将上述谓词公式转化为子句集如下：

(1) $\mathrm{Poor}(x) \vee \neg \mathrm{Smart}(x) \vee \mathrm{Happy}(x)$

(2) $\neg \mathrm{Read}(y) \vee \mathrm{Smart}(y)$

(3) $\mathrm{Read}(\mathrm{LiMing})$

(4) $\neg \mathrm{Poor}(\mathrm{LiMing})$

(5) $\neg \mathrm{Happy}(z) \vee \mathrm{Exciting}(z)$

(6) $\neg \mathrm{Exciting}(\mathrm{LiMing})$

按谓词逻辑的归结原理对此子句集进行归结，其归结反演树如图 4.7 所示。由于归结出了空子句，这就证明了李明过着激动人心的生活。

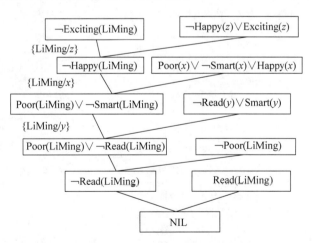

图 4.7 "激动人心的生活"问题的归结反演树

4.4.3 归结演绎推理的归结策略

归结演绎推理实际上就是从子句集中不断寻找可进行归结的子句对，并通过对这些子句对的归结,最终得出一个空子句的过程。由于事先并不知道哪些子句对可进行归结,更不知道通过对哪些子句对的归结能尽快得到空子句,因此就需要对子句集中的所有子句逐对进行比较,直到得出空子句为止。这种盲目地全面进行归结的方法不仅会产生许多无用的归结式,更严重的是会产生组合爆炸问题。因此,需要研究有效的归结策略来解决这些问题。

目前,常用的归结策略可分为两大类,一类是删除策略;另一类是限制策略。删除策略是通过删除某些无用的子句来缩小归结范围;限制策略是通过对参加归结的子句进行某些限制来减少归结的盲目性,以尽快得到空子句。为了说明选择归结策略的重要性,在讨论各种常用的归结策略之前,还是先提一下广度优先策略。

1. 广度优先策略

广度优先策略是一种穷尽子句比较的复杂搜索方法。设初始子句集为 S_0,广度优先策略的归结过程可描述如下:

(1) 从 S_0 出发,对 S_0 中的全部子句进行所有可能的归结,得到第一层归结式,把这些归结式的集合记为 S_1。

(2) 对 S_0 及 S_1 中的全部子句进行所有可能的归结,得到第二层归结式,把这些归结式的集合记为 S_2。

(3) 对 S_0、S_1 及 S_2 中的全部子句进行所有可能的归结,得到第三层归结式,把这些归结式的集合记为 S_3。

如此继续,直到得出空子句或不能再继续归结为止。

例 4.19 设有如下子句集:
$$S = \{ \neg I(x) \vee R(x), I(a), \neg R(y) \vee L(y), \neg L(a) \}$$
用广度优先策略证明 S 为不可满足。

证明:从初始子句集 S 出发,依次构造 $S_1, S_2, \cdots$,直到出现空子句结束。其归结树如图 4.8 所示。

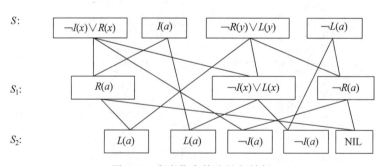

图 4.8　广度优先策略的归结树

从这个例子可以看出,广度优先策略归结出了许多无用的子句,既浪费时间,又浪费空间。但是,这种策略有一个有趣的特性,就是当问题有解时,保证能找到最短归结路径。因此,它是一种完备的归结策略。广度优先对大问题的归结容易产生组合爆炸,但对小问题仍是一种比较好的归结策略。

2. 支持集策略

支持集策略是沃斯(Wos)等人在 1965 年提出的一种归结策略。它要求每一次参加归结的两个亲本子句中,至少应该有一个是由目标公式的否定所得到的子句或它们的后裔。可以证明支持集策略是完备的,即当子句集为不可满足时,由支持集策略一定能够归结出一个空子句。也可以把支持集策略看成是在广度优先策略中引入了某种限制条件,这种限制条件代表一种启发信息,因而具有较高的效率。

例 4.20 设有如下子句集:

$$S = \{\neg I(x) \lor R(x), I(a), \neg R(y) \lor L(y), \neg L(a)\}$$

式中,$\neg I(x) \lor R(x)$ 为目标公式的否定。用支持集策略证明 S 为不可满足。

证明:从 S 出发,其归结树如图 4.9 所示。

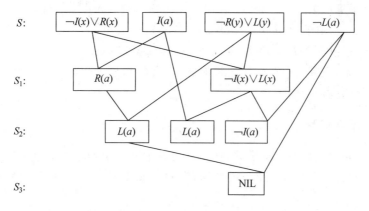

图 4.9 支持集策略的归结树

从上述归结过程可以看出,各级归结式数目要比广度优先策略生成的少,但在第二级还没有空子句。就是说这种策略限制了子句集元素的剧增,却增加了空子句所在的深度。此外,支持集策略具有逆向推理的含义,由于进行归结的亲本子句中至少有一个与目标子句有关,因此推理过程可以看成是沿目标、子目标的方向前进的。

3. 删除策略

删除策略所依据的主要思想是:归结过程在寻找可归结子句时,子句集中的子句越多,需要付出的代价就会越大。如果在归结时能把子句集中无用的子句删除,就会缩小搜索范围,减少比较次数,从而提高归结效率。常用的删除方法有以下几种。

1) 纯文字删除法

如果某文字 L 在子句集中不存在可与其互补的文字 $\neg L$,则称该文字为纯文字。在归结过程中,纯文字不可能被消除,用包含纯文字的子句进行归结也不可能得到空子句,因此对包含纯文字的子句进行归结是没有意义的,应该把它从子句集中删除。对子句集而言,删除包含纯文字的子句是不影响其不可满足性的。例如,对子句集

$$S = \{P \lor Q \lor R, \neg Q \lor R, Q, \neg R\}$$

式中,P 是纯文字,因此可以将子句 $P \lor Q \lor R$ 从子句集 S 中删除。

2) 重言式删除法

如果一个子句中包含互补的文字对,则称该子句为重言式。例如:

$$P(x) \lor \neg P(x), \quad P(x) \lor Q(x) \lor \neg P(x)$$

都是重言式,不管 $P(x)$ 的真值为真还是为假,$P(x) \lor \neg P(x)$ 和 $P(x) \lor Q(x) \lor \neg P(x)$ 均为真。

重言式是真值为真的子句。对一个子句集来说,不管是增加还是删除一个真值为真的子句,都不会影响该子句集的不可满足性。因此,可从子句集中删除重言式。

3) 包孕删除法

设有子句 C_1 和 C_2,如果存在一个置换 σ,使得 $C_1\sigma \subseteq C_2$,则称 C_1 包孕于 C_2。例如:

$P(x)$ 包孕于 $P(y) \lor Q(z)$,$\sigma = \{y/x\}$。

$P(x)$ 包孕于 $P(a)$,$\sigma = \{a/x\}$。

$P(x)$ 包孕于 $P(a) \lor Q(z)$,$\sigma = \{a/x\}$。

$P(x) \lor Q(a)$ 包孕于 $P(f(a)) \lor Q(a) \lor R(y)$,$\sigma = \{f(a)/x\}$。

$P(x) \lor Q(y)$ 包孕于 $P(a) \lor Q(\mu) \lor R(\omega)$,$\sigma = \{a/x, \mu/y\}$。

对子句集来说,把其中包孕的子句删除后,不会影响该子句集的不可满足性。因此,可从子句集中删除那些包孕的子句。

4. 单文字子句策略

如果一个子句只包含一个文字,则称此子句为单文字子句。单文字子句策略是对支持集策略的进一步改进,它要求每次参加归结的两个亲本子句中至少有一个子句是单文字子句。

例 4.21 设有如下子句集:

$$S = \{\neg I(x) \lor R(x), I(a), \neg R(y) \lor L(y), \neg L(a)\}$$

用单文字子句策略证明 S 为不可满足的。

证明:从 S 出发,其归结树如图 4.10 所示。

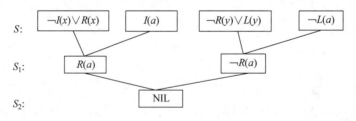

图 4.10 单文字子句策略的归结树

采用单文字子句策略,归结式包含的文字数将少于其亲本子句中的文字数,这将有利于向空子句的方向发展,因此会有较高的归结效率。但这种策略是不完备的,即当子句集为不可满足时,用这种策略不一定能归结出空子句。

5. 线性输入策略

这种策略要求每次参加归结的两个亲本子句中至少有一个是初始子句集中的子句。所谓初始子句集是指开始归结时所使用的子句集。

例 4.22 设有如下子句集:
$$S = \{\neg I(x) \vee R(x), I(a), \neg R(y) \vee L(y), \neg L(a)\}$$
用线性输入策略证明 S 为不可满足。

证明: 从 S 出发,其归结树如图 4.11 所示。

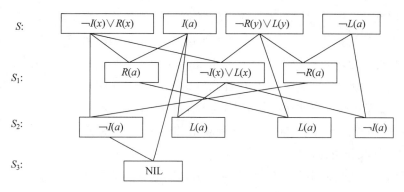

图 4.11　线性输入策略的归结树

线性输入策略可限制生成归结式的数目,具有简单和高效的优点。但是,这种策略也是一种不完备的策略。例如,子句集
$$S = \{Q(u) \vee P(a), \neg Q(\omega) \vee P(\omega), \neg Q(x) \vee \neg P(x), Q(y) \vee \neg P(y)\}$$
从 S 出发很容易找到一棵归结反演树,但不存在线性输入策略的归结反演树。

6. 祖先过滤策略

这种策略与线性输入策略有点相似,但是放宽了对子句的限制。每次参加归结的两个亲本子句只要满足以下两个条件中的任意一个就可进行归结:

(1) 两个亲本子句中至少有一个是初始子句集中的子句。

(2) 如果两个亲本子句都不是初始子句集中的子句,则一个子句应该是另一个子句的先辈子句。所谓一个子句 C_1 是另一个子句 C_2 的先辈子句是指 C_2 是由 C_1 与别的子句归结后得到的归结式。

例 4.23 设有如下子句集:
$$S = \{\neg Q(x) \vee \neg P(x), Q(y) \vee \neg P(y),$$
$$\neg Q(\omega) \vee P(\omega), Q(a) \vee P(a)\}$$
用祖先过滤策略证明 S 为不可满足。

证明: 从 S 出发,祖先过滤策略归结树如图 4.12 所示。

可以证明祖先过滤策略也是完备的。

上面讨论了几种基本的归结策略,在实际应用中,可以把几种策略结合起来使用。至于如何结合,需根据具体需要而定。总之,在选择归结反演策略时,应考虑其完备性和效率问题。

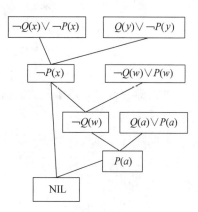

图 4.12　祖先过滤策略的归结树

4.4.4 用归结反演求取问题的解

归结原理除了可用于定理证明外,还可用来求取问题的解,其思想与定理证明相似。下面给出求取问题解的一般步骤:

(1) 把问题的已知条件用谓词公式表示出来,并化为相应的子句集。

(2) 把问题的目标的否定用谓词公式表示出来,并化为相应的子句集。

(3) 对目标否定子句集中的每个子句,构造该子句的重言式(即把该目标否定子句和该目标否定子句的否定之间再进行析取所得到的子句),用这些重言式代替相应的目标否定子句,并把这些重言式加入到前提子句集中,得到一个新的子句集。

(4) 对这个新的子句集,应用归结原理求出其证明树,这时证明树的根子句不为空,称这个证明树为修改证明树。

(5) 用修改证明树的根子句作为回答语句,则问题的解就在此根子句中。

下面通过一些例子来说明如何利用归结反演求取问题的答案。

例 4.24 已知:张和李是同班同学;如果 x 和 y 是同班同学,则 x 的教室也是 y 的教室;现在张在 302 教室上课。

问:现在李在哪个教室上课?

解:首先定义谓词。

$C(x,y)$:x 和 y 是同班同学。

$At(x,u)$:x 在 u 教室上课。

把已知前提用谓词公式表示如下:

$$C(zhang,li)$$
$$(\forall x)(\forall y)(\forall u)(C(x,y) \wedge At(x,u) \to At(y,u))$$
$$At(zhang,302)$$

把目标的否定用谓词公式表示如下:

$$\neg(\exists v)At(li,v)$$

把上述公式化为子句集:

$$C(zhang,li)$$
$$\neg C(x,y) \vee \neg At(x,u) \vee At(y,u)$$
$$At(zhang,302)$$

把目标的否定化成子句式,并用重言式代替:

$$\neg At(li,v) \vee At(li,v)$$

把此重言式加入前提子句集中,得到一个新的子句集,对这个新的子句集,应用归结原理求出其证明树。其修改证明树如图 4.13 所示。该证明树的根子句就是所求的答案,即"李在 302 教室"。

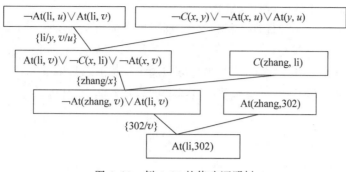

图 4.13 例 4.24 的修改证明树

4.5 基于规则的演绎推理

4.4 节讨论了归结演绎推理,需要把谓词公式化为子句集,尽管这种转化在逻辑上是等价的,但是原来蕴含在谓词公式中的一些重要信息会在求取子句集的过程中丢失。例如,下面的几个蕴含式

$$\neg A \wedge \neg B \to C, \neg A \wedge \neg C \to B, \neg A \to B \vee C, \neg B \to A \vee C$$

都与子句

$$A \vee B \vee C$$

等价,但在 $A \vee B \vee C$ 中,是根本得不到原逻辑公式中所蕴含的那些超逻辑的含义的。况且,在不少情况下,人们大多希望使用那种接近于问题原始描述的形式来进行求解,而不希望把问题描述转化为子句集。

规则是一种比较接近人们习惯的问题描述方式,按照这种问题描述方式进行求解的系统称为基于规则的系统,或者称为基于规则的演绎系统。规则演绎系统的推理可分为正向演绎推理、逆向演绎推理和双向演绎推理 3 种形式,本书主要讨论前面的两种。

4.5.1 规则正向演绎推理

规则正向演绎推理和前面所讨论过的正向推理相对应。它是从已知事实出发,正向使用规则,直接进行演绎,直至达到目标位置的一种证明方法。一个直接演绎系统不一定比反演系统更有效,但其演绎过程容易被人们理解。

1. 事实表达式的与/或形变换

在一个基于规则的正向演绎系统中,其前提条件中的事实表达式是作为系统的初始综合数据库来描述的。对事实的化简,只需转换成不包含蕴含符号→的与/或形式表示即可,而不必化为子句集。把事实表达式化为非蕴含形式的与/或形的主要步骤如下:

(1) 利用规则 $P \to Q \Leftrightarrow \neg P \vee Q$ 消去蕴含符号。实际上,在事实表达式中很少有蕴含符号→出现,因为可把蕴含式表示成规则。

(2) 利用摩根定律及量词转化律把¬移到紧靠谓词的位置,直到每个否定符号的辖域最多只含有一个谓词为止。

（3）对所得到的表达式进行前束化。

（4）对辖域内的变元进行改名和标准化,使不同量词约束的变元有不同的名字,并利用 Skolem 函数消去存在量词。

（5）消去全称量词,而余下的变元都被认为是全称量词量化的变元。

（6）对变元进行换名,使得各主合取式之间的变元名互不相同。

例如,表达式

$$(\exists x)(\forall y)(Q(y,x) \wedge \neg((R(y) \vee P(y)) \wedge S(x,y)))$$

可转化为

$$Q(z,a) \wedge ((\neg R(y) \wedge \neg P(y)) \vee \neg S(a,y))$$

这就是与/或形表示。

2. 事实表达式的与/或树表示

事实表达式的与/或形可用一棵与/或树表示出来。例如,对上例所给出的与/或形,可用如图 4.14 所示的与/或树来表示。在该图中,每个节点表示该事实表达式的一个子表达式,子表达式之间的与、或关系规定如下:

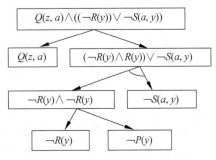

图 4.14　一个事实表达式的与/或树表示

当某个表达式为 k 个子表达式的析取时,如 $E_1 \vee E_2 \vee \cdots \vee E_k$,其中的每个子表达式 E_i 均被表示为 $E_1 \vee E_2 \vee \cdots \vee E_k$ 的后继节点,并由一个 k 线连接符(将指向这 k 个后继节点的边连接起来的一个圆弧)将这些后继节点都连接到其父节点,即表示成与的关系。

当某个表达式为 k 个子表达式的合取时,如 $E_1 \wedge E_2 \wedge \cdots \wedge E_k$,其中的每个子表达式 E_i 均被表示为 $E_1 \wedge E_2 \wedge \cdots \wedge E_k$ 的一个单一的后继节点,并由 k 个单线连接符(即指向单一后继节点的有向边)将这些后继节点连接到其父节点,即表示成或的关系。

这样,与/或树的根节点就是整个事实表达式,端节点均为事实表达式中的一个文字。有了与/或树的表示,就可以求出其解树(结束于文字节点上的子树)集。并且可以发现,事实表达式的子句集与解树集之间存在一一对应的关系,即解树集中的每个解树都对应着子句集中的一个子句。例如,如图 4.14 所示的与/或树有 3 个解树,分别对应以下 3 个子句:

$$Q(z,a)$$
$$\neg R(y) \vee \neg S(a,y)$$
$$\neg P(y) \vee \neg S(a,y)$$

与/或树的这个性质很重要。它可以把与/或树看成是对子句集的简捷表示。不过,表达式的与/或树表示要比子句集表示的通用性差一些,原因是与/或树中的合取元素没有进一步展开,因此不能像在子句集中那样对某些变量进行改名,这就限制了与/或树表示的灵活性。例如,上面的最后一个子句,在子句集中,其变量 y 可全部改名为 x,但无法在与/或树中加以表示,因而失去通用性,并且可能带来一些困难。

还需要指出,这里的与/或树是作为综合数据库的一种表示形式,其中的变量受全称量词的约束,而在可分解产生式系统中所描述的与/或树则是搜索过程的一种表示形式,这两种与/或树之间有着不同的目的和含义,因此应用时应加以区分。

3. 规则的与/或形变换

在与/或形正向演绎系统中,是以正向方式使用规则(F规则)对综合数据库中的与/或树结构进行变换。为简化这种演绎过程,通常要求 F 规则应具有如下形式:$L \rightarrow W$,式中,L 为单文字,W 为与/或形公式,需要注意,这里假定出现在蕴含式中的任何变量全都受全称量词的约束,并且这些变量已经被换名,使得它们与事实公式和其他规则中的变量不同。

如果领域知识的规则表示形式与上述要求不同,则应将它转换成要求的形式。其变换步骤如下:

(1) 暂时消去蕴含符号 $\rightarrow$。设有如下公式:
$$(\forall x)(((\exists y)(\forall z)(P(x,y,z)) \rightarrow (\forall u)Q(x,u))$$
运用等价关系 $P \rightarrow Q \Leftrightarrow \neg P \vee Q$ 可将上式变为
$$(\forall x)(\neg((\exists y)(\forall z)(P(x,y,z)) \vee (\forall u)Q(x,u)))$$

(2) 把否定符号 $\neg$ 移到紧靠谓词的位置上,使其作用域仅限于单个谓词。通过使用摩根定律及量词转化律可把上式转化为
$$(\forall x)((\forall y)(\exists z)(\neg(P(x,y,z)) \vee (\forall u)Q(x,u)))$$

(3) 引入 Skolem 函数,消去存在量词,上式变为
$$(\forall x)((\forall y)(\neg P(x,y,f(x,y))) \vee (\forall u)Q(x,u))$$

(4) 化成前束式,消去全部全称量词,上式变为
$$\neg P(x,y,f(x,y)) \vee Q(x,u)$$
此式中的变元都被视为受全称量词约束的变元。

(5) 恢复蕴含式表示。利用等价关系 $\neg P \vee Q \Leftrightarrow P \rightarrow Q$ 将上式变为
$$P(x,y,f(x,y)) \rightarrow Q(x,u)$$

在前面对 F 规则的要求中之所以限制其前件为单文字,是因为在进行正向演绎推理时要用 F 规则作用于表示事实的与/或树,而该与/或树的叶节点都是单文字,这样就可用 F 规则的前件与叶节点进行简单匹配。对非单文字情况,若形式为 $L_1 \vee L_2 \rightarrow W$,则可将其转换成与之等价的两个规则 $L_1 \rightarrow W$ 与 $L_2 \rightarrow W$ 进行处理。

4. 目标公式的表示形式

与/或树正向演绎系统要求目标公式用子句形式表示。如果目标公式不是子句形式,则要将其转化成子句形式。把一个目标公式转化为子句形式的步骤与 4.4 节所述的化简子句集步骤类似,但 Skolem 化的过程不同。目标公式的 Skolem 化过程是简化子句集的 Skolem 过程的对偶形式,即把目标公式中属于存在量词辖域内的全称变量用存在量化变量的 Skolem 函数来代替,使经 Skolem 化的目标公式只剩下存在量词,然后再对析取元进行变量替换,最后把存在量词消掉。

例如,设目标公式为
$$(\exists y)(\forall x)(P(x,y) \vee Q(x,y))$$

用 Skolem 函数消去全称量词后有

$$(\exists y)(P(f(y),y) \lor Q(f(y),y))$$

进行变量换名,使每个析取元具有不同的变量符号,于是有

$$(\exists y)(P(f(y),y) \lor (\exists z)Q(f(z),z))$$

最后,消去存在量词得

$$(P(f(y),y) \lor Q(f(z),z))$$

这样,目标公式中的变量都假定受存在量词的约束。

5. 规则正向演绎推理过程

规则正向演绎推理过程是从已知事实出发,不断运用 F 规则,推出欲证明的目标公式的过程。即先用与/或树把已知事实表示出来,然后再用 F 规则的前件和与/或树的叶节点进行匹配,并通过一个匹配弧把匹配成功的 F 规则加入到与/或树中,依次使用 F 规则,直到产生一个含有以目标节点为终止节点的解图为止。

下面分命题逻辑和谓词逻辑两种情况来讨论规则正向演绎过程。

1) 命题逻辑的规则演绎过程

由于命题逻辑中的公式不含变元,因此其规则演绎过程比较简单。

例 4.25 设已知事实为

$$A \lor B$$

F 规则为

$$r_1: A \to C \land D$$
$$r_2: B \to E \land G$$

目标公式为

$$C \lor G$$

证明:先将已知事实用与/或树表示出来,然后再用匹配弧把 r_1 和 r_2 分别连接到事实与/或树中与 r_1 和 r_2 前件匹配的两个不同端节点,由于出现了以目标节点为终节点的解树,故推理过程结束。这一过程如图 4.15 所示。在该图中,粗箭头表示匹配弧,它相当于一个单线连接符。

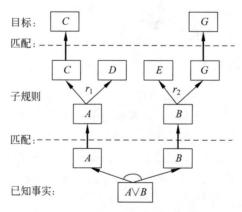

图 4.15　命题逻辑的规则演绎过程

为了验证上述推理的正确性,下面再用归结演绎推理给予证明。由已知事实、规则及目标的否定可得到如下的子句集:

$$\{A \lor B, \neg A \lor C, \neg A \lor D, \neg B \lor E, \neg B \lor G, \neg C, \neg G\}$$

其归结树如图 4.16 所示。

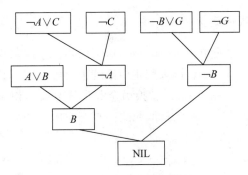

图 4.16 例 4.25 的归结树

由图 4.16 可以看出,用归结演绎推理对已知事实、F 规则集目标的否定所得到的子句集进行归结,得到了空子句 NIL,从而证明了目标公式。它与正向演绎推理所得到的结果是一致的。

2) 在谓词逻辑情况下,由于事实、F 规则及目标中均含有变元,因此,其规则演绎过程还需要用最一般合一对变量进行置换。

例 4.26 设已知事实的与/或形表示为

$$p(x,y) \lor (Q(x) \land R(v,y))$$

F 规则为

$$P(u,v) \to S(u) \lor N(v)$$

目标公式为

$$S(a) \lor N(b) \lor Q(c)$$

其规则演绎过程如图 4.17 所示。

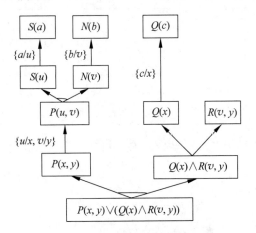

图 4.17 谓词逻辑的规则演绎过程

4.5.2 规则逆向演绎推理

基于规则的逆向演绎推理是从目标公式的与/或树出发,逆向使用规则(B规则)对目标表达式的与/或树进行变换,直到得出含有事实节点的一致解图为止。

1. 目标公式的与/或形变换

逆向系统中的目标公式采用与/或形表示,而不像正向系统那样需要化成子句形式。在把任意目标公式化为与/或形表示时,采用正向系统中对事实表达式处理的对偶形式。即要用存在量词约束变元的 Skolem 函数来替换由全称量词约束的相应变元,消去全称量词,再消去存在量词,并进行变元换名,使主析取元之间具有不同的变元名。

例如,有如下目标公式:

$$(\exists y)(\forall x)(P(x) \rightarrow (Q(x,y) \wedge \neg(R(x) \wedge S(y))))$$

Skolem 化后为

$$\neg P(f(y)) \vee (Q(f(y),y) \wedge (\neg R(f(y)) \vee \neg S(y)))$$

变元换名后为

$$\neg P(f(z)) \vee (Q(f(y),y) \wedge (\neg R(f(y)) \vee \neg S(y)))$$

2. 目标公式的与/或树表示

目标公式的与/或形也可用与/或树表示出来,但其方法与正向演绎推理中事实的与/或树表示略有不同。它规定子表达式之间的析取关系用单线连接符连接,表示为或的关系。而子表达式之间的合取关系则用 k 线连接符连接,表示为与的关系。例如,对于上述目标公式的与/或树,可用如图 4.18 所示的与/或树来表示。

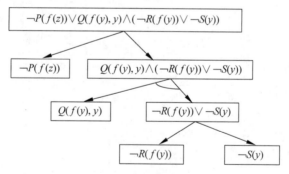

图 4.18 目标公式的与/或树表示

在该图中,若把叶节点用它们之间的合取及析取关系连接起来,就可得到原目标公式的 3 个子目标:

$$\neg P(f(z))$$
$$Q(f(y),y) \wedge \neg R(f(y))$$
$$Q(f(y),y) \wedge \neg S(y)$$

可见,子目标是文字的合取式。

3. B 规则的表示形式

B 规则的表示形式为

$$W \rightarrow L$$

式中,前项 W 为任一与/或形公式,L 为一单文字。当 B 规则为 $W \rightarrow L_1 \wedge L_2$ 时,则可化简为两条规则 $W \rightarrow L_1$ 和 $W \rightarrow L_2$ 进行处理。

4. 已知事实的表示形式

反向演绎系统的事实表达式均限制为文字合取式,即形如

$$F_1 \wedge F_2 \wedge \cdots \wedge F_n$$

式中,每个 $F_i (i=1,2,\cdots,n)$ 都为单文字,且都可以单独起作用,因此可表示为如下集合形式:

$$\{F_1, F_2, \cdots, F_n\}$$

5. 规则逆向演绎推理过程

规则逆向演绎推理过程是从目标公式的与/或树出发,不断用 B 规则的右部和与/或树的叶节点进行匹配,并将匹配成功的 B 规则用最一般合一匹配弧加入到与/或树中,直到产生某个终止在事实节点上的一致解图为止。所谓一致解图是指在推理过程中所用到的置换应该是一致的。

在谓词逻辑下,用 B 规则的右部和与/或树的叶节点进行匹配时,需要使用它们之间的最一般合一。下面通过一个例子来说明逆向演绎系统的推理过程。

例 4.27 设有如下事实和规则。

事实:

f_1: DOG(Fido)　　　　　　　　　Fido 是一只狗

f_2: ¬BARKS(Fido)　　　　　　　Fido 是不叫的

f_3: WAGS-TAIL (Fido)　　　　　Fido 摇尾巴

f_4: MEOWS(Myrtle)　　　　　　猫咪的名字叫 Myrtle

规则:

r_1: (WAGS-TAIL$(x_1) \wedge$ DOG$(x_1)) \rightarrow$ FRIENDLY(x_1)

　　　　　　　　　　　　　　　　摇尾巴的狗是温顺的狗

r_2: FRIENDLY$(x_2) \wedge$ ¬BARKS$(x_2) \rightarrow$ ¬AFRAID(y_2, x_2)

　　　　　　　　　　　　　　　　温顺又不叫的东西是不值得害怕的

r_3: DOG$(x_3) \rightarrow$ ANIMAL(x_3)　　　狗为动物

r_4: CAT$(x_4) \rightarrow$ ANIMAL(x_4)　　　猫为动物

r_5: MEOWS$(x_5) \rightarrow$ CAT(x_5)　　　猫咪是猫

问题:是否存在这样的一只猫和一只狗,使得这只猫不害怕这只狗?

该问题的目标公式为

$$(\exists x)(\exists y)(\text{CAT}(x) \wedge \text{DOG}(y) \wedge \neg \text{AFRAID}(x,y))$$

该目标公式经过变换后得到

$$CAT(x) \wedge DOG(y) \wedge \neg AFRAID(x,y)$$

用逆向推理求解的演绎过程如图 4.19 所示。

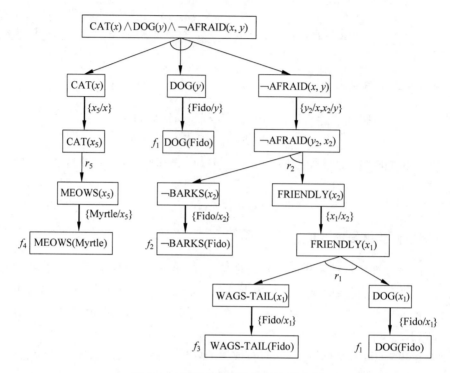

图 4.19 用逆向推理求解的演绎过程

该推理过程所得到的解图是一致解图。此解图中有 8 条匹配弧,每条匹配弧上都有一个置换。其中,终止在事实节点上的置换为$\{Myrtle/x\}$和$\{Fido/y\}$。把它们应用到目标公式,就得到了该问题的解:

$$CAT(Myrtle) \wedge DOG(Fido) \wedge \neg AFRAID(Myrtle, Fido)$$

它表示:有这样一只名叫 Myrtle 的猫和一条名叫 Fido 的狗,这只猫不怕那只狗。

4.6 实践:基于规则产生式的推理

在线视频

基于规则的产生式系统一般由规则库(知识库)、综合数据库和推理引擎三部分组成。知识库由谓词演算事实和有关讨论主题的规则构成,综合数据库又称为上下文,用来暂时存储推理过程中的结论和数据。推理机是用规则进行推理的过程和行为。知识采集系统是领域专家把相关领域的知识表示成一定的形式,并输入到知识库中。解释系统通过用户输入的条件来分析被系统执行的推理结构,并将专家知识以易理解的方式解释给用户,如图 4.20 所示。

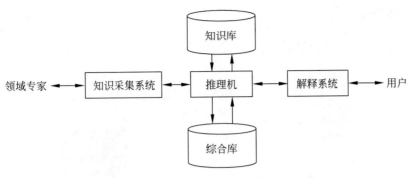

图 4.20 推理机结构图

4.6.1 建立推理规则库

首先,建立规则库(知识库),本实验系统部分规则如下:

① 哺乳动物 食肉动物 黄褐色 黑色条纹 虎

② 鸟 长脖子 长腿 黑白二色 不飞 鸵鸟

4.6.2 输入事实进行推理

输入事实后开始推理:

```
for x inself.P:                              # 对于每条产生式规则
    ifListInSet(x, self.DB):                 # 如果所有前提条件都在规则库中
        self.DB.add(self.Q[self.P.index(x)])
        temp = self.Q[self.P.index(x)]
        flag = False                         # 至少能推出一个结论
if flag:                                     # 一个结论都推不出
    print("无法推出结论")
    for x inself.P:                          # 对于每条产生式
        ifListOneInSet(x, self.DB):          # 事实是否满足部分前提
            flag1 = False                    # 默认提问时否认前提
            fori in x:                       # 对于前提中所有元素
                ifi not in self.DB:          # 对于不满足的那部分
                    btn = s.quest("是否" + i)
                    ifbtn = = QtWidgets.QMessageBox.Ok:
                        self.textEdit.setText(self.textEdit.toPlainText() + "\n" + i)
                                             # 确定则增加到 textEdit
                        self.DB.add(i)       # 确定则增加到规则库中
                        flag1 = True         # 肯定前提
```

```
if flag1:                                    # 如果肯定前提,则重新推导
    self.go()
    return
```

4.6.3 推理结果

输入规则①推理事实,显示推理结果如图 4.21 所示。

图 4.21 规则①推理结果

输入规则②推理事实,显示推理结果如图 4.22 所示。

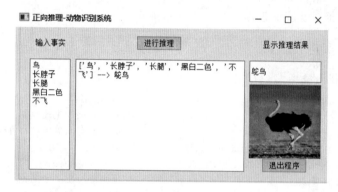

图 4.22 规则②推理结果

实践对应示例程序参见附录 C。

4.6.4 思考与练习

请根据以下规则,设计水果识别专家系统。

规则 1:IF 圆柱体 AND 橙色 AND 酸、甜 THEN 橘子

规则 2:IF 小球体 AND 紫色、绿色 AND 酸、甜 THEN 葡萄

规则 3:IF 类似圆球体 AND 近似土灰色 AND 酸、甜 THEN 猕猴桃

规则 4:IF 大球体 AND 绿色黑纹 AND 甜 THEN 西瓜

规则 5:IF 类似心状 AND 红色有斑点 AND 酸、甜 THEN 草莓

4.7 习题

1. 推理一般有几种方式?每种方式有什么特点?

2. 什么是正向推理?请画出正向推理一般过程的流程图。

3. 什么是逆向推理？请画出逆向推理一般过程的流程图。

4. 什么是双向推理？在哪些情况下需要进行双向推理？双向推理的主要问题是什么？

5. 把下列谓词公式化成子句集：

(1) $(\forall x)(\forall y)(P(x,y) \wedge Q(x,y))$

(2) $(\forall x)(\forall y)(P(x,y) \rightarrow Q(x,y))$

(3) $(\forall x)(\exists y)(P(x,y) \vee (Q(x,y) \rightarrow R(x,y)))$

(4) $(\forall x)(\forall y)(\exists z)(P(x,y) \rightarrow Q(x,y) \vee R(x,z))$

6. 判断下列子句集中哪些是不可满足的：

(1) $\{\neg P \vee Q, \neg Q, P, \neg P\}$

(2) $\{P \vee Q, \neg P \vee Q, P \vee \neg Q, \neg P \vee \neg Q\}$

(3) $\{P(y) \vee Q(y), \neg P(f(x)) \vee R(a)\}$

(4) $\{\neg P(x) \vee Q(x), \neg P(y) \vee R(y), P(a), S(a), \neg S(z) \vee \neg R(z)\}$

(5) $\{\neg P(x) \vee Q(f(x),a), \neg P(h(y)) \vee Q(f(h(y)),a) \vee \neg P(z)\}$

(6) $\{P(x) \vee Q(x) \vee R(x), \neg P(y) \vee R(y), \neg Q(a), \neg R(b)\}$

7. 对下列各题分别证明 G 是否为 F、F_1、F_2 的逻辑结论：

(1) F：$(\exists x)(\exists y)(P(x,y))$

   G：$(\forall y)(\exists x)(P(x,y))$

(2) F：$(\forall x)(P(x) \wedge (Q(a) \vee Q(b)))$

   G：$(\exists x)(P(x) \wedge Q(x))$

(3) F：$(\exists x)(\exists y)(P(f(x)) \wedge (Q(f(y))))$

   G：$P(f(a)) \wedge P(y) \wedge Q(y)$

(4) F_1：$(\forall x)(P(x) \rightarrow (\forall y)(Q(y) \rightarrow \neg L(x.y)))$

   F_2：$(\exists x)(P(x) \wedge (\forall y)(R(y) \rightarrow L(x.y)))$

   G：$(\forall x)(R(x) \rightarrow \neg Q(x))$

(5) F_1：$(\forall x)(P(x) \rightarrow (Q(x) \wedge R(x)))$

   F_2：$(\exists x)(P(x) \wedge S(x))$

   G：$(\exists x)(S(x) \wedge R(x))$

8. 设已知

(1) 能阅读的人是识字的。

(2) 海豚不识字。

(3) 有些海豚是很聪明的。

请用归结演绎推理证明：有些很聪明的人并不识字。

9. 应用归结演绎推理求解下列问题：

设张三、李四和王五3人中有人从不说真话,也有人从不说假话。某人向这3人分别提出同一个问题：“谁是说假话者?”张三答：“李四和王五都是说假话者。”李四答：“张三和王五都是说假话者。”王五答：“张三和李四中至少有一个说假话者。”求谁是说假话者,谁是说真话者。

第 5 章

不确定性推理

5.1 概述

在现实生活中遇到的问题通常都具有不确定性,能够进行精确描述的问题只占较少的一部分。对于这些不确定性的问题,若采用前述确定性推理方法显然是无法解决的。因此,为满足现实世界问题求解的需求,人工智能需要研究不确定性推理方法。可以将知识分成确定性知识和不确定性知识,不确定性是智能问题的一个本质特征,是建立在不确定性知识和证据基础上的推理。而知识的不确定性主要体现在两个方面:随机性和模糊性。

随机性主要由概率知识体现,因此研究随机性即通过概率和马尔可夫链等知识进行。模糊性与随机性一样,在生活中几乎无处不在,我们常说的"高、矮、长、短、大、小"都体现了一种模糊性现象,研究模糊性则通过模糊集理论,该理论以及模糊推理将在 5.6 节阐述。

5.1.1 为什么要采用不确定性推理

采用不确定性推理是客观问题的需求,其原因主要包括以下几个方面。

(1) 所需知识不完备、不精确。在很多情况下,解决问题所需要的知识往往是不完备、不精确的。所谓知识的不完备是指在解决某一问题时,不具备解决该问题所需要的全部知识。例如,医生在看病时,一般是从病人的部分症状开始诊断的。所谓知识的不精确是指既不能完全确定知识为真,又不能确定知识为假。例如,专家系统中的知识多为专家经验,而专家经验又多为不确定性知识。

(2) 所需知识描述模糊。知识描述模糊是指知识的边界不明确。例如,平常人们所说的"很好""好""比较好""不很好""不好""很不好"等概念,其边界都是比较模糊的。那么,当用这类概念描述知识时,所描述的知识当然也是模糊的。例如,"如果王刚这个人比较好,那么我就把他当作好朋友"描述的就是比较模糊的知识。

（3）多种原因导致同一个结论。在现实世界中，可由多种不同原因导出同一结论的情况有很多。例如，引起人体低烧的原因至少有几十种，医生在看病时，只能根据病人的症状、低烧的持续时间以及病人的体质、病史等做出猜测性的推断。

（4）解决方案不唯一。现实生活中存在的问题一般都存在多种不同的解决方案，并且这些方案之间又很难绝对地判断其优劣。对于这种情况，人们往往是优先选择主观上认为相对较优的方案，这也是一种不确定性推理。

总之，在人类的知识和思维行为中，确定性只是相对的，而不确定性才是绝对的。人工智能要解决这些不确定性问题，必须采用不确定性的知识表示和推理方法。

5.1.2 不确定性推理要解决的问题

可将不确定性推理要解决的问题概括为以下 5 类。

1. 如何进行知识和证据表示的问题

不确定性表示要解决的问题包括知识的不确定性表示和证据的不确定性表示。

不确定性推理中，知识是否能够很好地被表示将直接影响推理的运行效率。一般地，用数值刻画知识的不确定性，该数值称为知识的静态强度或者知识的可信度，描述了知识的不确定性程度。静态强度可以用概率、可信度或者隶属度表示，如果用概率或者隶属度表示，其取值范围是[0,1]。取值越接近 1，说明确定性程度越高；反之，取值越接近 0，说明确定性程度越低。通常情况下，静态强度是由领域专家给出的或是由实验统计方法得到的。

证据通常包括两部分，其一是求解问题时已有的初始证据；其二是将求解问题中得到的中间结果放入综合数据库，作为后续推理的证据。为了使推理能对不确定性进行处理，证据的不确定性表示通常与知识的不确定性表示一致，即证据的不确定性表示也是用数值表示，代表相应事实的不确定性程度，称为动态强度。

2. 如何进行匹配的问题

在确定性推理中，当从规则库中取出的某规则的前提与综合数据库中的已知事实相一致时，便认为是匹配成功。只有当匹配成功时，相关的规则才会被激活使用。在不确定性推理过程中，同样要解决匹配问题，但由于知识和证据都是不确定的，所以确定性匹配方式不能采用。目前，常用的方法是事先设定一个阈值，用来衡量知识和证据的相似程度，如果知识和证据的不确定性程度在阈值限度内，则认为可以进行匹配，否则不能匹配。这里比较关键的是如何计算出相似程度，往往要视实际具体情况的不同而采用不同的算法。

3. 如何进行证据组合的问题

在不确定性推理过程中，证据可以是复杂的组合条件。此时则需要有合适的算法计算证据组合的不确定性。即已知证据 E_1 和 E_2 的不确定性值 $C(E_1)$ 和 $C(E_2)$，求证据 E_1 和 E_2 的析取和合取的不确定性。即定义函数 f_1 和 f_2，使得

$$C(E_1 \land E_2) = f_1(C(E_1), C(E_2))$$
$$C(E_1 \lor E_2) = f_2(C(E_1), C(E_2))$$

具体常用来计算证据组合不确定性的方法有以下 3 种：

(1) 最大最小方法:

$$C(E_1 \wedge E_2) = \min(C(E_1), C(E_2))$$
$$C(E_1 \vee E_2) = \max(C(E_1), C(E_2))$$

(2) 概率方法:

$$C(E_1 \wedge E_2) = C(E_1) \times C(E_2)$$
$$C(E_1 \vee E_2) = C(E_1) + C(E_2) - C(E_1) \times C(E_2)$$

(3) 有界方法。

4. 不确定性的遗传问题

在不确定性推理中,存在两个主要的问题:一是如何用证据的不确定性得到结论的不确定性;二是如何在推理中把初始证据的不确定性传递给最终结论。

一方面,按照某种算法由证据和知识的不确定性计算出结论的不确定性,至于不确定性推理方法的处理方式各有不同;另一方面,不同不确定性推理方法的处理方式基本相同,都是把当前推出的结论及其不确定性作为新的证据放入综合数据库,方便以后推理使用,这样就实现了将不确定性传递给结论。重复这样的过程,可以将不确定性传递给最终结论。

5. 如何合成结论的问题

在不确定性推理过程中,可能出现由多个不同知识推出相同的结论,且不确定性程度不同的情况,需要采用相应算法对这些不同的不确定性进行合成,求出该结论的综合不确定性。

5.1.3 不确定性推理类型

不确定推理方法的研究主要沿着两条不同的路线发展:模型方法和控制方法。

模型方法是对确定性推理框架的一种扩展。模型方法把不确定性证据和不确定性知识分别与某种度量标准对应起来,并且给出了更新结论不确定性的算法,从而构成相应不确定性推理的模型。一般来说,模型方法与控制策略无关,即无论使用何种控制策略,推理的结果都是唯一的。

模型方法又分为数值方法和非数值方法两大类。数值方法是对不确定性的一种定量表示和处理方法。对于该类情况下,根据其所依据的理论可以将其分为两种不同的类型。一类是基于概率的方法,如确定性推理、主观贝叶斯方法、证据理论等;另一种是基于扎德提出的模糊集理论及其在此基础上发展的可能性理论。非数值方法是指除数值方法外的处理不确定性的方法,如框架推理、语义网络推理、常识推理等。

控制方法主要在控制策略一级处理不确定性。其特点是通过识别领域中引起不确定性的某些特征及相应的控制策略限制或者减少不确定性对系统的影响。这类方法没有处理不确定性的统一模型,其效果极大地依赖于控制策略。目前,常用的控制方法有启发式搜索和相关性制导回溯等。

本章只对模型方法展开讨论,有兴趣的读者可自行查阅文献了解控制方法。

5.2　概率基础

概率论的对象是随机现象。在概率中,把随机现象的某些样本点组成的集合称为随机事件,简称事件。而概率描述的就是随机事件发生的可能性。下面给出概率的公理化定义。

定义 5.1　设 Ω 为一个样本空间,F 为 Ω 的某子集组成的一个事件域,$P(A)$ 是 F 上的一个实值函数,对于任意一事件 $A \in F$,称 $P(A)$ 为事件 A 的概率,如果满足以下 3 条性质:

(1) 非负性。对于任意 $A \in F$,都有 $P(A) \geqslant 0$。

(2) 正则性。$P(\Omega) = 1$。

(3) 可列可加性。若 $A_1, A_2, \cdots, A_n, \cdots$ 互不相容,有

$$P \bigcup_{i=1}^{+\infty} A_i = \sum_{i=1}^{+\infty} P(A_i)$$

在概率的学习中,通常还会给出概率的具体定义形式,包括统计概率、古典概率、集合概率、条件概率等。

定义 5.2(统计概率)　若在大量重复实验中,事件 A 发生的频率稳定地接近于一个固定的常数 p,它表明事件 A 出现的可能性,则称此常数 p 为事件 A 发生的概率,记为 $P(A)$,即

$$p = P(A)$$

定义 5.3(古典概率)　设一种实验有且仅有有限的 N 个等可能结果,即 N 个基本事件,而 A 事件包含着其中的 L 个可能结果,则称 $\dfrac{L}{N}$ 为事件 A 的概率,记为 $P(A)$,即

$$P(A) = \frac{L}{N}$$

定义 5.4(集合概率)　假设 Ω 是集合型随机实验的基本事件空间,F 是 Ω 中一切可测集的集合,则对于 F 中的任意事件 A 的概率 $P(A)$ 为 A 与 Ω 的体积之比,即

$$P(A) = \frac{V(A)}{V(\Omega)}$$

定义 5.5(条件概率)　把事件 B 已经出现的条件下事件 A 发生的概率记作 $P(A|B)$,并称为在 B 出现的条件下 A 出现的条件概率。

定理 5.1(加法定理)　两个不相容(互斥)事件之和的概率等于两个事件概率之和,即
$$P(A + B) = P(A) + P(B)$$

两个互逆事件 A 和 A^{-1} 的概率之和为 1。即当 $A + A^{-1} = \Omega$,且 A 与 A^{-1} 互斥,则 $P(A) + P(A^{-1}) = 1$,或 $P(A) = 1 - P(A^{-1})$。

若 A、B 为两个任意事件,则 $P(A + B) = P(A) + P(B) - P(AB)$ 成立。此定理可推广到 3 个以上事件的情形:

$$P(A + B + C) = P(A) + P(B) + P(C) - P(AB) - P(BC) - P(CA) + P(ABC)$$

定理 5.2(乘法定理)　设 A、B 为两个不相容的非零事件,则其乘积的概率等于 A 和 B 概率的乘积,即

$$P(AB) = P(A)P(B) \quad 或 \quad P(AB) = P(B)P(A)$$

设 A、B 为两个任意的非零事件,则其乘积的概率等于 A(或 B)的概率与在 A(或 B)

出现的条件下 B(或 A)出现的条件概率的乘积。

$$P(AB) = P(A)P(B \mid A) \quad \text{或} \quad P(AB) = P(B)P(A \mid B)$$

此定理可以推广到 3 个以上事件的乘积情形,即当 z 个事件的乘积 $P(A_1 A_2 \cdots A_{z-1}) > 0$ 时,则乘积的概率为

$$P(A_1 A_2 \cdots A_z) = P(A_1)P(A_2 \mid A_1)P(A_3 \mid A_1 A_2) \cdots P(A_z \mid A_1 A_2 \cdots A_{z-1})$$

当事件独立时,则有

$$P(A_1 A_2 \cdots A_z) = P(A_1)P(A_2)P(A_3) \cdots P(A_z)$$

下面给出还需要了解的其他概率知识。

(1) 先验概率。指根据历史资料或主观判断所确定的各事件发生的概率,该类概率没能经过实验证实,属于检验前的概率,所以称为先验概率。先验概率一般分为两类,一是客观先验概率,是指利用历史资料计算得到的概率;二是主观先验概率,是指在无历史资料或历史资料不全的时候,只能凭借人们的主观经验判断取得的概率。

(2) 后验概率。一般是指利用贝叶斯公式,结合调查等方式获取了新的附加信息,对先验概率进行修正后得到的更符合实际的概率。

(3) 全概率公式。如果影响事件 A 的所有因素 $B_1, B_2, \cdots, B_n$ 满足:$B_i B_j = \varnothing$,$(i \neq j, i = 1, 2, \cdots, n, j = 1, 2, \cdots, n)$,且 $\sum\limits_{i=1}^{t} P(B_i) = 1$,则必有

$$P(A) = \sum_{i=1}^{t} P(B_i)P(A \mid B_i)$$

(4) 贝叶斯公式。也称后验概率公式或逆概率公式。设先验概率为 $P(B_i)$,调查所获的新附加信息为 $P(A_j \mid B_i)$,其中 $i = 1, 2, \cdots, z, j = 1, 2, \cdots, z$。则贝叶斯公式计算的后验概率为

$$P(B_i \mid A_j) = \frac{P(B_i)P(A_j \mid B_i)}{\sum\limits_{t=1}^{z} P(B_t)P(A_j \mid B_t)}$$

5.3 主观贝叶斯方法

5.3.1 不确定性的表示

下面介绍在主观贝叶斯方法中如何进行知识和证据的不确定性表示。

1. 知识的不确定性表示

在主观贝叶斯方法中,采用产生式表示知识,其规则为

$$\text{IF } E \text{ THEN } (\text{LS}, \text{LN}) H$$

其中,E 是知识的前提条件,可以是简单条件,也可以是复合条件;H 是结论;(LS, LN)表示知识的静态强度;LS 表示充分性度量,即表示 E 对 H 的支持度量;LN 表示必要性度量,即表示 $\neg E$ 对 H 的支持度量。它们的表现形式分别为

$$\text{LS} = \frac{P(E \mid H)}{P(E \mid \neg H)}$$

$$\text{LN} = \frac{P(\neg E \mid H)}{P(\neg E \mid \neg H)} = \frac{1 - P(E \mid H)}{1 - P(E \mid \neg H)}$$

LS 和 LN 的取值范围均为 $[0, +\infty)$。

2. 证据的不确定性表示

在主观贝叶斯方法中,证据的不确定性是用概率或几率表示的,二者之间的关系为

$$O(E) = \frac{P(E)}{1 - P(E)} = \begin{cases} 0, & E \text{ 为假} \\ +\infty, & E \text{ 为真} \\ (0, +\infty), & \text{其他} \end{cases}$$

5.3.2　组合证据不确定性的计算

组合证据包括合取和析取两种基本情形。

当组合证据是多个单一证据的合取时,即

$$E = E_1 \text{ AND } E_2 \text{ AND } \cdots \text{ AND } E_n$$

如果已知

$$P(E_1 \mid S), P(E_2 \mid S), \cdots, P(E_n \mid S)$$

则

$$P(E \mid S) = \min\{P(E_1 \mid S), P(E_2 \mid S), \cdots, P(E_n \mid S)\}$$

当组合证据是多个单一证据的析取时,即

$$E = E_1 \text{ OR } E_2 \text{ OR } \cdots \text{ OR } E_n$$

如果已知

$$P(E_1 \mid S), P(E_2 \mid S), \cdots, P(E_n \mid S)$$

则

$$P(E \mid S) = \max\{P(E_1 \mid S), P(E_2 \mid S), \cdots, P(E_n \mid S)\}$$

5.3.3　不确定性的传递算法

主观贝叶斯方法推理的任务就是根据 E 的概率 $P(E)$ 及 LS 和 LN 的值,把 H 的先验概率 $P(H)$ 或先验几率 $O(H)$ 更新为后验概率或后验几率。由于一条知识所对应的证据可能为真,也可能为假,还可能既非为真又非为假,因此,把 H 的先验概率或先验几率更新为后验概率或后验几率时,需要根据证据的不同情况去计算其后验概率或后验几率。

1. 证据肯定为真

当证据 E 肯定为真时,有 $P(E) = P(E \mid S) = 1$。将 H 的先验几率更新为后验几率的公式为

$$O(H \mid E) = \text{LS} \cdot O(H)$$

如果把 H 的先验概率 $P(H)$ 更新为后验概率 $P(H \mid E)$,则可以得到几率和概率的对应关系:

$$P(H \mid E) = \frac{\text{LS} \cdot P(H)}{(\text{LS} - 1) \cdot P(H) + 1}$$

2. 证据肯定为假

当证据 E 肯定为假时,有 $P(E)=P(E|S)=0,P(\neg E)=1$。将 H 的先验几率更新为后验几率的公式为

$$O(H|\neg E)=\text{LN}\times O(H)$$

如果把 H 的先验概率 $P(H)$ 更新为后验概率 $P(H|E)$,则可以得到几率和概率的对应关系:

$$P(H|\neg E)=\frac{\text{LN}\times P(H)}{(\text{LN}-1)\times P(H)+1}$$

3. 证据既非为真又非为假

当证据既非为真又非为假时,这时因为 H 依赖于证据 E,而 E 基于部分证据 S,则 H 依赖于 S 的似然性。根据下面公式来计算证据不确定性的传递问题:

$$P(H|S)=P(H|E)\times P(E|S)+P(H|\neg E)\times P(\neg E|S)$$

这里不再讨论 $P(E|S)=1$ 和 $P(E|S)=0$ 两种情况,只讨论剩下的两种情况:

(1) $P(E|S)=P(E)$。此时 E 与 S 无关,根据全概率公式可得

$$\begin{aligned}P(H|S)&=P(H|E)\times P(E|S)+P(H|\neg E)\times P(\neg E|S)\\&=P(H|E)\times P(E)+P(H|\neg E)\times P(\neg E)=P(H)\end{aligned}$$

(2) $P(E|S)$ 为其余情况。在此种情况下,依据 3 个特殊值 $(0,P(E),1)$ 的分段线性插值函数求得。该分段线性插值函数 $P(H|S)$ 如图 5.1 所示,函数的解析表达式为

$$P(H|S)=\begin{cases}P(H|\neg E)+\dfrac{P(H)-P(H|\neg E)}{P(E)}\times P(E|S),&0\leqslant P(E|S)<P(E)\\[3mm]P(H)+\dfrac{P(H|E)-P(H)}{1-P(E)}\times[P(E|S)-P(E)],&P(E)\leqslant P(E|S)\leqslant 1\end{cases}$$

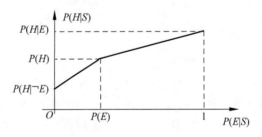

图 5.1   分段性插值函数

5.3.4   结论不确定性的合成

现有 n 条知识都支持同一结论 H,且每条知识的前提条件分别是 n 个相互独立的证据 $E_1,E_2,\cdots,E_n$,而这些证据所对应的观察分别为 $S_1,S_2,\cdots,S_n$。此时,可以对每条知识分别求出 H 的后验几率 $O(H|S_i)$,然后利用这些后验几率并按照下列公式可以求出所有观察下 H 的后验几率。

$$O(H|S_1,S_2,\cdots,S_n)=\frac{O(H|S_1)}{O(H)}\times\frac{O(H|S_2)}{O(H)}\times\cdots\times\frac{O(H|S_n)}{O(H)}\times O(H)$$

下面通过实例进一步说明主观贝叶斯方法的推理过程。

例 5.1 设有下列规则：

r_1: IF E_1 THEN $(2,0.0001)$ H_1

r_2: IF E_1 AND E_2 THEN $(100,0.0001)$ H_1

r_3: IF H_1 THEN $(200,0.001)$ H_2

已知 $P(E_1)=P(E_2)=0.5$, $P(H_1)=0.092$, $P(H_2)=0.01$, 用户提供的证据如下：
$P(E_1|S_1)=0.76$, $P(E_2|S_2)=0.68$。求 $P(H_2|S_1,S_2)$。

解： 由已知知识得到的推理网络如图 5.2 所示。

(1) 计算 $O(H_1|S_1)$。

先把 H_1 的先验概率 $P(H_1)$ 更新为在 E_1 下的
后验概率 $P(H_1|E_1)$：

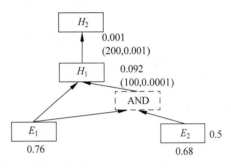

图 5.2 推理网络

$$P(H_1 \mid E_1) = \frac{\text{LS}_1 \times P(H_1)}{(\text{LS}_1 - 1) \times P(H_1) + 1}$$
$$= \frac{2 \times 0.092}{(2-1) \times 0.092 + 1}$$
$$= 0.1685$$

由于 $P(E_1|S_1)=0.76>P(E_1)$, 所以在当前观
察 S_1 下 H_1 的后验概率 $P(H_1|S_1)$ 为

$$P(H_1 \mid S_1) = P(H_1) + \frac{P(H_1 \mid E_1) - P(H_1)}{1 - P(E_1)} \times (P(E_1 \mid S_1) - P(E_1))$$
$$= 0.092 + \frac{0.1685 - 0.092}{1 - 0.5} \times (0.76 - 0.5)$$
$$= 0.1318$$

$$O(H_1 \mid S_1) = \frac{P(H_1 \mid S_1)}{1 - P(H_1 \mid S_1)} = \frac{0.1318}{1 - 0.1318} = 0.1518$$

(2) 计算 $O(H_1|(S_1 \text{ AND } S_2))$。

由于 r_2 的前件是 E_1、E_2 合取关系, 且已知 $P(E_1|S_1)=0.76$, $P(E_2|S_2)=0.68$, 即
$P(E_2|S_2)<P(E_1|S_1)$。按合取取最小的原则, 这里仅考虑 E_2 对 H_1 的影响, 即把计算
$P(H_1|(S_1 \text{ AND } S_2))$ 的问题转化为计算 $O(H_1|S_2)$ 的问题。

把 H_1 的先验概率 $P(H_1)$ 更新为在 E_2 下的后验概率 $P(H_1|E_2)$：

$$P(H_1 \mid E_2) = \frac{\text{LS}_2 \times P(H_1)}{(\text{LS}_2 - 1) \times P(H_1) + 1} = \frac{100 \times 0.092}{(100-1) \times 0.092 + 1} = 0.9102$$

又由于 $P(E_2|S_2)>P(E_2)$, 得到在当前观察 S_2 下 H_1 的后验概率 $P(H_1|S_2)$：

$$P(H_1 \mid S_2) = P(H_1) + \frac{P(H_1 \mid E_2) - P(H_1)}{1 - P(E_2)} \times (P(E_2 \mid S_2) - P(E_2))$$
$$= 0.092 + \frac{0.9102 - 0.092}{1 - 0.5} \times (0.68 - 0.5) = 0.3866$$

$$O(H_1 \mid S_2) = \frac{P(H_1 \mid S_2)}{1 - P(H_1 \mid S_2)} = \frac{0.3866}{1 - 0.3866} = 0.6306$$

(3) 计算 $O(H_1|S_1,S_2)$。

先将 H_1 的先验概率转换为先验几率：

$$O(H_1) = \frac{P(H_1)}{1-P(H_1)} = \frac{0.092}{1-0.092} = 0.1013$$

然后根据合成公式计算 H_1 的后验几率：

$$O(H_1 \mid S_1, S_2) = \frac{O(H_1 \mid S_1)}{O(H_1)} \times \frac{O(H_1 \mid S_2)}{O(H_1)} \times O(H_1)$$

$$= \frac{0.1518}{0.1013} \times \frac{0.6303}{0.1013} \times 0.1013 = 0.9445$$

再将后验几率转换为后验概率：

$$P(H_1 \mid S_1, S_2) = \frac{O(H_1 \mid S_1, S_2)}{1+O(H_1 \mid S_1, S_2)} = \frac{0.9445}{1+0.9445} = 0.4857$$

(4) 计算 $P(H_2|S_1,S_2)$。

对 r_3，H_1 相当于已知事实，H_2 为结论。将 H_2 的先验概率 $P(H_2)$ 更新为在 H_1 下的后验概率 $P(H_2|H_1)$：

$$P(H_2 \mid H_1) = \frac{\mathrm{LS}_3 \times P(H_2)}{(\mathrm{LS}_3 - 1) \times P(H_2) + 1} = \frac{200 \times 0.001}{(200-1) \times 0.001 + 1} = 0.1668$$

由于 $P(H_1|S_1,S_2) = 0.4857 > P(H_1)$，得到在当前观察 S_1、S_2 下 H_2 的后验概率 $P(H_2|S_1,S_2)$：

$$P(H_2 \mid S_1, S_2) = P(H_2) + \frac{P(H_2 \mid H_1) - P(H_2)}{1 - P(H_1)} \times (P(H_1 \mid S_1, S_2) - P(H_1))$$

$$= 0.01 + \frac{0.1668 - 0.01}{1 - 0.092} \times (0.4857 - 0.092) = 0.0780$$

从上例可以看出，H_2 先验概率是 0.01，通过运用知识 r_1、r_2、r_3 及初始证据的概率进行推理，最后推出的 H_2 的后验概率为 0.0780，相当于概率增加到 7 倍多。

主观贝叶斯方法的主要优点是理论模型精确，灵敏度高，不仅考虑了证据间的关系，而且考虑了证据存在与否对假设的影响，因此是一种较好的方法。其主要缺点是所需要的主观概率太多，专家不易给出。

5.4　可信度方法

可信度方法是肖特里菲(Shortliffe)等人于 1975 年在确定性理论上结合概率论等理论提出的一种不确定性推理模型。在专家系统等领域有广泛的应用。

本节主要介绍 CF 模型，它是基于可信度概念和产生式规则构建的不确定性推理模型。

5.4.1　不确定性的表示

下面介绍在 CF 模型中如何进行知识和证据的不确定性表示。

1. 知识的不确定性表示

在 CF 模型中，不确定性推理规则的一般形式为

IF E THEN H (CF(H,E))

其中,E 表示前提条件;H 表示知识的结论;$CF(H,E)$ 表示该规则的可信度,也称可信度因子或规则强度。可信度是指人们根据以往经验对某个事物或现象为真的程度的一个判断,其值为[$-1,1$],$CF(H,E)>0$ 表示该证据对结论为真的支持度,CF 值越趋近 1,则该证据对结论为真的支持度就越大,$CF(H,E)=1$ 则表示该证据使结论成立为真;$CF(H,E)<0$ 表示该证据对结论为假的支持度,CF 值越趋近 -1,则该证据对结论为假的支持度就越大,$CF(H,E)=-1$ 则表示该证据使结论成立为假;$CF(H,E)=0$ 则表示证据和结论没有关系。

2. 证据的不确定性表示

证据的不确定性也是用可信度 $CF(E)$ 表示的。$CF(E)$ 所描述的是证据的动态强度。区别于知识的静态强度 $CF(H,E)$ 表示的是规则的强度。证据的可信度来源有以下两种情况:如果是初始证据,其可信度是由提供证据的用户给出的;如果是先前推出的中间结论又作为当前推理的证据,则其可信度是原来在推出该结论时由不确定性的更新算法计算得到的。

可信度取值范围是[$-1,1$]。其典型取值如下:

- 当证据 E 肯定为真时,$CF(E)=1$。
- 当证据 E 肯定为假时,$CF(E)=-1$。
- 当证据 E 一无所知时,$CF(E)=0$。

5.4.2　组合证据不确定性的计算

组合证据包括合取和析取两种情形。

(1) 当组合证据是多个单一证据的合取时,即
$$E=E_1 \text{ AND } E_2 \text{ AND } \cdots \text{ AND } E_n$$
若已知 $CF(E_1),CF(E_2),\cdots,CF(E_n)$,则
$$CF(E)=\min\{CF(E_1),CF(E_2),\cdots,CF(E_n)\}$$

(2) 当组合证据是多个单一证据的析取时,即
$$E=E_1 \text{ OR } E_2 \text{ OR } \cdots \text{ OR } E_n$$
若已知 $CF(E_1),CF(E_2),\cdots,CF(E_n)$,则
$$CF(E)=\max\{CF(E_1),CF(E_2),\cdots,CF(E_n)\}$$

5.4.3　不确定性的传递算法

CF 模型中的不确定性推理实际上是从不确定性的初始证据出发,运用相关的不确定性知识,逐步推出最终结论和该结论的可信度的过程。而每一次的不确定性推理都需要由证据的不确定性和知识的不确定性计算结论的不确定性,其计算公式为
$$CF(H)=CF(H,E) \cdot \max\{0,CF(E)\}$$

从上式可以看出,当 $CF(E)=1$ 时,有 $CF(H)=CF(H,E)$,这表明,规则强度 $CF(E)$ 实际上就是在前提条件对应的证据为真时结论 H 的可信度。而当 $CF(E)<0$ 时,则相应的证据以某种程度为假,若 $CF(H)=0$,则表明在该模型中没有考虑证据为假时对结论 H 所产生的影响。

5.4.4　结论不确定性的合成

设有如下两条规则:

IF E_1 THEN H (CF(H, E_1))

IF E_2 THEN H (CF(H, E_2))

则结论 H 的综合可信度可按照如下步骤求得:

(1) 分别求出 $CF_1(H)$、$CF_2(H)$

$$CF_1(H) = CF(H, E_1) \times \max\{0, CF(E_1)\}$$

$$CF_2(H) = CF(H, E_2) \times \max\{0, CF(E_2)\}$$

(2) 求出 E_1 和 E_2 的综合可信度 $CF(H)$:

$$CF(H) = \begin{cases} CF_1(H) + CF_2(H) - CF_1(H) \times CF_2(H), & CF_1(H) \geqslant 0, CF_2(H) \geqslant 0 \\ CF_1(H) + CF_2(H) + CF_1(H) \times CF_2(H), & CF_1(H) < 0, CF_2(H) < 0 \\ \dfrac{CF_1(H) + CF_2(H)}{1 - \min\{|CF_1(H)|, |CF_2(H)|\}} & CF_1(H) \times CF_2(H) < 0 \end{cases}$$

例 5.2 设有如下一组知识:

r_1: IF E_1 THEN H (0.95)

r_2: IF E_2 THEN H (0.65)

r_3: IF E_3 THEN H (−0.51)

r_4: IF E_4 AND (E_5 OR E_6) THEN E_1(0.81)

已知: $CF(E_2) = 0.81, CF(E_3) = 0.65, CF(E_4) = 0.51, CF(E_5) = 0.65, CF(E_6) = 0.81$,求 $CF(H)$。

解: 由 r_4 得

$$CF(E_1) = 0.81 \times \max\{0, CF(E_4 \text{ AND } (E_5 \text{ OR } E_6))\}$$
$$= 0.81 \times \max\{0, \min\{CF(E_4), CF(E_5 \text{ OR } E_6)\}\}$$
$$= 0.81 \times \max\{0, \min\{CF(E_4), \max\{CF(E_5), CF(E_6)\}\}\}$$
$$= 0.81 \times \max\{0, \min\{CF(E_4), \max\{0, 65, 0.81\}\}\}$$
$$= 0.81 \times \max\{0, \min\{0.51, 0.81\}\}$$
$$= 0.81 \times \max\{0, 0.51\}$$
$$= 0.4131$$

由 r_1 得

$$CF_1(H) = CF(H, E_1) \times \max\{0, CF(E_1)\}$$
$$= 0.95 \times \max\{0, 0.4131\} = 0.392445$$

由 r_2 得

$$CF_2(H) = CF(H, E_2) \times \max\{0, CF(E_2)\}$$
$$= 0.65 \times \max\{0, 0.81\} = 0.5265$$

由 r_3 得

$$CF_3(H) = CF(H, E_3) \times \max\{0, CF(E_3)\}$$
$$= -0.51 \times \max\{0, 0.65\} = -0.3315$$

根据结论不确定性的合成算法,得

$$CF_{1,2}(H) = CF_1(H) + CF_2(H) - CF_1(H) \times CF_2(H)$$
$$= 0.392445 + 0.5265 - 0.392445 \times 0.5265 = 0.712323$$

$$\mathrm{CF}_{1,2,3}(H) = \frac{\mathrm{CF}_{1,2}(H) + \mathrm{CF}_3(H)}{1 - \min\{\mid \mathrm{CF}_{1,2}(H)\mid, \mid \mathrm{CF}_3(H)\mid\}}$$

$$= \frac{0.712323 - 0.3315}{1 - \min\{0.712323, 0.3315\}} = 0.569668$$

这就是所求的综合可信度，即 $\mathrm{CF}(H) = 0.569668$。

5.5 证据理论

证据理论是由 G. Shafer 拓展了 A. P. Dempster 的工作而来的，因此也称为 DS 理论，该理论实则是对简单概率的一种推广，称为广义概率。广义概率能够处理由"不知道"所引起的不确定性，并且由于辨别框的子集可以是多个元素的集合，因而知识的结论部分不必限制在由单个元素表示的最明显的层次上，而可以是一个更一般的不明确的假设，这样更有利于领域专家在不同细节、不同层次上进行知识表示。

5.5.1 理论基础

在证据理论中，常用的概念有概率分配函数、信任函数、似然函数以及类概率函数等。下面一一介绍这些概念。

1. 概率分配函数

定义 5.6 设函数 $m: 2^\Omega \rightarrow [0,1]$，且满足

$$m(\varnothing) = 0$$

$$\sum_{A \subseteq \Omega} m(A) = 1$$

则称 m 是 2^Ω 上的概率分配函数，$m(A)$ 称为 A 的基本概率数。其中，2^Ω 表示由 Ω 的所有子集构成的集合（下同）。

对概率分配函数有以下两点说明：

其一，概率分配函数的作用是把 Ω 的任意一个子集 A 都映射为 $[0,1]$ 上的一个数 $m(A)$。当 A 由单元素组成时，$m(A)$ 表示对 A 的精确信任度；当 A 由多元素组成，且不为全集时，$m(A)$ 也表示对 A 的精确信任度，但不知道这部分信任度该分配给 A 中的哪些元素；当 A 是全集时，则 $m(A)$ 是对全集的各个子集进行信任分配后剩余的部分，表示不知道该如何对它进行分配。

其二，概率分配函数不是概率。

2. 信任函数

定义 5.7 信任函数（Belief Function，Bel 函数）如下：

$$\mathrm{Bel}: 2^\Omega \rightarrow [0,1]$$

$$对 \ \forall A \subseteq \Omega, \mathrm{Bel}(A) = \sum_{B \subseteq A} m(B)$$

Bel 函数又称为下限函数，表示当前环境下对假设集 A 的信任度，其值为 A 的所有子集的基本概率之和，表示对 A 的总信任度。

3. 似然函数

定义 5.8 似然函数(Plausibility Function, Pl 函数)如下：
$$Pl: 2^{\Omega} \to [0,1]$$
$$对 \ \forall A \subseteq \Omega, Pl(A) = 1 - Bel(\neg A)$$

其中，$\neg A = \Omega - A$。

似然函数又称为上限函数或不可驳斥函数。由于 $Bel(A)$ 表示对 A 为真的信任度，$Bel(\neg A)$ 表示对 $\neg A$ 的信任度，即对 A 为假的信任度，因此，$Pl(A)$ 表示对 A 为非假的信任度。

信任函数与似然函数有如下性质：

(1) $Bel(\varnothing) = 0, Bel(\Omega) = 1, Pl(\varnothing) = 0, Pl(\Omega) = 1$。

(2) IF $A \subseteq B$, THEN $Bel(A) \leqslant Bel(B), Pl(A) \leqslant Pl(B)$。

(3) $\forall A \subseteq \Omega, Pl(A) \geqslant Bel(A)$。

(4) $\forall A \subseteq \Omega, Bel(A) + Bel(\neg A) \leqslant 1, Pl(A) + Pl(\neg A) \geqslant 1$。

另外，$Pl(A) - Bel(A)$ 表示既不信任 A 也不信任 $\neg A$ 的程度，即是真是假不知道的程度。

5.5.2 不确定性表示

下面介绍在证据理论下如何进行知识和证据的不确定性表示。

1. 知识的不确定性表示

在证据理论中，不确定性知识的表示形式为
$$IF \ E \ THEN \ H\{h_1, h_2, \cdots, h_n\} \quad (CF = \{c_1, c_2, \cdots, c_n\})$$
其中，E 为前提条件，它既可以是简单条件，也可以是用合取或析取词联结起来的复合条件；H 是结论，它用样本空间中的子集表示，$h_1, h_2, \cdots, h_n$ 是该子集中的元素；CF 是可信度因子，用集合形式表示，该集合中的元素 $c_1, c_2, \cdots, c_n$ 用来表示 $h_1, h_2, \cdots, h_n$ 的可信度，c_i 与 h_i 一一对应，并且 c_i 应满足如下条件：
$$\begin{cases} c_i \geqslant 0, \\ \sum_{i=1}^{n} c_i \leqslant 1, \end{cases} \quad i = 1, 2, \cdots, n$$

2. 证据的不确定性表示

证据 A 的不确定性用类概率函数 $f(A)$ 表示，类概率函数的定义可以由信任函数和似然函数得到，原始证据的 $f(A)$ 是由用户给出的，如果是推理过程中得到的中间结论，则其确定性是由推理得到的。

下面给出类概率函数的概念。

定义 5.9 设 Ω 是有限域，对 $\forall A \subseteq \Omega, A$ 的类概率函数为
$$f(A) = Bel(A) + \frac{|A|}{|\Omega|} \cdot (Pl(A) - Bel(A))$$

其中，$|A|$ 和 $|\Omega|$ 分别是 A 和 Ω 中元素的个数。

类概率函数 $f(A)$ 具有以下性质：

(1) $\sum_{i=1}^{n} f(\{s_i\}) = 1$。

(2) 对 $\forall A \subseteq \Omega$，有 $\mathrm{Bel}(A) \leqslant f(A) \leqslant \mathrm{Pl}(A)$。

(3) 对 $\forall A \subseteq \Omega$，有 $f(\neg A) = 1 - f(A)$。

5.5.3　组合证据不确定性的计算

组合证据包括合取和析取两种情形。当组合证据是多个单一证据的合取时，即
$$E = E_1 \text{ AND } E_2 \text{ AND } \cdots \text{ AND } E_n$$
若已知 $f(E_1), f(E_2), \cdots, f(E_n)$，则
$$f(E) = \min\{f(E_1), f(E_2), \cdots, f(E_n)\}$$

当组合证据是多个单一证据的析取时，即
$$E = E_1 \text{ OR } E_2 \text{ OR } \cdots \text{ OR } E_n$$
若已知 $f(E_1), f(E_2), \cdots, f(E_n)$，则
$$f(E) = \max\{f(E_1), f(E_2), \cdots, f(E_n)\}$$

当有多条规则支持同一结论时，如果 $A = \{a_1, a_2, \cdots, a_n\}$，则
$$\text{IF } E_i \text{ THEN } H \text{ CF}_i(\text{CF}\{c_{i1}, c_{i2}, \cdots, c_{in}\}), \quad i = 1, 2, \cdots, m$$

如果这些规则相互独立地支持结论 H 的成立，可以先计算
$$m_i(\{a_1\}, \{a_2\}, \cdots, \{a_n\}) = (f(E_i) \cdot c_{i1}, f(E_i) \cdot c_{i2}, \cdots, f(E_i) \cdot c_{im}), \quad i = 1, 2, \cdots, m$$
然后可以根据求解正交和的方法，对 m_i 求正交和，以组合所有规则对结论 H 的支持。一旦组合的正交和 $m(H)$ 计算出来，就可以计算 $\mathrm{Bel}(H)$、$\mathrm{Pl}(H)$、$f(H)$。

下面介绍求正交和的方法。

定义 5.10 设 m_1 和 m_2 是两个不同的概率分配函数，则其正交和 $m = m_1 \oplus m_2$ 满足
$$m(\varnothing) = 0$$
$$m(A) = K^{-1} \cdot \sum_{x \cap y = \varnothing} m_1(x) m_2(y)$$
其中，$K = 1 - \sum_{x \cap y = \varnothing} m_1(x) m_2(y) = \sum_{x \cap y \neq \varnothing} m_1(x) m_2(y)$。

如果 $K \neq 0$，则正交和 m 也是一个概率分配函数；如果 $K = 0$，则不存在正交和 m，称 m_1 和 m_2 矛盾。

5.5.4　不确定性的更新

设有知识 IF E THEN $H\{h_1, h_2, \cdots, h_n\}$(CF$=\{c_1, c_2, \cdots, c_n\}$)定义
$$m(\{h_i\}) = f(E) \cdot c_i \quad i = 1, 2, \cdots, m$$
或表示为
$$m(\{h_1\}, \{h_2\}, \cdots, \{h_m\}) = (f(E) \cdot c_1, f(E) \cdot c_2, \cdots, f(E) \cdot c_m)$$
规定
$$m(\Omega) = 1 - \sum_{i=1}^{m} m(\{h_i\})$$

而对于 Ω 的所有其他子集 H,均有 $m(H)=0$。

当 H 为 Ω 的真子集时,有

$$\text{Bel}(H)=\sum_{B\subseteq H}m(B)=\sum_{i=1}^{m}m(\{h_i\})$$

进一步可以计算 $\text{Pl}(H)$ 和 $f(H)$。

例 5.3 有如下规则:

r_1: IF E_1 AND E_2 THEN $A=\{a_1,a_2\}$,$\text{CF}=\{0.3,0.5\}$

r_2: IF E_3 AND $(E_4$ OR $E_5)$ THEN $B=\{b_1\}$,$\text{CF}=\{0.7\}$

r_3: IF A THEN $H=\{h_1,h_2,h_3\}$,$\text{CF}=\{0.1,0.5,0.3\}$

r_4: IF B THEN $H=\{h_1,h_2,h_3\}$,$\text{CF}=\{0.4,0.2,0.1\}$

已知用户对初始证据给出的确定性为:$\text{CER}(E_1)=0.8$,$\text{CER}(E_2)=0.6$,$\text{CER}(E_3)=0.9$,$\text{CER}(E_4)=0.5$,$\text{CER}(E_5)=0.7$,并假设 Ω 中的元素个数 $|\Omega|=10$,求 $\text{CER}(H)$。

解: 由给定知识形成的推理网络如图 5.3 所示。

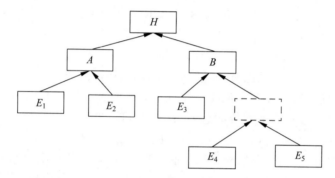

图 5.3　推理网络

(1) 求 $\text{CER}(A)$。

因为

$$\text{CER}(E_1\ \text{AND}\ E_2)=\min\{\text{CER}(E_1),\quad \text{CER}(E_2)\}=\min\{0.8,0.6\}=0.6$$

$$m(\{a_1\},\{a_2\})=\{0.6\times0.3,0.6\times0.5\}=\{0.18,0.3\}$$

$$\text{Bel}(A)=m(\{a_1\})+m(\{a_2\})=0.18+0.3=0.48$$

$$\text{Pl}(A)=1-\text{Bel}(\neg A)=1-0=1$$

$$f(A)=\text{Bel}(A)+|A|/|\Omega|\times(\text{Pl}(A)-\text{Bel}(A))$$
$$=0.48+2/10\times(1-0.48)=0.584$$

所以,$\text{CER}(A)=\text{MD}(A/E')\times f(A)=0.584$。

(2) 求 $\text{CER}(B)$。

因为

$$\text{CER}(E_3\ \text{AND}\ (E_4\ \text{OR}\ E_5))$$
$$=\min\{\text{CER}(E_3),\max\{\text{CER}(E_4),\text{CER}(E_5)\}\}$$
$$=\min\{0.9,\max\{0.5,0.7\}\}=\min\{0.9,0.7\}=0.7$$

$$m(\{b_1\})=0.7\times0.7=0.49$$

$$\text{Bel}(B)=m(\{b_1\})=0.49$$

$$Pl(B)=1-Bel(\neg B)=1-0=1$$

$$f(B)=Bel(B)+|B|/|\Omega|\times(Pl(B)-Bel(B))$$

$$=0.49+1/10\times(1-0.49)=0.541$$

所以，$CER(B)=MD(B/E')\times f(B)=0.541$。

(3) 求 $CER(H)$。

由 r_3 可得：

$$m_1(\{h_1\},\{h_2\},\{h_3\})=\{CER(A)\times0.1,CER(A)\times0.5,CER(A)\times0.3\}$$

$$=\{0.584\times0.1,0.584\times0.5,0.584\times0.3\}$$

$$=\{0.058,0.292,0.175\}$$

$$m_1(\Omega)=1-[m_1(\{h_1\})+m_1(\{h_2\})+m_1(\{h_3\})]$$

$$=1-[0.058+0.292+0.175]=0.475$$

再由 r_4 可得：

$$m_2(\{h_1\},\{h_2\},\{h_3\})=\{CER(B)\times0.4,CER(B)\times0.2,CER(B)\times0.1\}$$

$$=\{0.541\times0.4,0.541\times0.2,0.541\times0.1\}$$

$$=\{0.216,0.108,0.054\}$$

$$m_2(\Omega)=1-[m_2(\{h_1\})+m_2(\{h_2\})+m_2(\{h_3\})]$$

$$=1-[0.216+0.108+0.054]=0.622$$

求正交和 $m=m_1\oplus m_2$。

$$K=m_1(\Omega)\times m_2(\Omega)$$

$$+m_1(\{h_1\})\times m_2(\{h_1\})+m_1(\{h_1\})\times m_2(\Omega)+m_1(\Omega)\times m_2(\{h_1\})$$

$$+m_1(\{h_2\})\times m_2(\{h_2\})+m_1(\{h_2\})\times m_2(\Omega)+m_1(\Omega)\times m_2(\{h_2\})$$

$$+m_1(\{h_3\})\times m_2(\{h_3\})+m_1(\{h_3\})\times m_2(\Omega)+m_1(\Omega)\times m_2(\{h_3\})$$

$$=0.475\times0.622$$

$$+0.058\times0.216+0.058\times0.622+0.475\times0.216$$

$$+0.292\times0.108+0.292\times0.622+0.475\times0.108$$

$$+0.175\times0.054+0.175\times0.622+0.475\times0.054$$

$$=0.855$$

$$m(h_1)=\frac{1}{K}\times(m_1(\{h_1\})\times m_2(\{h_1\})+m_1(\{h_1\})\times m_2(\Omega)+m_1(\Omega)\times m_2(\{h_1\}))$$

$$=\frac{1}{0.855}\times(0.058\times0.216+0.058\times0.622+0.475\times0.216)$$

$$=0.178$$

$$m(h_2)=\frac{1}{K}\times(m_1(\{h_2\})\times m_2(\{h_2\})+m_1(\{h_2\})\times m_2(\Omega)+m_1(\Omega)\times m_2(\{h_2\}))$$

$$=\frac{1}{0.855}\times(0.292\times0.108+0.292\times0.622+0.475\times0.108)$$

$$=0.309$$

$$m(h_3) = \frac{1}{K} \times (m_1(\{h_3\}) \times m_2(\{h_3\}) + m_1(\{h_3\}) \times m_2(\Omega) + m_1(\Omega) \times m_2(\{h_3\}))$$

$$= \frac{1}{0.855} \times (0.175 \times 0.054 + 0.175 \times 0.622 + 0.475 \times 0.054)$$

$$= 0.168$$

$$m(\Omega) = 1 - (m(\{h_1\}) + m(\{h_2\}) + m\{(h_3)\})$$

$$= 1 - (0.178 + 0.309 + 0.168)$$

$$= 0.345$$

再根据 m 可得：

$$\text{Bel}(H) = m(\{h_1\}) + m(\{h_2\}) + m(\{h_3\}) = 0.178 + 0.309 + 0.168 = 0.655$$

$$\text{Pl}(H) = m(\Omega) + \text{Bel}(H) = 0.345 + 0.655 = 1$$

$$\text{CER}(H) = \text{MD}(H/E') \times f(H) = 0.759$$

尽管该理论运用较为广泛，但由于要求 Ω 中的元素满足互斥条件，这在系统中不容易实现，并且概率分配数构成的维数空间很大，计算比较复杂。

5.6　模糊知识与模糊推理

5.6.1　模糊知识的表示

1. 语言变量

模糊逻辑使用的变量可以是语言变量，所谓语言变量是指用自然语言中的词表示并可以取语言值的变量。例如，变量"年龄"在普通集合中一般取 $0 \sim 150$ 的数值，而在模糊集合中可以使用语言值"年轻、很年轻、不很年轻、老、很老、不很老"等。这些语言值可看成是论域 $U \in [0,150]$ 上模糊集的集合名。

通常，语言变量的值可以由一个或多个原始值再加上一组修饰词和连词组成。例如，上面给出的语言变量"年龄"，其原始词为"年轻""老"，若加上修饰词"不很"可得到"不很年轻""不很老"，若再加上连词"且"，则可得到"不很年轻且不很老"。

2. 模糊命题的描述

模糊逻辑是通过模糊谓词、模糊量词、模糊概率、模糊可能性、模糊真值、模糊修饰语等对命题的模糊性描述的。

1) 模糊谓词

设 x 为在 U 中取值的变量，F 为模糊谓词，即 U 中的一个模糊关系，则命题可表示为

$$x \text{ is } F$$

其中的模糊谓词可以是"大、小、年轻、老、冷、暖、长、短"等。

2) 模糊量词

模糊逻辑中使用了大量的模糊量词，如"极少、很少、几个、少数、很少、多数、大多数、几乎所有"等。这些模糊量词可以很方便地描述类似下面的命题：

大多数成绩好的学生学习都很刻苦。

很少有成绩好的学生特别贪玩。

3) 模糊概率、模糊可能性和模糊真值

设 λ 为模糊概率，π 为模糊可能性，τ 为模糊真值，则对命题还可以附加概率限定、可能性限定和真值限定：

$$(x \text{ is } F) \text{ is } \lambda$$
$$(x \text{ is } F) \text{ is } \pi$$
$$(x \text{ is } F) \text{ is } \tau$$

式中，λ 可以是"或许、必须"等，π 可以是"非常可能、很不可能"等，τ 可以是"非常真、有些假"等。

4) 模糊修饰语

模糊修饰语有以下 4 种：

(1) 求补。表示否定，如"不、非"等。

(2) 集中。表示"很、非常"等，其效果是减少隶属函数的值。

(3) 扩张。表示"有些、稍微"等，其效果是增加 0.5 以上隶属函数的值。

(4) 加强对比。表示"明确、确定"等，其效果是增加 0.5 以上隶属函数的值，减少 0.5 以下隶属函数的值。

3. 模糊知识的表示方法

在扎德的推理模型中，产生式规则的表示形式是

$$\text{IF } x \text{ is } F \text{ THEN } y \text{ is } G$$

其中，x 和 y 是变量，表示对象；F 和 G 分别是论域 U 及 V 上的模糊集，表示概念。条件部分(IF)可以是多个 $x_i \text{ is } F_i$ 的逻辑组合，此时，诸隶属函数间的运算按照模糊集的运算进行。

模糊推理中所用的证据都是用模糊命题表示的，其一般形式为

$$X \text{ is } F'$$

其中，F' 是论域 U 上的模糊集。

5.6.2 模糊概念的匹配

模糊概念的匹配是指对两个模糊概念相似程度的比较与判断，而两个模糊概念的相似程度又称为匹配度。本节主要讨论语义距离和贴近度这两种计算匹配度的方法。

1. 语义距离

语义距离刻画的实际上是两个模糊概念之间的差异，常用的计算语义距离的方法有多种，这里主要介绍汉明(Hamming)距离。

设 $U = \{u_1, u_2, \cdots, u_n\}$ 是一个离散有限论域，F 和 G 分别是论域 U 上的两个模糊概念的模糊集，则 F 和 G 的汉明距离定义为

$$d(F,G) = \frac{1}{n} \sum_{i=1}^{n} | \mu_F(u_i) - \mu_G(u_i) |$$

例 5.4 设论域 $U = \{-10, 0, 10, 20, 30\}$ 表示温度，模糊集

$$F = 0.8/-10 + 0.5/0 + 0.1/10$$

$$G = 0.9/-10 + 0.6/0 + 0.2/10$$

分别表示"冷"和"比较冷",则

$$d(F,G) = 0.2 \times (|0.8-0.9|+|0.5-0.6|+|0.1-0.2|)$$
$$= 0.2 \times 0.3 = 0.06$$

即 F 和 G 的汉明距离为 0.06。

对求出的汉明距离,可通过下式

$$1 - d(F,G)$$

将其转换为匹配度。当匹配度大于某个事先给定的阈值时,认为两个模糊概念是相匹配的。当然,也可以直接用语义距离判断两个模糊概念是否匹配。这时,需要检查语义距离是否小于某个给定的阈值,距离越小,两者越相似。

2. 贴近度

贴近度是指两个概念的贴近程度,可直接用来作为匹配度。

设 F 和 G 分别是论域

$$U = \{u_1, u_2, \cdots, u_n\}$$

上的两个模糊概念的模糊集,则它们的贴近度定义为

$$(F,G) = \frac{1}{2}[F \cdot G + (1 - F \odot G)]$$

式中,$F \cdot G$ 为 F 与 G 的内积;$F \odot G$ 为 F 与 G 的外积。

5.6.3 模糊推理

模糊推理是按照给定的推理模式通过模糊集的合成来实现的。而模糊集的合成实际上又是通过模糊集与模糊关系的合成实现的。可见,模糊关系在模糊推理中占有重要的位置。为此,在讨论模糊推理方法之前,先对模糊关系的构造问题进行简单的介绍。

1. 模糊关系的构造

前面曾经介绍过模糊关系的概念,这里主要讨论由模糊集构造模糊关系的方法。目前已有多种构造模糊集关系的方法,下面仅介绍其中最常用的几种。

1)模糊关系 R_m

模糊关系 R_m 是由扎德提出的一种构造模糊关系的方法。设 F 和 G 分别是论域 U 和 V 上的两个模糊集,则 R_m 定义为

$$R_m = \int_{U \times V} (\mu_F(u) \wedge \mu_G(v)) \vee (1 - \mu_F(u))/(u,v)$$

其中,×号表示模糊集的笛卡儿乘积。

例 5.5 设 $U = V = \{1,2,3\}$,F 和 G 分别是 U 和 V 上的两个模糊集,并设

$$F = 1/1 + 0.6/2 + 0.1/3$$
$$G = 0.1/1 + 0.6/2 + 1/3$$

则 R_m 为

$$R_m = \begin{bmatrix} 0.1 & 0.6 & 1 \\ 0.4 & 0.6 & 0.6 \\ 0.9 & 0.9 & 0.9 \end{bmatrix}$$

下面以 $R_m(2,3)$ 为例说明 R_m 中元素的求法。

$$R_m(2,3) = (\mu_F(u_2) \wedge \mu_G(v_3)) \vee (1 - \mu_F(u_2))$$
$$= (0.6 \wedge 1) \vee (1 - 0.6) = 0.6 \vee 0.4 = 0.6$$

2）模糊关系 R_c

模糊关系 R_c 是由麦姆德尼（Mamdani）提出的一种构造模糊关系的方法。设 F 和 G 分别为论域 U 和 V 上的两个模糊集，则 R_c 定义为

$$R_c = \int_{U \times V} (\mu_F(u) \wedge \mu_G(v))/(u,v)$$

对例 5.5 所给出的模糊集，其 R_c 为

$$R_c = \begin{bmatrix} 0.1 & 0.6 & 1 \\ 0.1 & 0.6 & 0.6 \\ 0.1 & 0.1 & 0.1 \end{bmatrix}$$

下面以 $R_c(3,2)$ 为例说明 R_c 中元素的求法：

$$R_c(3,2) = \mu_F(u_3) \wedge \mu_G(v_2) = 0.1 \wedge 0.6 = 0.1$$

3）模糊关系 R_g

模糊关系 R_g 是米祖莫托（Mizumoto）提出的一种构造模糊关系的方法。设 F 和 G 分别是论域 U 和 V 上的两个模糊集，定义为

$$R_g = \int_{U \times V} (\mu_F(u) \rightarrow \mu_G(v))/(u,v)$$

对例 5.5 给出的模糊集，其 R_g 为

$$R_g = \begin{bmatrix} 0.1 & 0.6 & 1 \\ 0.1 & 1 & 1 \\ 1 & 1 & 1 \end{bmatrix}$$

2. 模糊推理的基本方法

与自然演绎推理相对应，模糊推理也有相应的 3 种基本模式，即模糊假言推理、拒取式推理及模糊三段论推理。

1）模糊假言推理

设 F 和 G 分别是 U 和 V 上的两个模糊集，且有知识

$$\text{IF } x \text{ is } F \text{ THEN } y \text{ is } G$$

若有 U 上的一个模糊集 F'，且 F 可以和 F' 匹配，则可以推出 y is G'，且 G' 是 V 上的一个模糊集。这种推理模式称为模糊假言推理，其表示形式为

知识：IF x is F THEN y is G

证据：x is F'
_____

结论：y is G'

在这种推理模式下，模糊知识

$$\text{IF } x \text{ is } F \text{ THEN } y \text{ is } G$$

表示在 F 与 G 之间存在确定的模糊关系,设此模糊关系为 R。那么,当已知的模糊事实 F' 可以与 F 匹配时,则可通过 F' 与 R 的合成得到 G'。

例 5.6 对例 5.5 所给出的 F、G 以及所求出的 R_m,设有已知事实

$$x \text{ is 较小}$$

并设"较小"的模糊集为

$$较小 = 1/1 + 0.7/2 + 0.2/3$$

求在此已知事实下的模糊结论。

解:本例的模糊关系在前文中已求出,设已知模糊事实"较小"为 F',F' 与 R_m 的合成即为所求 G'。

$$G' = F' \circ R_m = \{1, 0.7, 0.2\} \circ \begin{bmatrix} 0.1 & 0.6 & 1 \\ 0.4 & 0.6 & 0.6 \\ 0.9 & 0.9 & 0.9 \end{bmatrix} = \{0.4, 0.6, 1\}$$

即所求出的模糊结论 G' 为

$$G' = 0.4/1 + 0.6/2 + 1/3$$

2) 模糊拒取式推理

设 F 和 G 分别是 U 和 V 上的两个模糊集,且有知识

$$\text{IF } x \text{ is } F \text{ THEN } y \text{ is } G$$

若有 V 上的一个模糊集 G',且 G' 可以与 G 的补集匹配,则可以推出 $x \text{ is } F'$,且 F' 是 U 上的一个模糊集。这种推理模式称为模糊拒取式推理。它可以表示为

知识:IF x is F THEN y is G

证据:y is G'

结论:x is F'

在这种推理模式下,模糊知识

$$\text{IF } x \text{ is } F \text{ THEN } y \text{ is } G$$

也表示在 F 与 G 之间存在确定的模糊关系,设此模糊关系为 R。那么,当已知的模糊事实 G' 可以与 $\neg G$ 匹配时,则可以通过 R 与 G' 的合成得到 F',即

$$F' = R \circ G'$$

式中的模糊关系 R 可以是 R_m、R_c 或 R_g 中的任何一种。

例 5.7 设 F、G 如例 5.5 所示,已知事实为

$$y \text{ is 较大}$$

且模糊概念"较大"的模糊集 G' 为

$$G' = 0.2/1 + 0.7/2 + 1/3$$

若 G' 与 $\neg G$ 匹配,以模糊关系 R_c 为例,推出 F'。

解:本例中的模糊关系 R_c 已在前面求出,通过 R_c 与 G' 的合成即可得到所求的 F'。

$$F' = R_c \circ G' = \begin{bmatrix} 0.1 & 0.6 & 1 \\ 0.1 & 0.6 & 0.6 \\ 0.1 & 0.1 & 0.1 \end{bmatrix} \circ \begin{bmatrix} 0.2 \\ 0.7 \\ 1 \end{bmatrix} = \begin{bmatrix} 1 \\ 0.6 \\ 0.1 \end{bmatrix}$$

即所求出的 F' 为

$$F' = 1/1 + 0.6/2 + 0.1/3$$

模糊拒取式推理和模糊假言推理类似,也可以把计算 R_m、R_c 的公式代入求 F' 的公式中,得到求 F' 的一般公式。对 R_m 有

$$F' = R_m G' \int_{u \in U} \vee \{ [(\mu_F(u) \wedge \mu_G(v)) \vee (1 - \mu_F(u))] \wedge \mu_G(v) \}/u$$

同理,对模糊关系 R_c 也可推出求 F' 的一般公式

$$F' = R_c G = \int_{u \in U} \vee \{ [\mu_F(u) \wedge \mu_G(u)] \wedge \mu_G(v) \}/v$$

在实际应用中,也可以直接利用这些公式由 F、G 和 G' 求出 F'。

3）模糊三段论推理

设 F、G、H 分别是 U、V、W 上的 3 个模糊集,且由知识

$$\text{IF } x \text{ is } F \text{ THEN } y \text{ is } G$$
$$\text{IF } y \text{ is } G \text{ THEN } z \text{ is } H$$

则可推出

$$\text{IF } x \text{ is } F \text{ THEN } z \text{ is } H$$

这种推理模式称为模糊假言三段论,可以表示为

知识：IF x is F THEN y is G

证据：IF y is G THEN z is H

结论：IF x is F THEN z is H

在这种推理模式下,模糊知识

$$r_1 : \text{IF } x \text{ is } F \text{ THEN } y \text{ is } G$$

表示在 F 和 G 之间存在确定的模糊关系,设此模糊关系为 R_1。模糊知识

$$r_2 : \text{IF } y \text{ is } G \text{ THEN } z \text{ is } H$$

表示在 G 和 H 之间存在确定的模糊关系,设此模糊关系为 R_2。

若模糊假言三段论成立,则 r_3 的模糊关系 R_3 可由 R_1 与 R_2 的合成得到,即

$$R_3 = R_1 \circ R_2$$

这里的关系 R_1、R_2、R_3 可以是前面所讨论过的 R_m、R_c 与 R_g 中的任何一种。为说明这种方法,下面讨论一个例子。

例 5.8　设 $U = W = V = \{1, 2, 3\}$。

$$E = 1/1 + 0.6/2 + 0.2/3$$
$$F = 0.8/1 + 0.5/2 + 0.1/3$$
$$G = 0.2/1 + 0.6/2 + 1/3$$

按 R_g 求 $E \times F \times G$ 上的关系 R。

解：先求 $E \times F$ 上的关系 R_{g1}：

$$R_{g1} = \begin{bmatrix} 0.8 & 0.5 & 0.1 \\ 1 & 0.5 & 0.1 \\ 1 & 1 & 0.1 \end{bmatrix}$$

再求 $F \times G$ 上的关系 R_{g2}：

$$R_{g2} = \begin{bmatrix} 0.2 & 0.6 & 1 \\ 0.2 & 1 & 1 \\ 1 & 1 & 1 \end{bmatrix}$$

最后求 $E \times F \times G$ 上的关系 R：

$$R = R_{g1} \circ R_{g2} = \begin{bmatrix} 0.2 & 0.6 & 0.8 \\ 0.2 & 0.6 & 1 \\ 0.2 & 1 & 1 \end{bmatrix}$$

在线视频

5.7　实践：基于 T-S 模型的模糊推理

模糊推理是一种基于行为的仿生推理方法,主要用来解决带有模糊现象的复杂推理问题。由于模糊现象的普遍存在,模糊推理系统被广泛的应用。模糊推理系统主要由模糊化、模糊规则库、模糊推理方法以及去模糊化组成,其基本流程如图 5.4 所示。

图 5.4　模糊推理流程图

传统的模糊推理是一种基于规则的控制,它通过语言表达的模糊性控制规则,实现对难以精确描述系统的控制,在设计中不需要建立被控对象的精确数学模型。T-S 模糊推理模型是将正常的模糊推理规则及其推理过程转换成一种数学表达形式。T-S 模型本质上是将全局非线性系统通过模糊划分建立多个简单的线性关系,对多个模型的输出再进行模糊推理和判决,可以表示复杂的非线性关系。

5.7.1　T-S 模型的模糊推理过程

T-S 模糊模型基本思想是用线性状态空间模型作为后件,表达每条语句对应所表征的局部动态特征,则全局的模糊模型就由这些线性模型通过隶属度函数综合而成,全局模型是一个非线性模型,利用模糊逻辑系统的非线性映射能力,就可以逼近一个复杂的非线性系统,而且能够对定义在一个致密集上的非线性系统做到任意精度上的一致逼近。

(1) 多输入多规则模糊推理系统的工作原理:

① 通过模糊化模块将输入的精确量进行模糊化处理,转换成给定论域上的模糊集合。

② 激活规则库中对应的模糊规则。

③ 选用合适的模糊推理方法,根据模糊事实推理出结果。

④ 对模糊结果进行去模糊化处理。

(2) 模糊化的原则及方法:

原则 1:在精确值处模糊集合的隶属度最大。

原则 2:当输入有干扰时,模糊化的结果具有一定的抗干扰能力。

原则 3:模糊化运算应尽可能简单。

各约束的隶属函数为(本实验采用)

```
Fun(a,b,x):  if x < a return 0;
             if a < x < = b return ((x - a)/(b - a))^2;
             if x > b return 1;
```

当隶属度函数为 f(x)时,模糊化隶属度函数准则(本实验采用):

高:$f(x)^{\wedge}(0.5)$

中:$\min(f(x),1-f(x))$

低:$(1-f(x))^{\wedge}0.5$

(3) 模糊规则库(本实验采用):

IF 科研经费低 AND 人数高 AND 作品数低 AND 获奖数低 THEN 评价差

IF 科研经费高 AND 人数低 AND 作品数低 AND 获奖数高 THEN 评价高

IF 科研经费中 AND 人数中 AND 作品数中 AND 获奖数中 THEN 评价中

IF 科研经费高 AND 人数高 AND 作品数低 AND 获奖数低 THEN 评价差

对于评价的等级高中差分别用 3、2、1 表示。

约束等级划分标准:

约束与等级	高	中	低
科研经费	>20	5~20	<5
人数	>10	5~10	<5
作品数	>30	10~30	<10
获奖数	>15	5~15	<5

(4) 去模糊化的原则与方法:

原则 1:所得到的精确值,能够直观地表达该模糊集合。

原则 2:去模糊化运算要足够简单,保证模糊推理系统实时使用。

原则 3:模糊集合的微小变化不会使精确值发生大幅变化。

采用最小法和乘积法进行去模糊化处理(本实验采用)。

5.7.2　T-S 模型的模糊推理实验

具体实现及主要代码如下(详细代码参见附录),实验结果如图 5.5 所示。

1. 科研经费隶属度函数

```
def fun1(m):                      # 科研经费隶属度函数
    if m < = 5:
        return 0
    if m > 5 and m < = 20:
        return ((m - 5)/15) * ((m - 5)/15)
    if m > 20:
        return 1
```

2. 规则 1

```
def rule1(self):
W[0] = math.sqrt(1 - T_S.fun1(jf))
W[1] = math.sqrt(T_S.fun2(rs))
W[2] = math.sqrt(1 - T_S.fun3(zp))
W[3] = math.sqrt(1 - T_S.fun4(hj))
pj[0] = 1
for i in range(4):
    if(W[i]< 0.0000000001):
        W[i] = 0
minTemp = 999 ♯取小法
fori in range(4):
    if(W[i]! = 999):
        minTemp = min(minTemp,W[i])
MIN[0] = minTemp
mulTemp = 1 ♯乘积法
fori in range(4):
    if(W[i]! = 999):
        mulTemp = mulTemp * W[i]
MUL[0] = mulTemp
```

3. 实现结果

经费: *22*
人数: *3*
作品: *5*
获奖: *20*
取小法评价: 2.9999999969999998
乘积法评价: 2.9999999969999998
评价高

经费: *15*
人数: *8*
作品: *20*
获奖: *10*
取小法评价: 1.6410256401840893
乘积法评价: 1.538460717703204
评价中

经费: *22*
人数: *20*
作品: *5*
获奖: *3*
取小法评价: 0.9999999989999999
乘积法评价: 0.9999999989999999
评价差

图 5.5　实验结果

实践示例程序参考附录 D。

5.7.4　思考与练习

现给出农业生产中评价经济指标的模糊推理规则：

IF 亩产低 AND 费用高 AND 用工高 AND 收入低 AND 肥力低 THEN 评价差
IF 亩产中 AND 费用低 AND 用工低 AND 收入中 AND 肥力高 THEN 评价中
IF 亩产高 AND 费用低 AND 用工低 AND 收入高 AND 肥力高 THEN 评价高
IF 亩产中 AND 费用中 AND 用工中 AND 收入中 AND 肥力高 THEN 评价中
IF 亩产高 AND 费用高 AND 用工高 AND 收入低 AND 肥力低 THEN 评价差
请自行设计评价等级区间数据以及不同隶属度函数，例如：采用上梯形隶属函数。去模糊化时也请自行选择去模糊化方法,例如:中心平均法、最大隶属度法等。

5.8 习题

1. 什么是不确定性推理? 有哪几类不确定性推理方法? 不确定性推理中需要解决的基本问题有哪些?

2. 什么是可信度?

3. 设有如下一组推理规则:

r_1: IF E_1 THEN E_2(0.6)

r_2: IF E_2 AND E_3 THEN E_4(0.7)

r_3: IF E_4 THEN H (0.8)

r_4: IF E_5 THEN H (0.9)

且已知 $CF(E_1)=0.5$,$CF(E_3)=0.6$,$CF(E_5)=0.7$。求 $CF(H)$。

4. 设有如下推理规则:

r_1: IF E_1 THEN (2,0.00001) H_1

r_2: IF E_2 THEN (100,0.0001) H_1

r_3: IF E_3 THEN (200,0.001) H_2

r_4: IF H_1 THEN (50,0.1) H_2

且已知 $P(E_1)=P(E_2)=P(H_3)=0.6$,$P(H_1)=0.091$,$P(H_2)=0.01$,又由提供证据的用户告知 $P(E_1|S_1)=0.84$,$P(E_2|S_2)=0.68$,$P(E_3|S_3)=0.36$。

用主观贝叶斯方法求 $P(H_2|S_1,S_2,S_3)$。

5. 设有如下一组推理规则:

r_1: IF E_1 AND E_2 THEN $A=\{a\}$ (CF$=\{0.9\}$)

r_2: IF E_2 AND (E_3 OR E_4) THEN $B=\{b_1,b_2\}$ (CF$=\{0.5,0.4\}$)

r_3: IF A THEN $H=\{h_1,h_2,h_3\}$ (CF$=\{0.2,0.3,0.4\}$)

r_4: IF B THEN $H=\{h_1,h_2,h_3\}$ (CF$=\{0.3,0.2,0.1\}$)

且已知初始证据的确定性分别为:$CER(E_1)=0.6$,$CER(E_2)=0.7$,$CER(E_3)=0.8$,$CER(E_4)=0.9$。

假设 $|\Omega|=10$,求 $CER(H)$。

6. 简述模糊概念、模糊集和隶属函数三者之间的关系。

7. 设 $U=V=\{1,2,3,4\}$,且有如下推理规则:

$$\text{IF } x \text{ is 少 THEN } y \text{ is 多}$$

其中,"少"与"多"分别是 U 与 V 上的模糊集,设

$$少=0.9/1+0.7/2+0.4/3$$

$$多=0.3/2+0.7/3+0.9/4$$

已知事实为

$$x \text{ is 较少}$$

"较少"的模糊集为

$$较少=0.8/1+0.5/2+0.2/3$$

试用模糊关系 R_m 求出模糊结论。

8. 设有论域 $U = \{u_1, u_2, u_3, u_4, u_5\}$，并设 F、G 是 U 上的两个模糊集，且有

$$F = 0.9/u_1 + 0.7/u_2 + 0.5/u_3 + 0.3/u_4$$

$$G = 0.6/u_3 + 0.8/u_4 + 1/u_5$$

请分别计算 $F \cap G$、$F \cup G$、$\neg F$。

9. 设有如下两个模糊关系：

$$\boldsymbol{R}_1 = \begin{bmatrix} 0.3 & 0.7 & 0.2 \\ 1 & 0 & 0.4 \\ 0 & 0.5 & 1 \end{bmatrix} \qquad \boldsymbol{R}_2 = \begin{bmatrix} 0.2 & 0.8 \\ 0.6 & 0.4 \\ 0.9 & 0.1 \end{bmatrix}$$

请写出 $\boldsymbol{R}_1$ 与 $\boldsymbol{R}_2$ 的合成 $\boldsymbol{R}_1 \circ \boldsymbol{R}_2$。

10. 设 F 是论域 U 上的模糊集，R 是 $U \times V$ 上的模糊关系，F 和 R 分别为

$$\boldsymbol{F} = \{0.4, 0.6, 0.8\}$$

$$\boldsymbol{R} = \begin{bmatrix} 0.1 & 0.3 & 0.5 \\ 0.4 & 0.6 & 0.8 \\ 0.6 & 0.3 & 0 \end{bmatrix}$$

求模糊变换 $\boldsymbol{F} \circ \boldsymbol{R}$。

第 6 章

机 器 学 习

6.1 概述

机器学习是人工智能的重要研究领域之一。本章主要介绍机器学习的基本概念以及常用的机器学习方法。

6.1.1 机器学习的基本概念

要了解什么是机器学习,就要从人类的"学习"说起。可以说人们每天都在学习,可是终究什么是学习,至今都没有一个统一的定义。综合众多观点,可以这样认为,学习是一个有特定目的的知识获取和能力增长的过程,其内在行为是获取知识、积累经验、发现规律等,其外部表现是改进性能、适应环境和实现系统的自我完善。以下是关于学习且比较有影响的定义:

(1) 西蒙认为,学习就是系统中的适应性变化,这种变化使系统在做重复工作或类似工作时能够做到更好或效率更高。

(2) 米哈尔斯基认为,学习是对经历描述的建议和修改。

(3) 蔡普金认为,学习是一种过程,通过对系统重复输入各种信号,并从外部校正该系统,从而使系统对特定的输入具有特定的响应。自学习就是不具有外来校正的学习,即不具有奖罚的学习,它不给系统响应正确与否的任何附加信息。

机器学习的定义是基于人的学习的,由于学习没有统一的定义,机器学习无法给出严格的定义。从学科角度来讲,机器学习是研究如何让计算机来模拟人类学习活动的一门学科。

机器学习的研究工作主要从以下 3 个方面进行:一是认知模型的研究,通过对人类学习机理的研究和模拟,从根本上解决机器学习方面存在的种种问题;二是理论学习的研究,从理论上探索各种可能的学习方法,并建立起独立于具体应用领域的学习算法;三是面向任务的研究,主要目的是根据特定任务的要求建立相应的学习系统。

6.1.2 机器学习的发展历史

机器学习的发展大致可以分为 4 个时期,即热烈时期、冷静时期、复兴时期以及蓬勃发展时期。

机器学习作为人工智能应用研究领域重要分支,它的兴起时间与人工智能的诞生时间几乎是一致的。通常认为 20 世纪 50 年代中叶到 60 年代初期是热烈时期。F. Rosenblatt 是这一时期的代表人物,他于 1957 年提出了感知器模型。该时期研究的是"没有知识"的学习。其主要研究目标是各种自组织系统和自适应系统,基本思想是:如果给系统一组刺激、一个分馈源以及修改自身的足够自由度,那么系统将能自适应地趋向最优组织。该时期所采用的方法主要是不断修改控制参数,以改进系统的执行能力,而不涉及与具体任务有关的知识。该时期所依据的主要理论基础是早在 20 世纪 40 年代就开始研究的神经网络模型。在这个时期,我国研究了数字识别学习机。

20 世纪 60 年代中叶至 70 年代中叶属于机器学习的冷静时期。该时期的研究目标是模拟人类的概念学习过程,并采用逻辑结构或图结构作为机器内部描述。温斯顿(P. H. Winston)的结构学习系统和海斯-罗斯(B. Hayes-Roth)等人提出的基于逻辑的归纳学习系统是该时期的代表性工作。

虽然这类学习系统取得了较大的成功,但只能学习单一的概念,而且未能投入实际应用。另外,神经网络学习机因理论缺陷未能达到预期效果,机器学习的研究转入低潮。

20 世纪 70 年代中叶到 80 年代中叶称为复兴时期。在该时期,人们开始从单一概念的学习扩展到多个概念的研究。机器的学习过程一般都建立在大规模的知识库上,实现知识强化学习。值得庆幸的是,在本阶段人们开始将学习系统与各种应用结合起来,并取得了很大的成就,很好地促进了机器学习的发展。在出现第一个专家学习系统后,示例归纳学习系统成为研究主流,自动知识获取成为机器学习的应用研究目标。

1980 年,在美国卡内基·梅隆大学召开了第一届计算机学习国际研讨会,它标志着机器学习的研究已经在全世界兴起。此后,机器归纳学习进入应用阶段。1986 年,国际杂志 *Machine Learning* 创刊,迎来了机器学习蓬勃发展的新时期。20 世纪 70 年代末,中国科学院自动化研究所进行了质谱分析和模式文法推断研究,表明我国的机器学习研究得到恢复。

自 1986 年起,机器学习进入了全新阶段。神经网络的研究再度兴起,使得机器学习进入了连接学习的研究阶段,与此同时,传统的符号学习研究也取得了很大的发展。实际上,连接学习和符号学习各有所长,并具有很大的互补性。因此,二者结合起来的混合型学习系统研究已成为机器学习研究的一个新热点。如果能将二者很好地融合在一起,就可以在一定程度上有机地模拟人类逻辑思维和直觉思维,这将是人工智能的一个重大突破。

机器学习进入新阶段的主要表现如下:

(1) 机器学习已经成为新的边缘学科,并在高校形成一门课程。

(2) 结合各种学习方法,取长补短的多种形式的集成学习系统研究正在兴起。

(3) 机器学习与人工智能在各种基础问题上的统一观点正在形成。

（4）各种学习方法的应用范围不断扩大，一部分已经成为商品。归纳学习的知识获取工具已在诊断分类专家系统中广泛使用；链接学习在声音、图文识别中占据优势；遗传算法与强化学习在工程控制中有较好的应用前景。

（5）知识发现和数据挖掘的研究已形成热潮，并在生物学、金融管理、商业销售等领域得到成功的应用，给机器学习注入了新的活力。

（6）与机器学习有关的学术活动空前活跃。国际上除了每年一次的机器学习研讨会外，还有计算机学习理论会议以及遗传算法会议。

6.1.3 学习系统的基本模型

机器学习的实现依赖于学习系统，学习系统能够利用过去与环境作用时得到的信息并提高自身的性能。学习系统的基本模型结构如图 6.1 所示。

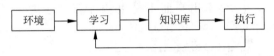

图 6.1 学习系统的基本模型结构

从学习系统的基本模型结构可以看出，学习系统不仅与环境和知识库有关，而且还包含学习与执行两个环节。学习系统中的环境是指学习系统进行学习时的信息来源。学习环节是机器先从环境获取外部信息，然后通过对获取信息的分析、综合、类比和归纳等过程形成知识，所生成的知识被放入知识库，即学习是将外界信息加工成知识的过程。知识库是以某种形式表示的知识的集合，用来存放学习环节所得的知识。执行环节是利用知识库中的知识完成某种任务的过程，并把完成任务过程中所获得的一些信息反馈给学习环节，以提高学习性能。

适当的学习环境是建立学习系统模型的第一重要因素，环境所提供的信息水平与质量都影响着机器的性能。即如果没有很好的环境，提供的信息杂乱无章，则学习部分不容易处理，必须从足够的数据中提取规则，然后放入知识库中，这增加了学习环境的设计负担。

知识库是设计学习系统的另一重要因素，常用的知识表示有多种，如谓词、产生式、语义网络等。选择合适的表示方法也是很重要的，选择表示方法时，应当遵循以下一些原则：其一，所选择的表示法要能够很好地表达相关的知识，因为不同的知识表示方法适用于不同的对象；其二，尽可能地使得推理容易些；其三，要考虑知识库的修改难易程度；其四，要考虑知识是否易于扩展，随着系统学习能力的提高，单一的知识表示法已不能满足需要，有的时候还需要几种知识表示同时使用，以适应外部环境需要。

6.1.4 学习策略

机器学习的学习过程与推理过程是密切相关的，按照学习中所使用的推理方法分类，可以将机器学习的学习策略分为记忆学习、归纳学习、类比学习、传授学习、演绎学习和联结学习等。本章将主要介绍几种常用的学习策略。

6.2　记忆学习

　　记忆学习又称为机械学习,是最简单的机器学习方法。该方法主要是凭借记忆,即存储学习过的知识,供需要时检索调用,其特点是不再需要重新计算或推理。在记忆学习系统中,知识的获取是以较为稳定和直接的方式进行的,不需要系统进行过多的加工。

　　当给定一个问题并由记忆学习解决后,该系统就记住了这个问题及其解。现将系统的执行元件抽象成一个函数 f,输入自变量值 $(x_1,x_2,\cdots,x_n)$,经过该函数计算后得到的函数值 $(y_1,y_2,\cdots,y_n)$ 若经过评价确定是正确的,则把以下的输入输出模式

$$[(x_1,x_2,\cdots,x_n),(y_1,y_2,\cdots,y_n)]$$

存入知识库中。在以后的学习过程中,如果重新计算 $(x_1,x_2,\cdots,x_n)$ 的值,该系统就自动从知识库中将 $(y_1,y_2,\cdots,y_n)$ 搜索出来而不是重新计算。记忆学习系统的模型如图 6.2 所示。

$$(x_1,x_2,\cdots,x_n)\xrightarrow{f}(y_1,y_2,\cdots,y_n)\Rightarrow[(x_1,x_2,\cdots,x_n),(y_1,y_2,\cdots,y_n)]$$

图 6.2　记忆学习系统的模型结构

6.3　归纳学习

　　归纳学习是应用归纳推理进行学习的一种方法,即从一系列的事例中归纳出一般性的知识描述的过程。根据学习过程是否有教师指导可分为示例学习以及观察与发现学习两种形式。

6.3.1　示例学习

　　示例学习又称实例学习,它是通过环境中若干与某概念有关的例子,经归纳得出一般性概念的一种学习方法。这种学习方法给学习者提供某一概念的一组正例和反例,学习者从这个例子中归纳出一个总的概念描述,并使这个概念描述适合于所有的正例,并排除所有的反例。

1. 示例学习的模型

　　示例学习的过程是:首先从示例空间中选择合适的训练示例,然后经解释过程得到一般性的知识,最后再从示例空间中选择更多的示例对它进行验证,直到得到可实用的知识为止。示例学习的空间模型如图 6.3 所示。

图 6.3　示例学习的学习过程

该空间模型是示例学习的基本模型,该模型包括两个主要空间和两个主要过程,它们分别是示例空间、规则空间、解释过程和验证过程。

示例空间是所有可对系统进行训练的示例集合。与示例空间有关的主要问题是示例的质量、数量以及它们在示例空间中的组织和示例空间的搜索方法。示例的质量和数量直接影响学习的质量,而示例的组织方式将影响到学习效率。规则空间是事物所具有的各种规律的集合。

解释过程的主要任务是从搜索到的示例中抽象出所需要的信息,并对这些信息进行综合、归纳,形成一般性的知识。这种形成知识的过程实际上是一个归纳推理的过程。解释过程是示例学习最主要的组成部分,其常用的解释方法有把常量换成变量、去掉条件、增加选择和曲线拟合 4 种。

验证过程的主要任务是从示例空间中选择新的示例,对刚刚归纳出的规则做进一步的验证和修改。其中,最主要的问题是选择哪些新的示例和怎样得到这些示例。

2. 执行过程描述

依据双空间模型建立的归纳学习系统,其执行过程可以大致描述为:首先由施教者给示例空间提供一些初始示教例子,由于示教例子在形式上往往和规则形式不同,因此需要对这些例子进行转换,解释为规则空间接受的形式。然后利用解释后的例子搜索规则空间,由于一般情况下不能一次就从规则空间中搜索到符合要求的规则,因此还要寻找一些新的示教例子,这个过程就是选择例子。程序会选择对搜索规则空间最有用的例子,对这些示教例子重复上述循环。如此循环多次,直到找到所要求的例子。

1) 示例空间

在双空间模型中,示例空间所要考虑的主要问题包括两个:一个是示教例子的质量,另一个是示例空间的搜索方法。解释示教例子的目的是从例子中抽取出用于搜索规则空间的信息,也就是把示教例子变换成易于进行符号归纳的形式。选择例子就是确定需要哪些新的例子和怎样得到这些例子。

2) 规则空间

规则空间的目的是指定表示规则的操作符和术语,用以描述和表示规则空间中的规则,与之相关的两个问题是对规则空间的要求和规则空间的搜索方法。所谓规则空间是用指定的描述语言可以表示的所有规则(概念假设)的集合。对规则空间有 3 个方面的要求:规则表示方法应适应归纳推理;规则的表示与例子的表示一致;规则空间应包含要求的规则。

示例归纳学习方法可分为以下两大类:

(1) 单概念学习方法。典型的单概念学习系统包括米切尔(Tom Mitchell)的基于数据驱动的变型空间法、昆兰(J. R. Quinlan)的 ID3 方法、狄特利希(T. G. Dietterich)和米哈尔斯基(R. S. Michalski)提出的基于模型驱动的 Induce 算法等。

(2) 多概念学习方法。典型的多概念学习方法和系统有米哈尔斯基的 AQ11、DENDRAL 和 AM 程序等。多概念学习任务可以划分成多个单概念学习任务来完成。

多概念学习与单概念学习的差别在于多概念学习方法必须解决概念之间的冲突问题。

变形空间学习方法(learning by version space),也称为变形空间学习法。变形空间法是米切尔于 1977 年提出的一种数据驱动型的学习方法。该方法以整个规则空间为初始的

假设规则集合 H。依据示教例子中的信息,系统对集合 H 进行一般化或特殊化处理,逐步缩小集合 H,最后使得 H 收敛到只含有要求的规则。由于被搜索的空间 H 逐渐缩小,故称为变形空间法。

在规则空间中,表示规则的点与点之间存在着一种由一般到特殊的偏序关系,将其定义为覆盖。例如,color(X,Y)覆盖 color(ball,Z),于是又覆盖 color(ball,red)。

作为一个简单的例子,考虑有以下属性和值的对象域:

Sizes＝{large,small}

Colors＝{red,white,blue}

Shapes＝{ball,brick,cube}

这些对象可以用谓词 obj(Sizes,Colors,Shapes)表示。用变量替换常量这个泛化操作定义。

图 6.4 展示了一个规则空间偏序关系的一部分。可以把归纳学习看成是对所有训练示例相一致的概念空间的搜索。在搜索规则空间时,使用一个可能合理的假设规则的集合 H,是规则空间的子集。

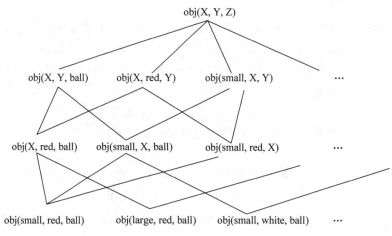

图 6.4　规则空间偏序关系

集合 H 由两个子集 G 和 S 所限定,子集 G 中的元素表示 H 中的最一般的概念,子集 S 中的元素表示 H 中的最特殊的概念,集合 H 由 G、S 及 G 与 S 之间的元素构成,即

$$H = G \cup S \cup \{k \mid S < K < G\}$$

式中<表示变形空间中的偏序关系,如图 6.5 所示。

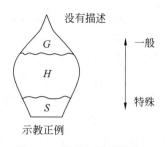

图 6.5　变形空间偏序关系

米切尔的学习算法称为候选删除算法。在这种算法中,把尚未被数据排除的假设称为可能假设,把所有可能假设构成的集合 H 称为变形空间。算法一开始,变形空间 H 包含所有的概念。随着向程序提供示教正例后,程序就从变形空间中删除候选概念。当变形空间仅包含一个候选概念时,就找到了所要求的概念。

该算法分为 4 个步骤:

(1) 把 H 初始化为整个规则空间。这时 G 仅包含空描述。S 包含所有最特殊的概念。实际上,为避免 S 集合过大,算法把 S 初始化为仅包含第一个示教正例。

（2）接受一个新的示教例子。如果这个例子是正例,则从 G 中删除不包含新例的概念,然后修改 S 为由新正例和 S 原有元素共同归纳出最特殊化的泛化。这个过程称为对集合 S 的修改过程。如果这个例子是反例,则从 S 中删去包含新例的概念,再对 G 进行尽量小的特殊化,使之不包含新例。这个过程称为集合 G 的修改过程。

（3）重复（2）,直到 $G=S$,且使这两个集合都只含有一个元素为止。

（4）输出 H 中的概念（即输出 G 或 S）。

下面给出一个实例。

用特征向量描述物体,每个物体有两个特征：大小和形状。物体的大小可以是大的（lg）或小的（sm）。物体的形状可以是圆的（cir）、方的（squ）或三角的（tri）。要教给程序"圆"的概念,这可以表示为 (x,cir),其中 x 表示任何大小。

初始 H 集是规则空间,如图 6.6 所示。G 和 S 集分别是

$$G=\{(x,y)\}$$
$$S=\{(\mathrm{sm\ squ}),(\mathrm{sm\ cir}),(\mathrm{sm\ tri}),(\mathrm{lg\ squ}),(\mathrm{lg\ cir}),(\mathrm{lg\ tri})\}$$

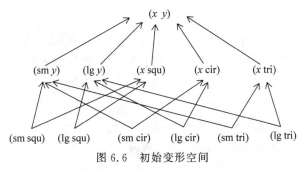

图 6.6 初始变形空间

第一个训练例子是正例(sm cir),这表示小圆是圆。经过修改 S 算法后得到 $G=\{(x\ y)\}$,$S=\{(\mathrm{sm\ cir})\}$,如图 6.7 所示。

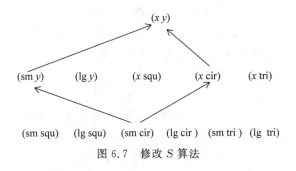

图 6.7 修改 S 算法

第二个训练例子是反例(lg tri),这表示大三角不是圆。这一步对 G 集进行特殊化,得到 $G=\{(x\ \mathrm{cir}),(\mathrm{sm}\ y)\}$,$S=\{(\mathrm{sm\ cir})\}$,如图 6.8 所示。

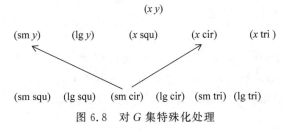

图 6.8 对 G 集特殊化处理

第三个训练例子是正例(lg cir),这表示大圆是圆。这一步首先从 G 中去掉不满足此正例的概念(sm y)。再对 S 和该正例进行泛化,得到

$$G = \{(x \ cir)\}$$
$$S = \{(x \ cir)\}$$

这时算法结束,输出概念 $(x \ cir)$。

该方法的主要缺点是:学习正例时,对 S 进行泛化,这往往扩大 S。学习反例时,对 G 进行特殊化,这往往扩大 G。G 和 S 的规模过大会给算法的实用造成困难。算法是在训练例子引导下,对规则空间进行宽度优先搜索。对大的规则空间,算法慢得无法接受。

6.3.2 观察与发现学习

观察与发现学习分为观察学习与发现学习两种。前者用于对事例进行概念聚类,形成概念描述;后者用于发现规律,产生相应的规则。

1. 概念聚类

概念聚类是一种观察学习,是由米哈尔斯基(R. S. Michalski)在 1980 年首先提出来的。其基本思想是把事例按一定的方式和准则进行分组,如划分为不同的类,不同的层次等,使不同的组代表不同的概念,并且对每一个组进行特征概括,得到一个概念的语义符号描述。

例如对下列事例:

麻雀、乌鸦、喜鹊、鸡、鸭、鹅……

可根据它们是否家禽分为如下两类:

鸟 = {麻雀,乌鸦,喜鹊,…}

家禽 = {鸡,鸭,鹅,…}

这里,"鸟""家禽"就是由聚类得到的新概念,并且根据相应动物的特征还可得知:

"鸟有羽毛,有翅膀,会飞,会叫,野生"

"家禽有羽毛,有翅膀,会飞,会叫,家养"

如果它们的共同特征提取出来了,就能得到"鸟类"的概念。

2. 发现学习

发现学习是从系统的初始知识、观察事例或经验数据中归纳出规律或规则。这是最困难且最富创造性的一种学习。它可分为经验发现与知识发现两种,前者指从经验数据中发现规律和定律,后者是指从已观察的事例中发现新的知识。

发现学习使用归纳推理,在学习过程中除了初始知识外,教师不进行指导,所以它是无教师指导的归纳学习。

6.4 决策树学习

决策树又称为判定树,是常用于分类和预测的一种树形结构,是应用最为广泛的归纳推理算法之一,决策树学习算法有很多,常用的有 ID3、ID4、C4.5、CART 等。

决策树是一种由节点和边构成的用来描述分类过程的层次数据结构。每个节点代表对

某一属性的一次测试,每条边代表一个测试结果,叶节点代表某个类或类的分布。在决策树中,从根节点到叶节点的每一条路径都代表一个具体的实例,并且同一路径上的所有属性之间为合取关系,不同路径为析取关系。

例 6.1 图 6.9 给出了一个决策树的例子,从中可以看出一位客户是否购买计算机,用它预测某个人的购买意向。

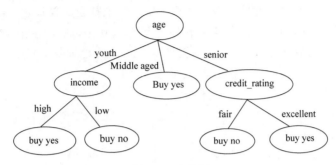

图 6.9 决策树

决策树还可以表示成规则形式,如下所示。

IF age＝youth AND income＝high THEN 该客户会购买计算机

IF age＝youth AND income＝low THEN 该客户不会购买计算机

IF age＝middle aged THEN 该客户会购买计算机

IF age＝senior AND credit_rating＝fair THEN 该客户不会购买计算机

IF age＝senior AND credit_rating＝excellent THEN 该客户会购买计算机

以下为决策树的经典学习算法——ID3 算法。

ID3 算法是 J. R. Quinlan 首先提出的。ID3 算法通过使用信息增益(information gain)选择测试属性。这种度量称为属性选择度量或分裂的优良性度量。选择具有最高信息增益的属性作为当前节点的测试属性。ID3 的数学基础是信息熵和条件熵。而熵实际上就是系统信息量的加权平均。

定义 6.1 对于数据集 D,若对任意一个数据 d(d 属于 D)有 c 个不同取值选项,那么数据集 D 对于这 c 个状态的信息熵为

$$\text{Entropy}(D) = \sum_{i=1}^{c} - P_i \log_2 P_i$$

其中,P_i 是数据集中 D 取值为 i 的数据的比例。在 ID3 中,通常采用以 2 为底的对数。

定义 6.2 在概率论和信息论中,信息增益是非对称的,用以度量两种概率分布 P 和 Q 的差异。信息增益描述了当使用 Q 进行编码时再使用 P 进行编码的差异。通常 P 代表样本或观察值的分布,也有可能是精确计算的理论分布。Q 代表一种理论、模型、描述或者对 P 的近似。当它用于文本数据的特征选择时,衡量的是某个词的出现与否对判断一个文本是否属于某个类所提供的信息量,定义为某一特征在文本中出现前后的信息熵之差。信息增益的公式描述如下:

$$\text{InfGain}(w) = P(w) \sum_{i=1}^{|C|} P(c_i \mid w) \log_2 \frac{P(c_i \mid w)}{P(c_i)} + P(\bar{w}) \sum_{i=1}^{|C|} P(c_i \mid \bar{w}) \log_2 \frac{P(c_i \mid \bar{w})}{P(c_i)}$$

其中,$P(w)$ 是词 w 在文本中出现的概率;$P(c_i)$ 是 c_i 类文本在文本集中出现的概率;$P(c_i \mid w)$ 是文本包含词条 w 时属于 c_i 类的条件概率;$P(\bar{w})$ 是文本中不包含词条 w 的文本的概率;

$P(c_i|\overline{w})$是文本不包含词条 w 时属于 c_i 类的条件概率；$|C|$是类别总数。

任何一个决策树算法,其核心步骤都是为每一次分裂确定一个分裂属性,即究竟按照哪一个属性把当前数据集划分为若干个子集,从而形成若干个"树枝"。ID3 算法采用信息增益为度量选择分裂属性。哪个属性在分裂中产生的信息增益最大,就选择该属性作为分裂属性。那么什么是信息增益呢? 这需要首先了解"熵"这个概念。熵是数据集中的不确定性、突发性或随机性的程度的度量。当一个数据集中的记录全部属于同一类的时候,则没有不确定性,这种情况下的熵为 0。决策树分类的基本原则是,数据集被分裂为若干个子集后,要使每个子集中的数据尽可能"纯",也就是说子集中的记录要尽可能属于同一个类别。如果套用熵的概念,即要使分裂后各子集的熵尽可能小。

ID3 算法步骤如下:

(1) 创建根节点。

(2) 根节点数据集为初始数据集。

(3) 根节点属性集包括全体属性。

(4) 当前节点指向根节点。

(5) 在当前节点的属性集和数据集上,计算所有属性的信息增益。

(6) 选择信息增益最大的属性作为当前节点的决策属性 A。

(7) 如果当前最大信息增益小于或等于 0,则当前节点是叶子节点,标定其类别,并标记该节点已处理。执行步骤(14),否则执行步骤(8)。

(8) 对属性 A 的每一个可能值生成一个新节点。

(9) 把当前节点作为新节点的父节点。

(10) 从当前节点数据集中选择属性 A 等于某值的数据,作为该值对应新节点的数据集。

(11) 从当前节点属性集中去除属性 A,然后作为新节点的属性集。

(12) 如果新节点数据集或者属性集为空,则该新节点是叶子节点,标定其类别,并标记该节点已处理。

(13) 标记当前节点已处理。

(14) 令当前节点指向一个未处理节点。如果无未处理节点,则算法结束,否则执行步骤(5)。

例 6.2 表 6.1 是一个顾客买车意向的训练集。

表 6.1 顾客买车意向统计

sample	age	income	health	buy
1	<30	<3000	good	no
2	<30	<3000	bad	no
3	<30	≥3000	bad	yes
4	<30	≥3000	good	yes
5	30~60	<3000	good	yes
6	30~60	≥3000	good	yes
7	30~60	≥3000	bad	yes
8	>60	<3000	good	yes
9	>60	<3000	bad	no
10	>60	≥3000	bad	no

根据表 6.1,首先计算最大信息熵如下:

$$\text{Entropy}(D) = -\frac{6}{10} \times \log_2 \frac{6}{10} - \frac{4}{10} \times \log_2 \frac{4}{10} = 0.9710$$

然后计算每个属性的熵。对于属性 age,有 3 种取值,即 3 个子集,这样可以计算按照属性 age 得到的熵为

$$\text{Entropy}(\text{age}) = \frac{4}{10}\left(-\frac{2}{4} \times \log_2 \frac{2}{4} - \frac{2}{4} \times \log_2 \frac{2}{4}\right) + \frac{3}{10}\left(-\frac{3}{3} \times \log_2 \frac{3}{3}\right)$$
$$+ \frac{3}{10}\left(-\frac{1}{3} \times \log_2 \frac{1}{3} - \frac{2}{3} \times \log_2 \frac{2}{3}\right) = 0.6755$$

信息增益为

$$\text{InfGain}(\text{age}) = \text{Entropy}(D) - \text{Entropy}(\text{age}) = 0.2955$$

类似地,可以得到其余两个属性的信息增益:

$$\text{InfGain}(\text{income}) = 0.1246$$
$$\text{InfGain}(\text{health}) = 0.1246$$

由此可知,age 的信息增益值最高,故选之为测试属性。

从图 6.10 可知,分支 30~60 的样本都属于同一类,因此该分支节点为一个叶节点,然后对另外两个节点子集进行属性选择,创建分支(方法同上),直至分支节点全部为叶节点。

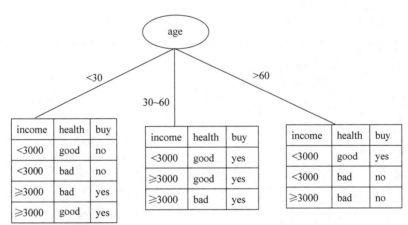

图 6.10　基于信息增益生成的决策树

6.5　类比学习

机械学习是一种单纯依靠记忆学习材料,而避免去理解其复杂内部和主题推论的学习方法。平时一般称为死记、死背或死记硬背。美国心理学家奥苏伯尔(D. P. AuSubel)提出与机械学习相对的有意义学习概念,指符号所代表的新知识与学习者认知结构中已有的知识建立非实质性的和人为的联系。这个理念也可以被描述为类比学习,这是一种很重要、很有效的学习方法。运用类比,可迅速把新旧知识进行对比、联系,可迅速发现同中的异,更加清晰地理解知识;找出异中的同,构建知识网络。在日常生活中,类比现象是普遍存在的,

它是寻找类似事物并加以比较的一个过程,是一种重要的认知方法,是认识新事物的一种有效的思维方式。

6.5.1 类比学习的基本过程

类比学习的基本过程如下:

(1) 搜索匹配。当给定一个新问题时,首先搜索与之相似的已知规则。找出的规则可能不唯一,此时可以依据其相似度从高到低进行排序。

(2) 选择规则。在(1)中可能存在不唯一的相似规则,此时选择最为相似的有关规则。相似度越高,越有利于提高推理的可靠性。

(3) 建立对应的关系。该过程是将(2)得到的最相似规则与当前的问题之间建立相似元素的对应关系,并建立相应的映射。

(4) 更新知识库。求解出新问题解之后,将此新问题及其解放入知识库。

6.5.2 属性类比学习

属性类比学习是根据两个相似事物的属性实现类比学习。在该学习系统中,采用框架来表示事物,其中,已知事物的框架称为源框架,目标事物的框架称为目标框架;使用框架的槽来表示事物的属性。该学习过程是把源框架中的某些槽值传递到目标框架的相应槽中去。该传递过程通常分为两步:

(1) 利用源框架产生若干个候选槽。

候选槽是指其值有可能传递给目标框架的槽。选择候选槽可用如下启发式规则:

- 选用那些用极值填写的槽。
- 选用那些确认为重要的槽。
- 选用那些目标框架中没有的槽。
- 选用那些目标框架中没有相应槽值的槽。
- 选用源框架中的所有槽。

选择候选框架的过程是相继使用以上几条启发式规则,直至找到一组相似槽为止。

(2) 利用目标框架中的已有信息来筛选由(1)推荐的相似性。

选出一组候选框架之后,还必须用目标框架中的已有知识对这组候选框架进行筛选。筛选时所使用的启发式规则如下:

- 选择在目标框架中尚未填入的槽。
- 选择在目标框架中为"典型"实例的槽。
- 若上一步无槽可选,则选那些与目标有密切关系的槽。
- 若仍无槽可选,则选那些与目标中的槽相似的槽。
- 若仍无槽可选,则选那些与目标框架有密切关系的槽。

完成以上的选择后,可得到一组槽值,再把这组槽值分别填入目标框架的相应槽中,就实现了源框架的某些槽值向目标框架的传递。

6.5.3 转换类比学习

转换类比学习方法是基于"中间—结局分析"法发展起来的,是纽厄尔(Newell)、西蒙

(Simon)等人在其完成的通用问题求解程序(General Problem Solver,GPS)中提出的一种问题求解模型。其求解问题的基本过程如下：

(1) 把问题的当前状态与目标状态进行比较,找出它们之间的差异。

(2) 根据(1)所得到的差异找出一个可减少差异的算符。

(3) 若该算符可以作用于当前状态,则该算符把当前状态改变为另一个更接近目标的状态；若该算符不能作用于当前状态,即当前状态所具备的条件与算符要求的条件不一致,则保留当前状态,并生成一个子问题,然后对此子问题用此法。

(4) 当子问题被求解以后,恢复保留的状态,继续处理原问题。

转换类比学习方法由外部环境获得与类比有关的信息,学习系统找出与新问题相似的旧问题的有关知识,对这些知识进行转换,使之适用于新问题,从而获得新的知识。它主要由回忆过程和转换过程两个过程组成。

回忆过程用于寻找新旧问题的差别,具体准则如下：

• 新旧问题初始状态的差别。

• 新旧问题目标状态的差别。

• 新旧问题路径约束的差别。

• 新旧问题求解问题可应用度的差别。

根据以上准则,可以求出新旧问题的差别度,差别度越小,表示两者越相似。

转换过程是对旧问题的解进行适当的变换,使之成为求解新问题的求解方法。变换时,其初始状态是与新问题类似的旧问题的解,即一个算符序列,目标状态是新问题的解。变换中通过中间—结局分析法减少目标状态与初始状态之间的差异,使初始状态逐步过渡到目标状态,即求出新问题的解。

转换类比的过程如图 6.11 所示。

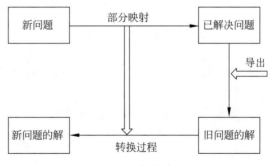

图 6.11　转换类比

当遇到新问题时,将新问题映射到原先已经解决的问题中,如果部分映射,并且从已解决问题中可以引导出解决新问题的方法,则在该方法的基础上通过匹配和转换得到新问题的解决方法。

6.5.4　派生类比学习

遇到新问题,将新问题映射到原问题中,在原有问题的基础上抽象出解决方法；同时,新问题又能重新引导出另一个原先已解决的问题,即派生出另一个问题,而又能从该问题中得出新的解决方法,此时便可以类比两个已解决的问题的解决方法,找出相似之处,得出新问题的解决方法。派生类比的过程如图 6.12 所示。

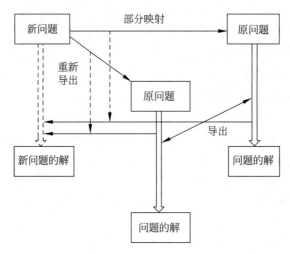

图 6.12　派生类比

6.5.5　联想类比学习

联想类比学习是把已知领域(源系统)的知识联想到未知领域(目标系统)的类比方法,是一种综合的类比推理方法。

联想类比条件:

- 同构相似联想。
- 同态相似联想。
- 接近联想。
- 对比联想。
- 模糊联想。

类比学习法按原理可分为直接类比、拟人类比、象征类比、幻想类比、因果类比、对称类比、仿生类比和综合类比 8 种。

(1) 直接类比。是从自然界或者人为成果中直接寻找出与创意对象相类似的东西或事物,进行类比创意。例如,鲁班发明锯子,是从带齿的草叶把人手划破和长有齿的蝗虫板牙能咬断青草获得直接类比实现的。

(2) 拟人类比。使创意对象“拟人化”,这种类比就是创意者使自己与创意对象的某种要素认同、一致,自我进入“角色”,体现问题,产生共鸣,以获得创意。例如,凯库勒梦见一条蛇咬住自己的尾巴,由此提出了苯分子环状结构理论。

(3) 象征类比。是一种借助事物形象或象征符号表示某种抽象概念或情感的类比。例如,麦克斯韦用数学公式表示出了法拉第的电磁变化理论。

(4) 幻想类比。是在创意思维中用超现实的理想、梦幻或完美的事物类比创意对象的创意思维法。例如,在凡尔纳的小说中有霓虹灯、可移动的人行道、空调机、摩天大楼、坦克、电子操纵潜艇、导弹,在 20 世纪,这些东西都成为现实。

(5) 因果类比。两个事物之间可能存在同一种因果关系。例如,在合成树脂中加入发泡剂,可得到质轻、隔热和隔音性能良好的泡沫塑料,于是有人就用这种因果关系,在水泥中加入一种发泡剂,结果发明了既质轻又隔热、隔音的气泡混凝土。

(6) 对称类比。自然界和人造物中有许多事物或东西都有对称的特点。例如,物理学家狄拉克从描述自由电子运动的方程中得出正负对称的两个能量解。知道了电荷正负的对称性,狄拉克又从对称类比中提出了存在正电子的对称解,其结果被实践证实。

(7) 仿生类比。人在创意、创造活动中,常将生物的某些特性运用到创意、创造上。例如,仿鸟类展翅飞翔,造出了具有机翼的飞机。

(8) 综合类比。事物属性之间的关系虽然很复杂,但可以综合它们相似的特征进行类比。例如,设计一架飞机,先做一个模型放在风洞中进行模拟飞行实验,就是综合了飞机飞行中的许多特征进行类比。

历史上,许多重大的科学发现、技术发明和文学艺术创作是运用类比创意技法的硕果。在科学领域,惠更斯提出的光的波动说就是与水的波动、声的波动类比而发现的;欧姆将其对电的研究和傅里叶关于热的研究加以类比,建立了欧姆定律;医生詹纳发现种牛痘可以预防天花,是受到挤牛奶女工感染牛痘而不患天花的启示,等等。在技术领域,控制论创始人维纳通过类比把人的行为、目的等引入机器,又把通信工程信息和自动控制工程的反馈概念引入活的有机体,从而创立了控制论;皮卡尔父子利用平流层理论先设计平流层气球飞过 15 690m 高空,又通过类比设计出世界上下潜深度最大的深潜器,下潜深度达到 19 168m;而仿生学的迅猛发展更说明了类比学习的重要性。

6.6 解释学习

1983 年,美国伊利诺伊大学的 Dejong 提出了解释学习,3 年后由米切尔等人又提出了基于解释的概括化的统一框架,即通过运用相关的领域知识,对当前的一个实例进行分析,构造解释结构,然后对该解释结构进行概括化,得到相应知识的一般性描述。

1. 解释学习的基本原理

这里主要讨论米切尔等人提出的解释泛化学习方法。其框架的一般性描述如下。

已知:目标概念、训练实例、领域理论和操作性准则。

求出:满足操作性准则的关于目标概念的充分条件的概念描述。

其中,目标概念是需要学习的概念;学习实例是为学习系统提供的一个实例,在学习系统中有着很重要的作用,它应能充分说明目标概念;领域理论是指相关领域的事实与规则,在学习系统中作为背景知识;操作性准则用于指导学习系统对用来描述目标的概念进行取舍等,使得通过学习产生的关于目标概念的一般性描述成为便于以后使用的一般性知识。

2. 解释学习的基本过程

从以上框架可知,解释学习的一般过程可以分为构造解释结构和获取一般性知识描述两个步骤。

(1) 主要解释提供给系统的实例为什么是满足目标概念的一个实例。当用户输入实例后,系统首先进行问题求解,从目标开始方向推理,通过领域知识获得目标匹配,有了解释的结果,便得到了一个解释结构。

例 6.3 假设要学习的目标是"一个物体 a 可以安全地放置在另一个物体 b 的上面",即目标概念为

$$\text{Safe-to-Stack}(a,b)$$

首先对学习的目标概念进行逻辑描述:

$\text{On}(\text{obj}_1,\text{obj}_2)$	物体 1 在物体 2 的上面
$\text{Is-a}(\text{obj}_1,\text{book})$	物体 1 是书
$\text{Is-a}(\text{obj}_2,\text{table})$	物体 2 是桌子
$\text{Volume}(\text{obj}_1,1)$	物体 1 的体积是 1
$\text{Density}(\text{obj}_1,0.1)$	物体 1 的密度是 0.1

领域知识是把一个物体安全地放置在另一个物体上面的准则:

$\neg\text{Fragile}(b)\rightarrow\text{Safe-to-stack}(a,b)$ 表示如果 b 不是易碎的,则 a 可以安全地放到 b 的上面;$\text{Lighter}(a,b)\rightarrow\text{Safe-to-stack}(a,b)$ 表示如果 a 比 b 轻,则 a 可以安全地放到 b 的上面;$\text{Volume}(p,v)\wedge\text{Density}(p,d)\wedge\text{Product}(v,d,w)\rightarrow\text{Weight}(p,w)$ 表示如果 p 的体积是 v,密度是 d,v 乘以 d 的积是 w,则 p 的重量是 w;$\text{Is-a}(p,\text{table})\rightarrow\text{Weight}(p,5)$ 表示如果 p 是桌子,则 p 的重量是 5;$\text{Weight}(p_1,w_1)\wedge\text{Weight}(p_2,w_2)\wedge\text{Smaller}(w_1,w_2)\rightarrow\text{Lighter}(p_1,p_2)$ 表示如果 p_1 的重量是 w_1,p_2 的重量是 w_2,w_1 比 w_2 小,则 p_1 比 p_2 轻。

其证明过程是一个由目标引导的逆向推理,这样我们最终可以得到一个解释树,树的结构如图 6.13 所示。

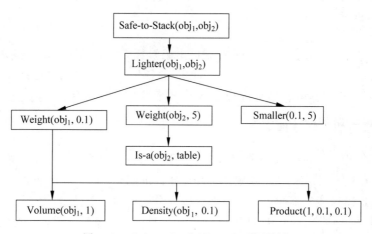

图 6.13 Safe-to-Stack(obj_1,obj_2)解释树

(2)主要是从(1)所得到的解释结构进行一般性知识描述。这样的过程实际上是将特殊问题抽象化的过程。根据以上事例所得到的概括性解释结构如图 6.14 所示。由此将一般化解释结构的所有叶节点合取作为前件,以顶点的目标概念为后件,略去解释结构的中间部件,生成如下一般性知识:

$$\text{Volume}(O_1,v_1)\wedge\text{Density}(O_1,d_1)\wedge\text{Product}(v_1,d_1,w_1)$$
$$\wedge\text{Is-a}(O_2,\text{table})\wedge\text{Smaller}(w_1,5)\rightarrow\text{Safe-to-stack}(O_1,O_2)$$

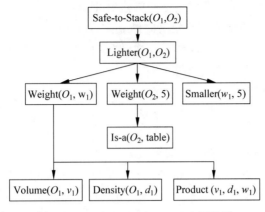

图 6.14　Safe-to-Stack(O_1,O_2)解释树

6.7　神经学习

神经学习是一种基于人工神经网络的学习方法。神经学习主要是神经网络的训练过程,其主要表现为联结权值的调整。本节主要讨论感知器学习、BP 网络学习和 Hopfield 网络学习。

6.7.1　感知器学习

感知器模型由美国学者 F. Rosenblat 于 1957 年提出,是一种早期的神经网络模型,感知器模型中第一次引入了学习的概念,也就是说,可以用基于符号处理的数学方法模拟人脑所具备的学习功能。根据网络中所拥有的计算节点的层数,将其分为单层感知器和多层感知器。本节主要讨论单层感知器学习模型。

1. 单层感知器学习算法思想

单层感知器学习基于迭代的思想,通常采用误差校正学习规则的学习算法,其主要思想是利用神经网络的期望输出与实际输出之间的偏差作为联结权值和阈值调整的参考。

设 $X(n)$ 和 $W(n)$ 分别表示学习算法在第 n 次迭代时输入向量和权值向量,通常,可以将阈值作为神经元权值向量 $W(n)$ 的第一个分量加到权值向量中,也可以设置其值为 0,对应地把 -1 固定地作为输入向量 $X(n)$ 的第一个分量,这样输入向量和权值向量可分别写成如下的形式:

$$X(n)=(-1,x_1(n),x_2(n),\cdots,x_m(n)), \qquad x_0(n)=-1$$
$$W(n)=(\theta(n),w_1(n),w_2(n),\cdots,w_m(n)), \quad w_0(n)=\theta(n)$$

定义如下激活函数:

$$f(x)=\begin{cases} +1, & x \in A \\ -1, & x \notin A \end{cases}$$

下面给出单层感知器学习算法描述:

(1) 设置变量和参数。$f(x)$ 为激活函数,$y(n)$ 为网络实际输出,$d(n)$ 为期望输出,η 为学习速率,n 为迭代次数,e 为实际输出与期望输出的误差。

(2) 初始化联结权值和阈值。给权值向量 $w_i(0)(i=0,1,2,\cdots,m)$ 分别赋一个较小的非零随机数作为初值。其中,$w_i(0)$ 是第 0 次迭代时输入向量中第 i 个输入的连接权值,$\theta(0)$ 是第 0 次迭代时输出节点的阈值。

(3) 输入一组新的样本 $X(n)=(-1,x_1(n),x_2(n),\cdots,x_m(n))$,并给出期望输出 $d(n)$。

(4) 计算网络的实际输出:$y(n)=f\left(\sum\limits_{i=1}^{m}w_i(n)x_i(n)-\theta(n)\right)$。

(5) 计算期望输出与实际输出差:$e=d(n)-y(n)$。

(6) 判断当前误差是否满足终止条件。若满足,则算法结束;否则,将 n 值加 1,并用下式调整权值:$w_i(n+1)=w_i(n)+\eta[d(n)-y(n)]x_i(n)$,然后转步骤(3)。

2. 单层感知器学习算法实例

例 6.4 用单层感知器实现逻辑与运算。

解:逻辑与的真值如表 6.2 所示,其问题转换如图 6.15 所示。

表 6.2 逻辑与真值表

X_1	X_2	Y
0	0	0
0	1	0
1	0	0
1	1	1

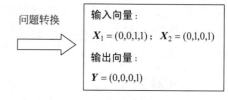

问题转换 $\Rightarrow$

输入向量:
$X_1=(0,0,1,1)$; $X_2=(0,1,0,1)$
输出向量:
$Y=(0,0,0,1)$

图 6.15 问题转换

设初始联结权值、阈值以及学习速率取值如下:
$$w_1(0)=0.4,\quad w_2(0)=0.8,\quad \theta(0)=0.6,\quad \eta=0.4$$
算法的具体学习过程如下:

设两个输入为 $x_1(0)=0$ 和 $x_2(0)=0$,其期望输出为 $d(0)=0$,实际输出为
$$y(0)=f(w_1(0)x_1(0)+w_2(0)x_2(0)-\theta(0))$$
$$=f(0.4\times0+0.8\times0-0.6)=f(-0.6)=0$$

实际输出与期望输出相同,不需要调节权值。再取下一组输入:$x_1(0)=0$ 和 $x_2(0)=1$,期望输出 $d(0)=0$,实际输出为
$$y(0)=f(w_1(0)x_1(0)+w_2(0)x_2(0)-\theta(0))$$
$$=f(0.4\times0+0.8\times1-0.6)=f(0.2)=1$$

实际输出与期望输出不同,需要调节权值,其权值调整如下:
$$\theta(1)=\theta(0)+\eta(d(0)-y(0))\times(-1)=0.6+0.4\times(0-1)\times(-1)=1$$
$$w_1(1)=w_1(0)+\eta(d(0)-y(0))x_1(0)=0.4+0.4\times(0-1)\times0=0.5$$
$$w_2(1)=w_2(0)+\eta(d(0)-y(0))x_2(0)=0.8+0.4\times(0-1)\times1=0.4$$

取下一组输入:$x_1(1)=1$ 和 $x_2(1)=0$,其期望输出为 $d(1)=0$,实际输出为
$$y(1)=f(w_1(1)x_1(1)+w_2(1)x_2(1)-\theta(1))$$
$$=f(0.5\times1+0.4\times0-1)=f(-0.5)=0$$

实际输出与期望输出相同,不需要调节权值。再取下一组输入:$x_1(1)=1$ 和 $x_2(1)=1$,

其期望输出为 $d(1)=1$，实际输出为

$$y(1)=f(w_1(1)x_1(1)+w_2(1)x_2(1)-\theta(1))$$
$$=f(0.5\times1+0.4\times1-1)=f(-0.1)=0$$

实际输出与期望输出不同，需要调节权值，其权值调整如下：

$$\theta(2)=\theta(1)+\eta(d(1)-y(1))\times(-1)=1+0.4\times(1-0)\times(-1)=0.6$$
$$w_1(2)=w_1(1)+\eta(d(1)-y(1))x_1(1)=0.5+0.4\times(1-0)\times1=0.9$$
$$w_2(2)=w_2(1)+\eta(d(1)-y(1))x_2(1)=0.4+0.4\times(1-0)\times1=0.8$$

取下一组输入：$x_1(2)=0$ 和 $x_2(2)=0$，其期望输出为 $d(2)=0$，实际输出为

$$y(2)=f(0.9\times0+0.8\times0-0.6)=f(-0.6)=0$$

实际输出与期望输出相同，不需要调节权值。

再取下一组输入：$x_1(2)=0$ 和 $x_2(2)=1$，期望输出为 $d(2)=0$，实际输出为

$$y(2)=f(0.9\times0+0.8\times1-0.6)=f(0.2)=1$$

实际输出与期望输出不同，需要调节权值，其调整如下：

$$\theta(3)=\theta(2)+\eta(d(2)-y(2))\times(-1)=0.6+0.4\times(0-1)\times(-1)=1$$
$$w_1(3)=w_1(2)+\eta(d(2)-y(2))x_1(2)=0.9+0.4\times(0-1)\times0=0.9$$
$$w_2(3)=w_2(2)+\eta(d(2)-y(2))x_2(2)=0.8+0.4\times(0-1)\times1=0.4$$

此时的阈值和联结权值满足结束条件，算法可以结束。

对此，可检验如下：

对输入"0 0"有，$\quad y=f(0.9\times0+0.4\times0-1)=f(-1)=0$

对输入"0 1"有，$\quad y=f(0.9\times0+0.4\times0.1-1)=f(-0.7)=0$

对输入"1 0"有，$\quad y=f(0.9\times1+0.4\times0-1)=f(-0.1)=0$

对输入"1 1"有，$\quad y=f(0.9\times1+0.4\times1-1)=f(0.3)=1$

6.7.2 反向传播网络学习

反向传播网络（Back-Propagation Network，BP 网络）学习算法也称误差反向传播算法，是由 Rumelhart 和 Meclelland 于 1985 年提出的，实现了明斯基的多层网络设想，解决了前馈神经网络的学习问题，即自动调整网络全部权值的问题。

BP 网络是将 W-H 学习规则一般化，对非线性可微分函数进行权值训练的多层网络。BP 网络是一种多层前向反馈神经网络，其神经元的变换函数是 S 形激活函数，因此输出量为 0～1 的连续量，它可以实现从输入到输出的任意非线性映射。

由于其权值的调整采用反向传播的学习算法，因此称为反向传播网络。

W-H 学习规则即 Widrow-Hoff 学习规则，是纠错学习规则的一种，于 1962 年由 Widrow 和 Hoff 提出，这种学习规则使神经元的期望输出与实际输出之间的平方差最小，因此也称为最小均方差（Least Mean Square，LMS）学习规则。

BP 网络主要用于以下方面：

（1）函数逼近。用输入向量和相应的输出向量训练一个网络逼近一个函数。

（2）模式识别。用一个特定的输出向量将它与输入向量联系起来。

（3）分类。把输入向量以所定义的合适方式进行分类。

（4）数据压缩。减少输出向量维数以便于传输或存储。

1. BP 网络模型与结构

神经网络模型与结构如图 6.16 所示。

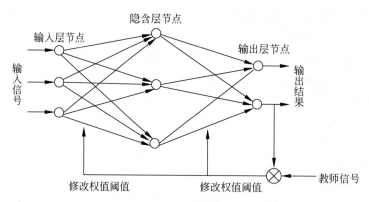

图 6.16　三层 BP 神经网络结构

　　BP 网络具有一个或多个隐含层,除了在多层网络上与前面已介绍过的模型有不同外,其主要差别也体现在激活函数上。

　　BP 网络的激活函数必须是处处可微的,所以它不采用二值型的阈值函数{0,1}或符号函数{−1,1},BP 网络经常使用的是 S 形激活函数或正切激活函数或线性函数,如图 6.17所示。

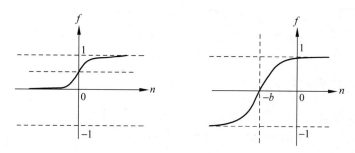

图 6.17　BP 网络 S 形激活函数

　　因为 S 形激活函数具有非线性放大系数功能,它可以把输入从负无穷大到正无穷大的信号变换成−1～1 的输出,对较大的输入信号,放大系数较小;而对较小的输入信号,放大系数则较大,所以采用 S 形激活函数可以处理和逼近非线性的输入输出关系。

　　只有当希望对网络的输出进行限制,如限制为 0～1,那么在输出层应当包含 S 形激活函数,在一般情况下,均是在隐含层采用 S 形激活函数,而输出层采用线性激活函数。

　　BP 网络的特点如下:

　　(1) 输入和输出是并行的模拟量。

　　(2) 网络的输入输出关系由各层连接的权因子决定,没有固定的算法。

　　(3) 权因子是通过学习信号调节的,因此学习越多,网络越聪明。

　　(4) 隐含层越多,网络输出精度越高,且个别权因子的损坏越不容易对网络输出产生大的影响。

2. BP 学习规则

BP 算法属于 δ 算法,是一种监督式的学习算法。其主要思想为：对于 q 个输入学习样本 $P_1,P_2,\cdots,P_q$,已知与其对应的输出样本为 $T_1,T_2,\cdots,T_q$。学习的目的是用网络的实际输出 $A_1,A_2,\cdots,A_q$,与目标向量 $T_1,T_2,\cdots,T_q$ 之间的误差修改其权值,使 $A_l(l=1,2,\cdots,q)$ 与期望的 T_l 尽可能地接近,即,使网络输出层的误差平方和达到最小。

BP 算法由两部分组成：信息的正向传递与误差的反向传播。在正向传递过程中,输入信息从输入经隐含层逐层计算传向输出层,每一层神经元的状态只影响下一层神经元的状态。如果在输出层没有得到期望的输出,则计算输出层的误差变化值,然后转向反向传播,通过网络将误差信号沿原来的连接通路反传回来,修改各层神经元的权值,直至达到期望目标。

图 6.18 中,$k=1,2,\cdots,s_2$,$i=1,2,\cdots,s_1$,$j=1,2,\cdots,r$。

设输入为 P,输入神经元有 r 个,隐含层内有 s_1 个神经元,激活函数为 F_1,输出层内有 s_2 个神经元,对应的激活函数为 F_2,输出为 A,目标向量为 T。

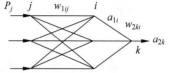

图 6.18　具有一个隐含层的简化网络图

3. 信息的正向传递

(1) 隐含层中第 i 个神经元的输出为

$$a_{1i}=f_1\left(\sum_{j=1}^{r}w_{1ij}p_j+b_{1i}\right),\quad i=1,2,\cdots,s_1$$

(2) 输出层第 k 个神经元的输出为

$$a_{2k}=f_2\left(\sum_{i=1}^{s_1}w_{2ki}a_{1i}+b_{2k}\right),\quad k=1,2,\cdots,s_2$$

(3) 定义误差函数为

$$E(W,B)=\frac{1}{2}\sum_{k=1}^{s_2}(t_k-a_{2k})^2$$

4. 利用梯度下降法求权值变化及误差的反向传播

1) 输出层的权值变化

对从第 i 个输入到第 k 个输出的权值有

$$\Delta w_{2ki}=-\eta\frac{\partial E}{\partial w_{2ki}}=-\eta\frac{\partial E}{\partial a_{2k}}\times\frac{\partial a_{2k}}{\partial w_{2ki}}=\eta(t_k-a_{2k})f_2'$$

其中:

$$\delta_{ki}=(t_k-a_{2k})=e_kf_2'$$
$$e_k=t_k-a_{2k}$$

同理可得

$$\Delta b_{2ki}=-\eta\frac{\partial E}{\partial b_{2ki}}=-\eta\frac{\partial E}{\partial a_{2k}}\times\frac{\partial a_{2k}}{\partial b_{2ki}}$$

$$= \eta(t_k - a_{2k})f'_2 = \eta\delta_{ki}$$

2）隐含层权值变化

对从第 j 个输入到第 i 个输出的权值,有

$$\Delta w_{1ij} = -\eta\frac{\partial E}{\partial w_{1ij}} = -\eta\frac{\partial E}{\partial a_{2k}} \times \frac{\partial a_{2k}}{\partial a_{1i}} \times \frac{\partial a_{1i}}{\partial w_{1ij}}$$

$$= \eta\sum_{k=1}^{s_2}(t_k - a_{2k})f'_2 w_{2ki} f'_1 p_j = \eta\delta_{ij}p_j$$

其中：

$$\delta_{ij} = e_i f'_1, \quad e_i = \sum_{k=1}^{s_2}\delta_{ki}w_{2ki}$$

同理可得

$$\Delta b_{1i} = \eta\delta_{ij}$$

5. 误差反向传播的流程图与图形解释

误差反向传播过程实际上是通过计算输出层的误差 e_k,然后将其与输出层激活函数的一阶导数 f'_2 相乘来求得 δ_{ki}。由于隐含层中没有直接给出目标向量,所以利用输出层的 δ_{ki} 反向传递来求出隐含层权值的变化量 Δw_{2ki}。然后计算 $e_i = \sum_{k=1}^{s_2}\delta_{ki}w_{2ki}$,并同样通过将 e_i 与该层激活函数的一阶导数 f'_1 相乘,而求得 δ_{ij},以此求出前层权值的变化量 Δw_{1ij}。如果前面还有隐含层,沿用上述同样方法以此类推,一直将输出误差 e_k 一层一层地反推算到第一层。误差反向传播法的图形解释如图 6.19 所示。

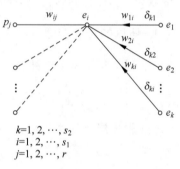

图 6.19 误差反向传播法的图形解释

6. BP 网络的训练过程

为了训练一个 BP 网络,需要计算网络加权输入向量以及网络输出和误差向量,然后求得误差平方和。当所训练矢量的误差平方和小于误差目标时,训练则停止;否则在输出层计算误差变化,且采用反向传播学习规则调整权值,并重复此过程。当网络完成训练后,对网络输入一个不是训练集合中的矢量,网络将以泛化方式给出输出结果。为了能够较好地掌握 BP 网络的训练过程,下面以两层网络为例叙述 BP 网络的训练步骤。

（1）用小的随机数对每一层的权值 W 和偏差 B 初始化,以保证网络不被大的加权输入饱和,并进行以下参数的设定或初始化：

① 期望误差最小值 error_goal。

② 最大循环次数 max_epoch。

③ 修正权值的学习速率 lr,一般情况下 $k = 0.01 \sim 0.7$。

④ 从 1 开始的循环训练：for epoch＝1：max_epoch。

（2）计算网络各层输出矢量 A_1 和 A_2 以及网络误差 E：

$$A_1 = \text{tansig}(W_1 * P, B_1)$$

$$A_2 = \text{purelin}(W_2 * A_1, B_2)$$

$$E = T - A$$

（3）计算各层反传的误差变化 D_2 和 D_1，并计算各层权值的修正值及新权值：

$$D_2 = \text{deltalin}(A_2, E)$$

$$D_1 = \text{deltatan}(A_1, D_2, W_2)$$

$$[\text{d}W_1, \text{d}B_1] = \text{learnbp}(P, D_1, \text{lr})$$

$$[\text{d}W_2, \text{d}B_2] = \text{learnbp}(A_1, D_2, \text{lr})$$

$$W_1 = W_1 + \text{d}W_1; \quad B_1 = B_1 + \text{d}B_1$$

$$W_2 = W_2 + \text{d}W_2; \quad B_2 = B_2 + \text{d}B_2$$

（4）再次计算权值修正后误差平方和：

$$\text{SSE} = \text{sumsqr}(T - \text{purelin}(W_2 * \text{tansig}(W_1 * P, B_1), B_2))$$

（5）检查 SSE 是否小于 err_goal，若是，训练结束；否则继续。

以上所有的学习规则与训练的全过程仍然可以用函数 trainbp. m 完成。它的使用同样只需要定义有关参数：显示间隔次数、最大循环次数、目标误差及学习速率，而调用后返回训练权值、循环总数和最终误差：

$$\text{TP} = [\text{disp\_freq max\_epoch err\_goal lr}]$$

$$[W, B, \text{epochs}, \text{errors}] = \text{trainbp}(W, B', F', P, T, \text{TP})$$

例如，有 21 组单输入向量和相对应的目标向量，试设计神经网络实现这对数组的函数关系。

$P = -1:0.1:1$

$T = [$ -0.96 $\quad$ 0.577 $\quad$ -0.0729 $\quad$ 0.377 $\quad$ 0.641 $\quad$ 0.66 $\quad$ 0.461

$\qquad$ 0.1336 $\quad$ -0.201 $\quad$ -0.434 $\quad$ -0.5 $\quad$ -0.393 $\quad$ -0.1647 $\quad$ 0.0988

$\qquad$ 0.3072 $\quad$ 0.396 $\quad$ 0.3449 $\quad$ 0.1816 $\quad$ -0.0312 $\quad$ -0.2183 $\quad$ $-0.3201]$

测试集：

$P_2 = -1:0.025:1$

泛化性能：使网络平滑地学习函数，使网络能够合理地响应被训练以外的输入。

需要注意的是，泛化性能只对被训练的输入输出对最大值范围内的数据有效，即网络具有内插值性，不具有外插值性。超出最大训练值的输入必将产生大的输出误差。

6.7.3 Hopfield 网络学习

Hopfield 网络学习的过程实际上是一个从网络初始状态向其稳定状态过渡的过程。为了描述 Hopfield 网络的稳定性，本节首先介绍 Hopfield 网络的能量函数。

1. Hopfield 网络的能量函数

离散 Hopfield 网络的能量函数可定义为

$$E = -\frac{1}{2}\sum_{i=1}^{n}\sum_{\substack{j=1\\j\neq i}}^{n}w_{ij}v_i v_j + \sum_{i=1}^{n}\theta_i v_i$$

式中，n 是网络中的神经元个数；w_{ij} 是第 i 个神经元和第 j 个神经元之间的连接权值，且有 $w_{ij}=w_{ji}$；v_i 和 v_j 分别是第 i 个神经元和第 j 个神经元的输出；θ_i 是第 i 个神经元的阈值。可见，无论神经元的状态由 0 变为 1 还是由 1 变为 0，都总有 $\Delta E<0$。它说明离散 Hopfield 网络在运行中，其能量函数总是在不断降低，最终将趋于稳定状态。

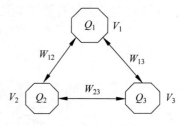

图 6.20　有 3 个节点的
Hopfield 网络

例 6.5　图 6.20 为 3 个节点的 Hopfield 网络，若给定的初始状态为 $V_0=\{1,0,1\}$，各节点之间的联结权值为

$$w_{12}=w_{21}=1,\quad w_{13}=w_{31}=-2,\quad w_{23}=w_{32}=3$$

各节点的阈值为

$$\theta_1=-1,\quad \theta_2=2,\quad \theta_3=1$$

请计算在此状态下的网络能量。

解：
$$
\begin{aligned}
E &= -\frac{1}{2}(w_{12}v_1 v_2 + w_{13}v_1 v_3 + w_{21}v_2 v_1 + w_{23}v_2 v_3 + w_{31}v_3 v_1 + w_{32}v_3 v_2)\\
&\quad + \theta_1 v_1 + \theta_2 v_2 + \theta_3 v_3\\
&= -(w_{12}v_1 v_2 + w_{13}v_1 v_3 + w_{23}v_2 v_3) + \theta_1 v_1 + \theta_2 v_2 + \theta_3 v_3\\
&= -(1\times1\times0 + (-2)\times1\times1 + 3\times0\times1) + (-1)\times1 + 2\times0 + 1\times1\\
&= 2
\end{aligned}
$$

2. Hopfield 网络学习算法

(1) 设置互连权值：

$$w_{ij}=\begin{cases}\displaystyle\sum_{s=1}^{m}x_i^s x_j^s, & i\neq j\\[2mm] 0, & i=j\end{cases}$$

其中，x_i^s 为 s 类样例(即记忆模式)的第 i 个分量，它可以为 1 或 0，样例类别数为 m，节点数为 n。

(2) 对未知类别的样例初始化：

$$y_i(t)=x_i,\quad 1\leqslant i\leqslant n$$

其中，$y_i(t)$ 为节点 i 时刻 t 的输出，$y_i(0)$ 是节点的初值；x_i 为输入样本的第 i 个分量。

(3) 迭代运算：

$$y_i(t+1)=f\left(\sum_{i=0}^{n-1}w_{ij}y_i(t)\right),\quad 1\leqslant j\leqslant n-1$$

其中，函数 f 为阈值型。重复这一步骤，直到新的迭代不能再改变节点的输出，即收敛为止。这时，各节点的输出与输入样例达到最佳匹配。否则转(2)继续。

Hopfield 算法流程如图 6.21 所示。

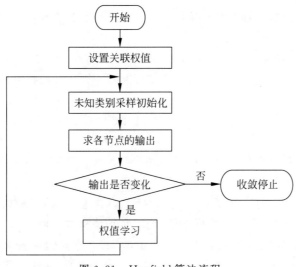

图 6.21 Hopfield 算法流程

6.8 贝叶斯学习

6.8.1 贝叶斯定理

贝叶斯定理用于解决以下问题:已知某条件概率,如何得到两个事件交换后的概率,也就是在已知 $P(A|B)$ 的情况下如何求得 $P(B|A)$。这里先解释什么是条件概率。

$P(A|B)$ 表示事件 B 已经发生的前提下事件 A 发生的概率,称为事件 B 发生的条件下事件 A 的条件概率。其基本求解公式为

$$P(A \mid B) = \frac{P(AB)}{P(B)}$$

贝叶斯定理之所以有用,是因为人们在生活中经常遇到这种情况:可以很容易直接得出 $P(A|B)$,$P(B|A)$ 则很难直接得出,但我们更关心 $P(B|A)$,贝叶斯定理打通了从 $P(A|B)$ 获得 $P(B|A)$ 的道路。

贝叶斯定理如下:

$$P(B \mid A) = \frac{P(A \mid B)P(B)}{P(A)}$$

式中,$P(B|A)$ 是后验概率,是在条件 A 发生的情况下 B 发生的概率;$P(H)$ 是先验概率,或称为 H 的先验概率,即不考虑其他的情况下 H 发生概率;$P(A|B)$ 和 $P(B|A)$ 一样,也是后验概率。

6.8.2 朴素贝叶斯分类算法

朴素贝叶斯分类算法是基于贝叶斯定理的,它的工作过程如下:

(1) 每个数据样本用一个 n 维特征向量 $\boldsymbol{X} = \{x_1, x_2, \cdots, x_n\}$ 表示,分别描述对 n 个属性 $A_1, A_2, \cdots, A_n$ 样本的 n 个度量。

(2) 假定有 m 个类 $C_1, C_2, \cdots, C_m$。给定一个未知的数据样本 $\boldsymbol{X}$(即没有类标号),分类

法将预测 $\boldsymbol{X}$ 属于具有最高后验概率(条件 $\boldsymbol{X}$ 下)的类,即,朴素贝叶斯分类将未知的样本分配给类 C_i,当且仅当

$$P(C_i \mid \boldsymbol{X}) > P(C_j \mid \boldsymbol{X}), \quad 1 \leqslant j \leqslant m, j \neq i$$

这样即最大化 $P(C_i \mid \boldsymbol{X})$。其 $P(C_i \mid \boldsymbol{X})$ 最大的类 C_i 称为最大后验假定。根据贝叶斯定理,有

$$P(C_i \mid \boldsymbol{X}) = \frac{P(\boldsymbol{X} \mid C_i)P(C_i)}{P(\boldsymbol{X})}$$

(3) 由于 $P(\boldsymbol{X})$ 对于所有类为常数,只需要 $P(\boldsymbol{X} \mid C_i)P(C_i)$ 最大即可。如果类的先验概率未知,则通常假定这些类是等概率的,即 $P(C_1) = P(C_2) = \cdots = P(C_m)$。并据此只对 $P(\boldsymbol{X} \mid C_i)$ 最大化。否则,最大化 $P(\boldsymbol{X} \mid C_i)P(C_i)$。注意,类的先验概率可以用 $P(C_i) = s_i/s$ 计算,其中 s_i 是类 C_i 中的训练样本数,而 s 是训练样本总数。

(4) 给定具有许多属性的数据集,计算 $P(\boldsymbol{X} \mid C_i)$ 的开销可能非常大。为降低计算 $P(\boldsymbol{X} \mid C_i)$ 的开销,可以作类条件独立的朴素假定。给定样本的类标号,假定属性值相互条件独立,即在属性间不存在依赖关系。这样,$P(\boldsymbol{X} \mid C_i) = \prod_{k=1}^{n} P(x_k \mid C_i)$,概率 $P(x_1 \mid C_i)$,$P(x_2 \mid C_i), \cdots, P(x_n \mid C_i)$ 可以由训练样本估值,其中:

① 如果 A_k 是分类属性,则 $P(x_k \mid C_i) = s_{ik}/s_i$,其中 s_{ik} 是在属性 A_k 上具有值 x_k 的类 C_i 的样本数,而 s_i 是 C_i 中的训练样本数。

② 如果 A_k 是连续值属性,则通常假定该属性服从高斯分布,因而有

$$P(x_k \mid C_i) = g(x_k, \mu_{C_i}, \sigma_{C_i}) = \frac{1}{\sqrt{2\pi}\sigma_{C_i}} \mathrm{e}^{\frac{x_k \mu_{C_i}^2}{2\sigma_{C_i}^2}}$$

其中,给定类 C_i 的训练样本属性 A_k 的值,$g(x_k, \mu_{C_i}, \sigma_{C_i})$ 是属性 A_k 的高斯密度函数,而 μ_{C_i}、σ_{C_i} 分别为平均值和标准差。

(5) 为对未知样本 $\boldsymbol{X}$ 分类,对每个类 C_i,计算 $P(\boldsymbol{X} \mid C_i)P(C_i)$。样本 $\boldsymbol{X}$ 被指派到类 C_i,当且仅当

$$P(\boldsymbol{X} \mid C_i)P(C_i) > P(\boldsymbol{X} \mid C_j)P(C_j), \quad 1 \leqslant j \leqslant m, j \neq i$$

换言之,$\boldsymbol{X}$ 被指派到其 $P(\boldsymbol{X} \mid C_i)P(C_i)$ 最大的类 C_i。

朴素贝叶斯分类算法的工作流程如图 6.22 所示:

可以看到,整个朴素贝叶斯分类算法分为 3 个阶段。

第一阶段——准备工作阶段。这个阶段的任务是为朴素贝叶斯分类做必要的准备,主要工作是根据具体情况确定特征属性,并对每个特征属性进行适当划分,然后由人工对一部分待分类项进行分类,形成训练样本集合。这一阶段的输入是所有待分类数据,输出是特征属性和训练样本。这一阶段是整个朴素贝叶斯分类中唯一需要人工完成的阶段,其质量对整个过程将有重要影响,分类器的质量很大程度上由特征属性、特征属性划分及训练样本质量决定。

第二阶段——分类器训练阶段。这个阶段的任务就是生成分类器,主要工作是计算每个类别在训练样本中的出现频率及每个特征属性划分对每个类别的条件概率估计,并将结果记录。其输入是特征属性和训练样本,输出是分类器。这一阶段是机械性阶段,根据前面讨论的公式可以由程序自动计算完成。

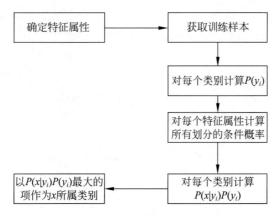

图 6.22 朴素贝叶斯分类算法流程图

第三阶段——应用阶段。这个阶段的任务是使用分类器对待分类项进行分类,其输入是分类器和待分类项,输出是待分类项与类别的映射关系。这一阶段也是机械性阶段,由程序完成。

例 6.6 购买计算机实例的数据集如表 6.3 所示。

```
Class:
  C1: buys_computer = "yes"
  C2: buys_computer = "no"
Data sample
  X = (age < = 30,
    Income = medium,
    student = yes,
    credit_rating = Fair)
```

表 6.3 购买计算机实例的数据集

age	income	student	credit_rating	buys_computer
≤30	high	no	fair	no
≤30	high	no	excellent	no
31~40	high	no	fair	yes
>40	medium	no	fair	yes
>40	low	yes	fair	yes
>40	low	yes	excellent	no
31~40	low	yes	excellent	yes
≤30	medium	no	fair	no
≤30	low	yes	fair	yes
>40	medium	yes	fair	yes
≤30	medium	yes	excellent	yes
31~40	medium	no	excellent	yes
31~40	high	yes	fair	yes
>40	medium	no	excellent	no

(1) 数据样本属性：

$$age, income, credit\_rating$$

(2) 类别属性

$$buys\_computer$$

$$y_1: buys\_computer = "yes"$$

$$y_2: buys\_computer = "no"$$

(3) 计算每个类的先验概率 $P(y_i)$：

$$P(y_1) = 9/14 = 0.643$$

$$P(y_2) = 5/14 = 0.357$$

(4) 计算每个特征属性对于每个类别的条件概率：

$$P(age \leqslant "30" | buys\_computer = "yes") = 2/9 = 0.222$$

$$P(income \leqslant "medium" | buys\_computer = "yes") = 4/9 = 0.444$$

$$P(student \leqslant "yes" | buys\_computer = "yes") = 6/9 = 0.667$$

$$P(credit\_rating \leqslant "fair" | buys\_computer = "yes") = 6/9 = 0.667$$

$$P(age \leqslant "30" | buys\_computer = "no") = 3/5 = 0.600$$

$$P(income \leqslant "medium" | buys\_computer = "no") = 2/5 = 0.400$$

$$P(student \leqslant "yes" | buys\_computer = "no") = 1/5 = 0.2$$

$$P(credit\_rating \leqslant "fair" | buys\_computer = "no") = 2/5 = 0.400$$

(5) 计算条件概率 $P(\boldsymbol{X}|y_i)$：

$$P(\boldsymbol{X} | buys\_computer = "yes") = 0.222 \times 0.444 \times 0.667 \times 0.667 = 0.044$$

$$P(\boldsymbol{X} | buys\_computer = "no") = 0.600 \times 0.400 \times 0.200 \times 0.400 = 0.019$$

(6) 计算对于每个类 y_i 的 $P(\boldsymbol{X}|y_i)P(y_i)$：

$$P(\boldsymbol{X} | buys\_computer = "yes")P(buys\_computer = "yes") = 0.044 \times 0.643 = 0.028$$

$$P(\boldsymbol{X} | buys\_computer = "no")P(buys\_computer = "no") = 0.019 \times 0.357 = 0.007$$

因此，对于样本 $\boldsymbol{X}$，朴素贝叶斯分类算法预测 buys_computer $=$ "yes"。

特别要注意的是：朴素贝叶斯分类算法的核心在于它假设向量的所有分量之间是独立的。

朴素贝叶斯分类算法的优点如下：

- 算法逻辑简单，易于实现。
- 分类过程中时空开销小。
- 算法稳定，对于不同的数据特点其分类性能差别不大，健壮性比较好。

6.9　在线机器学习

在线机器学习(online learning)是指每来一个样本，就利用迭代方法更新模型变量，使得当前的期望损失最小，因此需要及时处理收集的数据，并给出预测或建议结果，更新模型。现在的在线机器学习常用到逻辑回归(logistic regression)，在线机器学习算法中主要用到在线梯度下降(OGD)和随机梯度下降(SGD)。

在线机器学习在一个时间点只处理一个样本，处理完后便可丢弃，避免了重复使用同一个样本。但在线机器学习也有一个局限性，它很难产生真正稀疏的解。

下面介绍几种提升模型稀疏性的在线最优化求解算法,包括截断梯度法、前向后向切分算法、正则对偶平均算法、FTRL 算法。

6.9.1 截断梯度法

为了得到稀疏的特征权重 W,最简单的一个方式就是设定一个阈值,当 W 某纬度上系数小于这个阈值时将其设置为 0。这种方法简单,也易于实现,但在实际中(尤其是在 OGD 中),W 的某个系数比较小有可能是因为该维度训练不足而引起的,简单进行截断会造成这部分特征的丢失。

截断梯度法(Truncated Gradient,TG)是由 John Langford、Lihong Li 和 Tong Zhang 在 2009 年提出的,实际上是对简单截断的一种改进。下面首先描述 L1 正则化和简单截断的方法,然后再来看 TG 对简单截断的改进以及这 3 种方法在特定条件下的转化。

1. L1 正则化法

权重更新方式为

$$W^{(t+1)} = W^{(t)} - \eta^{(t)} G^{(t)} - \eta^{(t)} \lambda \, \mathrm{sgn}(W^{(t)})$$

注意,这里 $\lambda \in \mathbf{R}$ 是一个标量,且 $\lambda \geqslant 0$,为 L1 正则化参数。$\mathrm{sgn}(v)$ 为符号函数,如果 $\boldsymbol{V} = [v_1, v_2, \cdots, v_N] \in \mathbf{R}^N$ 是一个向量,v_i 是向量的一个维度,那么有

$$\mathrm{sgn}(V) = [\mathrm{sgn}(v_1), \mathrm{sgn}(v_2), \cdots, \mathrm{sgn}(v_N)] \in \mathbf{R}^N$$

$\eta^{(t)}$ 为学习率,通常将其设置为 $1/\sqrt{t}$ 的函数。$G^{(t)} = \nabla_w \ell(W^{(t)}, Z^{(t)})$ 代表了第 t 次迭代中损失的梯度。由于 OGD 每次仅根据观测到的一个样本进行权重更新,因此也不再使用区分样本的下标 j。

2. 简单截断法

简单截断法以 k 为窗口。当 t/k 不为整数时,采用标准的 SGD 迭代;当 t/k 为整数时,采用如下权重更新方式:

$$W^{(t+1)} = T_0(W^{(t)} - \eta^{(t)} G^{(t)}, \theta)$$

$$T_0(v_i, \theta) = \begin{cases} 0, & |v_i| \leqslant \theta \\ v_i, & \text{其他} \end{cases}$$

注意,其中 $\theta \in \mathbf{R}$ 是一个标量,且 $\theta \geqslant 0$;如果 $\boldsymbol{V} = [v_1, v_2, \cdots, v_N] \in \mathbf{R}^N$ 是一个向量,v_i 是向量的一个维度,那么有

$$T_0(v, \theta) = [T_0(v_1, \theta)], \quad T_0(v_2, \theta), \cdots, T_0(v_N, \theta) \in \mathbf{R}^N$$

3. 截断梯度法

截断梯度法是在简单截断法基础上的改进,同样是采用截断的方式,其权重更新方式为

$$W^{(t+1)} = T_1(w^{(t)} - \eta^{(t)} G^{(t)}, \eta^{(t)} \lambda^{(t)}, \theta)$$

$$T_1(v_i, a, \theta) = \begin{cases} \max(0, v_i - a), & v_i \in [0, \theta] \\ \min(0, v_i + a), & v_i \in [-\theta, 0] \\ v_i, & \text{其他} \end{cases}$$

其中 $\lambda^{(t)} \in \mathbf{R}$ 且 $\lambda^{(t)} \geqslant 0$。TG 同样是以 k 为窗口,每 k 步进行一次截断。当 t/k 不为整数时 $\lambda^{(t)} = 0$,当 t/k 为整数时 $\lambda^{(t)} = k\lambda$。λ 和 θ 决定了 W 的稀疏程度,这两个值越大,则稀疏性越强。尤其当令 $\lambda = \theta$ 时,只需要通过调节一个参数就能控制稀疏性。

根据阶段梯度法的权重更新方式,可以很容易设计出 TG 的算法逻辑:

1　input θ

2　initialize $W \in \mathbf{R}^N$

3　for $t = 1, 2, 3, \cdots$ do

4　　$G = \nabla_w \ell(W, X^{(t)}, y^{(t)})$

5　　refresh W according to

$$
w_i = \begin{cases}
\max(0, w_i - \eta^{(t)} g_i - \eta^{(t)} \lambda^{(t)}), & (w_i - \eta^{(t)} g_i) \in [0, \theta] \\
\min(0, w_i - \eta^{(t)} g_i + \eta^{(t)} \lambda^{(t)}), & (w_i - \eta^{(t)} g_i) \in [-\theta, 0] \\
w_i - \eta^{(t)} g_i, & \text{其他}
\end{cases}
$$

6　end

7　return W

6.9.2　前向后向切分算法

1. 算法原理

前向后向切分(Forward-Backward Splitting, FOBOS)是由 John Duchi 和 Yoram Singer 提出的。从英文全称上来看,该方法应该叫 FOBAS,但是由于一开始作者管这种方法叫 FOLOS(Forward Looking Subgradients),为了减少读者的困扰,作者干脆只修改了一个字母,叫 FOBOS。

在 FOBOS 中,将权重的更新分为两个步骤:

$$
W^{\left(t+\frac{1}{2}\right)} = W^{(t)} - \eta^{(t)} G^{(t)}
$$

$$
W^{(t+1)} = \underset{w}{\mathrm{argmin}} \left\{ \frac{1}{2} \| W - W^{\left(t+\frac{1}{2}\right)} \|^2 + \eta^{\left(t+\frac{1}{2}\right)} \psi(W) \right\}
$$

前一个步骤实际是一个标准的梯度下降步骤,后一个步骤可以理解为对梯度下降的结果进行微调。观察第二个步骤,发现对 W 的微调也分为两部分:前一部分保证微调发生在梯度下降结果的附近;后一部分则用于处理正则化,产生稀疏性。

如果将这两个步骤合二为一,即将 $W^{\left(t+\frac{1}{2}\right)}$ 的计算代入 $W^{(t+1)}$ 中,有

$$
W^{(t+1)} = \underset{w}{\mathrm{argmin}} \left\{ \frac{1}{2} \| W - W^{(t)} + \eta^{(t)} G^{(t)} \|^2 + \eta^{\left(t+\frac{1}{2}\right)} \psi(W) \right\}
$$

令 $F(W) = \frac{1}{2} \| W - W^{(t)} + \eta^{(t)} G^{(t)} \|^2 + \eta^{\left(t+\frac{1}{2}\right)} \psi(W)$。如果 $W^{(t+1)}$ 存在一个最优解,那么可以推断 0 向量一定属于 $F(W)$ 的次梯度集合:

$$
0 \in \partial F(W) = W - W^{(t)} + \eta^{(t)} G^{(t)} + \eta^{\left(t+\frac{1}{2}\right)} \partial \psi(W)
$$

由于 $W^{(t+1)} = \underset{w}{\mathrm{argmin}} F(W)$,那么有

$$
0 = \{ W - W^{(t)} + \eta^{(t)} G^{(t)} + \eta^{\left(t+\frac{1}{2}\right)} \partial \psi(W) \} \mid_{W = W^{(t+1)}}
$$

上式实际给出了 FOBOS 中权重更新的另一种形式：

$$W^{(t+1)} = W^{(t)} - \eta^{(t)} G^{(t)} - \eta^{(t+\frac{1}{2})} \partial \psi(W^{(t+1)})$$

可以看出，$W^{(t+1)}$ 不仅与迭代前的状态 $W^{(t)}$ 有关，而且与迭代后的 $\psi(W^{(t+1)})$ 有关，可能这就是 FOBOS 名称的由来。

2. L1-FOBOS

在这里主要看 FOBOS 如何在 L1 正则化下取得比较好的稀疏性。

在 L1 正则化下，有 $\psi(W) = \lambda \| W \|_1$。为了简化描述，用向量 $\boldsymbol{V} = [v_1, v_2, \cdots, v_N] \in \mathbf{R}^N$ 来表示 $W^{(t+\frac{1}{2})}$，用标量 $\bar{\lambda} \in \mathbf{R}$ 来表示 $\eta^{(t+\frac{1}{2})} \lambda$，并将上面的 FOBOS 的权重更新公式等号的右边按纬度展开：

$$W^{(t+1)} = \underset{w}{\arg\min} \sum_{i=1}^{N} \left(\frac{1}{2}(w_i - v_i)^2 + \bar{\lambda} \mid w_i \mid \right)$$

可以看到，在求和公式 $\sum_{i=1}^{N} \left(\dfrac{1}{2}(w_i - v_i)^2 + \bar{\lambda} \mid w_i \mid \right)$ 的每一项都是大于或等于 0 的，所以上述公式可以拆解成对特征权重 W 每一维度单独求解：

$$W_i^{(t+1)} = \underset{w_i}{\arg\min} \sum_{i=1}^{N} \left(\frac{1}{2}(w_i - v_i)^2 + \bar{\lambda} \mid w_i \mid \right)$$

FOBOS 在 L1 正则化条件下，特征权重各个纬度更新的方式为

$$w_i^{(t+1)} = \text{sgn}(v_i) \max(0, \mid v_i \mid - \bar{\lambda})$$

$$= \text{sgn}(w_i^{(t)} - \eta^{(t)} g_i^{(t)}) \max\{0, \mid w_i^{(t)} - \eta^{(t)} g_i^{(t)} \mid - \eta^{(t+\frac{1}{2})} \lambda\}$$

其中，$g_i^{(t)}$ 为梯度 $G^{(t)}$ 在纬度 i 上的取值。

根据 FOBOS 在 L1 正则化条件下的特征权重各个纬度更新的方式可以很容易设计出 L1-FOBOS 的算法逻辑：

1　input λ

2　initialize $W \in \mathbf{R}^N$

3　for $t = 1, 2, 3 \cdots$ do

4　　$G = \nabla_w \ell(W, X^{(t)}, y^{(t)})$

5　　refresh W according to

　　　$w_i = \text{sgn}(w_i - \eta^{(t)} g_i) \max\{0, \mid w_i - \eta^{(t)} g_i \mid - \eta^{(t+\frac{1}{2})} \lambda\}$

6　end

7　return W

3. L1-FOBOS 与 TG 的关系

从 L1-FOBOS 的特征权重各个纬度的更新方式可以看出，L1-FOBOS 在每次更新 W 的时候，对 W 的各个纬度都会进行判定，当满足 $\mid w_i^{(t)} - \eta^{(t)} g_i^{(t)} \mid - \eta^{(t+\frac{1}{2})} \lambda \leqslant 0$ 时对该纬度进行截断，令 $w_i^{(t+1)} = 0$。那么怎么去理解这个判定条件呢？如果把判定条件写成 $\mid w_i^{(t)} - \eta^{(t)} g_i^{(t)} \mid \leqslant \eta^{(t+\frac{1}{2})} \lambda$，那么这个含义就很清晰了：如果一个样本产生的梯度不足以令对应纬

度上的权重值发生足够大的变化($\eta^{\left(t+\frac{1}{2}\right)}\lambda$),则认为在本次更新过程中该纬度不够重要,应当令其权重为 0。

对于 L1_FOBOS 特征权重的各个纬度的更新公式也可以写为如下形式:

$$w_i^{(t+1)}=\begin{cases}0, & |\,w_i^{(t)}-\eta^{(t)}g_i^{(t)}\,|\leqslant\eta^{\left(t+\frac{1}{2}\right)}\\ (w_i^{(t)}-\eta^{(t)}g_i^{(t)})-\eta^{\left(t+\frac{1}{2}\right)}\lambda\,\mathrm{sgn}(w_i^{(t)}-\eta^{(t)}g_i^{(t)}), & \text{其他}\end{cases}$$

比较上式与 TG 的权重更新公式可知,如果令 $\theta=\infty,k=1,\lambda_{\mathrm{TG}}^{(t)}=\eta^{\left(t+\frac{1}{2}\right)}\lambda$,则 L1-FOBOS 与 TG 完全一致。可以认为 L1-FOBOS 是 TG 在特定条件下的特殊形式。

6.9.3 正则对偶平均算法

1. 算法原理

正则对偶平均(Regularized Dual Averaging,RDA)是微软公司十年的研究成果,RDA 是简单对偶平均方案(Simple Dual Averaging Scheme)的一个扩展,由 Lin Xiao 发表在 2010 年。

在 RDA 中,特征权重的更新策略为

$$W^{(t+1)}=\underset{w}{\mathrm{argmin}}\left\{\frac{1}{t}\sum_{r=1}^{t}\langle G^{(r)},w\rangle+\psi(W)+\frac{\beta^{(t)}}{t}h(W)\right\}$$

其中,$\langle G^{(r)},w\rangle$ 表示梯度 $G^{(r)}$ 对 W 的积分平均值,$\psi(W)$ 为正则项,$h(W)$ 为一个辅助的严格凸函数,$\{\beta^{(t)}\,|\,t\geqslant1\}$ 是一个非负且非自减序列。

2. L1-RDA

L1-RDA 特征权重的各个维度更新的方式为

$$w_i^{(t+1)}=\begin{cases}0, & |\,g_i^{(t)}\,|<\lambda\\ -\dfrac{\sqrt{t}}{\gamma}(g_i^{(t)}-\lambda\,\mathrm{sgn}(g_i^{(t)})), & \text{其他}\end{cases}$$

可以发现,当某个维度上累积梯度平均值的绝对值 $|\,g_i^{-(t)}\,|$ 小于阈值 λ 的时候,该维度权重将被置 0,特征权重的稀疏性由此产生。

根据 L1-RDA 特征权重的各个维度更新的方式,可以很容易设计出 L1-RDA 的算法逻辑:

1   input γ,λ

2   initialize $W\in\mathbf{R}^N,G=0\in\mathbf{R}^N$

3   for $t=1,2,3\cdots$ do

4      $G=\dfrac{t-1}{t}G+\dfrac{1}{t}\nabla_w\ell(W,X^{(t)},y^{(t)})$

5   refresh W according to

$$w_i^{(t+1)}=\begin{cases}0, & |\,g_i\,|<\lambda\\ -\dfrac{\sqrt{t}}{\gamma}(g_i^{-(t)}-\lambda\,\mathrm{sgn}(g_i)), & \text{其他}\end{cases}$$

6   end

7   return W

6.9.4 FTRL

FTRL(Follow the Regularized Leader)是由 Google 公司的 H. Brendan McMahan 在
2010 年提出的,后来他在 2011 年发表了一篇关于 FTRL 和 AOGD、FOBOS、RDA 比较的
论文,他在 2013 年又和 Gary Holt、Michael Young 等人发表了一篇关于 FTRL 工程化实现
的论文。

1. FTRL 算法原理

FTRL 综合考虑了 FOBOS 和 RDA 对于正则项和 W 限制的区别,其特征权重更新公
式为

$$W^{(t+1)} = \underset{w}{\operatorname{argmin}} \left\{ G^{(1:t)}W + \lambda_1 \|W\|_1 + \lambda_2 \frac{1}{2}\|W\|_2^2 + \frac{1}{2}\sum_{s=1}^{t}\sigma^{(s)}\|W - W^{(s)}\|_2^2 \right\}$$

将上述公式的最后一项展开,等价于求下面这样一个最优化问题:

$$W^{(t+1)} = \underset{w}{\operatorname{argmin}} \left\{ \left(G^{(1:t)}W - \sum_{s=1}^{t}\sigma^{(s)}W^{(s)} \right)W + \lambda_1 \|W\|_1 \right.$$
$$\left. + \frac{1}{2}\left(\lambda_2 + \sum_{s=1}^{t}\sigma^{(s)}\right)\|W\|_2^2 + \frac{1}{2}\sum_{s=1}^{t}\sigma^{(s)}\|W^s\|_2^2 \right\}$$

由于 $\frac{1}{2}\sum_{s=1}^{t}\sigma^{(s)}\|W^s\|_2^2$ 相对于 W 来说是一个常数,并且令 $Z^{(t)} = G^{(1:t)}W -$
$\sum_{s=1}^{t}\sigma^{(s)}W^{(s)}$,上式等价于

$$W^{(t+1)} = \underset{w}{\operatorname{argmin}} \left\{ Z^{(t)}W + \lambda_1 \|W\|_1 + \frac{1}{2}\left(\lambda_2 + \sum_{s=1}^{t}\sigma^{(s)}\right)\|W\|_2^2 \right\}$$

针对特征权重的各个维度将其拆解成 N 个独立的标量最小化问题:

$$\underset{w_i \in \mathbf{R}}{\operatorname{minimize}} \left\{ Z_i^{(t)}W_i + \lambda_1 \|w_i\|_1 + \frac{1}{2}\left(\lambda_2 + \sum_{s=1}^{t}\sigma^{(s)}\right)w_i^2 \right\}$$

$$w_i^{(t+1)} = \begin{cases} 0, & |z_i^{(t)}| < \lambda_1 \\ -\left(\lambda_2 + \sum_{s=1}^{t}\sigma^{(s)}\right)^{-1}(z_i^{(t)} - \lambda_1 \operatorname{sgn}(z_i^{(t)})), & \text{其他} \end{cases}$$

2. FTRL 学习率

在 FTRL 中,每个维度上的学习率都是单独考虑的,在一个标准的 OGD 中使用的是一
个全局的学习率策略 $\eta^{(t)} - 1/\sqrt{t}$,这个策略保证了学习率是一个正的非增长序列,对于每一
个特征维度都是一样的。

考虑特征维度的变化率:如果特征 1 比特征 2 变化得更快,那么在维度 1 上的学习率
应该下降得更快。很容易就可以想到可以用某个维度上的梯度分量来反映这种变化率。在
FTRL 中,维度 i 上的学习率是这样计算的:

$$\eta_i^{(t)} = \frac{\alpha}{\beta + \sqrt{\sum_{s=1}^{t}(\eta_i^{(s)})^2}}$$

这里的 α 和 β 是需要输入的参数。

3. FTRL 算法逻辑

到此为止,已经得到了 FTRL 的特征权重维度的更新方法和每个特征维度的学习率计算方法,那么很容易写出 FTRL 的算法逻辑。

1 input $\alpha, \beta, \lambda_1, \lambda_2$

2 initialize $W \in \mathbf{R}^N, Z = 0 \in \mathbf{R}^N, Q = 0 \in \mathbf{R}^N$

3 for $t = 1, 2, 3 \cdots$ do

4    $G = \nabla_w \ell(W, X^{(t)}, y^{(t)})$

5   for in $1, 2, \cdots, N$ do

6      $\sigma_i = \dfrac{1}{a}\sqrt{q_i + g_i^2} - \sqrt{q_i}, \ q_i = q_i + g_i^2$

7      $z_i = z_i + g_i - \sigma_i w_i$

8      $w_i = \begin{cases} 0, & |z_i^{(t)}| < \lambda_1 \\ -\left(\lambda_2 + \dfrac{\beta + \sqrt{q_i}}{\alpha}\right)^{-1}(z_i - \lambda_1 \mathrm{sgn}(z_i)), & \text{其他} \end{cases}$

9   end

10 end

11 return W

FTRL 中的 4 个参数需要针对具体的问题进行设置。

6.10　增强学习

增强学习(Reinforcement Learning, RL)又叫作强化学习,是近年来机器学习和智能控制领域的主要方法之一。相比其他学习方法,增强学习更接近生物学习的本质,因此有望获得更高的智能,这一点在棋类游戏中已经得到体现。Tesauro(1995)描述的 TD-Gammon 程序,使用增强学习成为世界级的西洋双陆棋选手。这个程序经过 150 万个自生成的对弈训练后,已经近似达到了人类最佳选手的水平,并在和人类顶级高手的较量中取得 40 盘仅输 1 盘的好成绩。

增强学习已经取得了很多骄人的成绩,如第一个击败人类围棋世界冠军李世石的人工智能机器人 AlphaGo,目前增强学习已经广泛应用到了各个领域,如:机器人、计算机视觉、计算机系统、管理系统、推荐系统、自动驾驶以及自然语言处理等领域。

6.10.1　增强学习的定义

增强学习又称强化学习,是属于机器学习领域的一类算法。增强学习的学习过程可以归纳为输入到决策的映射,增强学习的目的是通过不断的训练让模型可以获得最大化的收益。增强学习模型在学习的过程中并不会获得先验知识的指导,而是通过尝试学习的方式为了获得最大化收益不断的试错。增强学习关注的是根据环境为了获取最大化收益进行决策的过程,我们把这个从环境到决策的映射过程称为策略。

增强学习主要由参与学习的本体(Agent)和与本体进行交互的环境(environment)两个主要部分组成,增强学习的决策过程就是本体与环境进行交互的过程的总结,本体与环境在一个时间段内完成一轮交互,增强学习的过程就是一轮又一轮的交互不断地进行迭代最终获取最大化的收益。本体与环境的交互过程如下所示:

(1) 在某一个时间段 t 内,环境处于某一状态(state)S_t,当前的状态会传输给本体。

(2) 本体会根据自己的某种应对环境的策略 π 对此刻获取到的环境状态产生某个动作 A_t。过程如下式所示:

$$A_t = \pi(S_t)$$

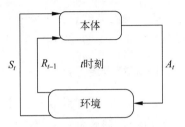

(3) 环境会根据本体在此刻的动作 A_t 产生一定的反馈 R_t,当前时刻的反馈会和下一时刻环境的状态 S_{t+1} 一起传输给下一时刻的本体。

图 6.23 增强学习流程图

整个过程如图 6.23 所示。

6.10.2 增强学习的特点

不同于机器学习的监督学习和无监督学习方法,增强学习自身有两个主要的特点。

1. 试错学习

增强学习模型在学习的过程中并没有先验知识作为经验对模型的决策过程进行帮助,只能通过不断的对各种决策进行实践获得经验来获取最大收益。当本体根据环境当前的状态做出决策后,它将获得环境的反馈,在增强学习模型中,我们将之抽象成一个数值,称为奖励。对于本体来说,它的目标就是尽可能获得最多的奖励,为了实现这个目标,它需要不断根据环境的状态尝试做出不同的决策,获得反馈,然后利用反馈的结果进行学习。

2. 延迟回报

对于本体来说,学习是一个时序的过程,当前时刻的决策往往需要下一时刻才能获得奖励反馈,因此增强学习把这个时序问题看作一个整体,站在全局的角度看待整个问题。本体的目标是尽可能在整个过程中获得最多的奖励,所以通常不但需要在当前状态下获得充足的奖励,还需要在未来的长期时间内获得奖励。这一点和监督学习相比也有很大的不同。

6.10.3 数学原理

在增强学习的系统中,有一个状态集合 S,行为集合 A,策略 π,有了策略 π,就可以根据当前的状态,来选择下一刻的行为

$$a = \pi(s)$$

对于状态集合当中的每一个状态 s,都有相应的回报值 $R(s)$ 与之对应;对于状态序列中的每下一个状态,都设置一个衰减系数 γ。

对于每一个策略 π,设置一个相应的权值函数:

$$V^\pi(s_0) = E[R(s_0) + \gamma R(s_1) + \gamma^2 R(s_2) + \cdots]$$

这个表达式应该满足 Bellman-Ford Equation,可以写成:

$$V^\pi(s_0) = E[R(s_0) + \gamma V^\pi(s_1)]$$

6.10.4　增强学习的策略

假设现在有这样一个场景。在一个游戏中某一个状态下有四种选择,可以向前后左右四个方向走。求解往哪个方向走收益最大主要有以下三种方法。

1. 蒙特卡洛方法

简单而言,蒙特卡洛方法就是对这个策略所有可能的结果求平均。向前走了以后,再做一个决策,根据这个式子,直到迭代结束,求出收益的和,就是向前走这个动作的一个采样。再不断地在这个状态采样,然后来求平均。等到采样变得非常非常多的时候,结果的统计值就接近期望值了。所以蒙特卡洛方法是一个非常暴力,非常直观的方法。

2. 动态规划方法

动态规划的方法就是求取当前决策的收益最大的后续决策,然后不断迭代直至结束。要确定向前走的这个动作的收益,那么就需要将它所有的子问题先全都计算完,然后取最大值,就是它的收益了。这个方法的好处就是效率高,遍历一遍就可以了;而缺点也很明显,需要子结构问题是一个有向无环图。

3. 时间差分

Temporal Difference(时间差分)简称 TD,是对蒙特卡洛方法的一种简化,也是在实际中应用最多的一种算法。

同样是要计算向前走的这个行为的价值的期望值,那么它就等于向前走了到达那个状态的回报,加上它再转移到后继状态的期望值。剩下的价值不去真的计算,而是用神经网络来估算。这就是 TD 算法里面最简单的 TD(0) 算法。

6.10.5　用神经网络对状态进行估算

整个系统在运作过程中,通过现有的策略产生一些数据,获得的这些数据在计算回报值的时候会有所修正。然后用修正的值和状态作为神经网络进行输入,再进行训练。最后的结果显示,这样做是可以收敛的。

所以在加入了神经网络之后,各个部分之间的关系就变成了:神经网络的运用包括训练和预测两部分,训练的时候输入是状态和这个状态相应的数值,预测的时候输入是状态,输出是这个数值预估的数值。

6.10.6　算法流程

用 TD(0) 作为状态的计算,神经网络作为状态的估算的算法,就叫作 Q-Learning 算法,其流程图如图 6.24 所示,算法主要流程如下所示:

（1）初始化环境状态 S。

（2）将当前状态 S 输入到策略网络（即 Q 网络,该网络保存了决策与数值之前对应关系的表格）,然后输出当前的决策动作 A。

（3）更新策略网络：

① Q 是当前的真实值,根据在状态 S 下采取的决策 A,环境会反馈一个 R 值作为奖励,当前的真实值也会对下一时刻的真实值有影响,影响因子由 γ 表示。而且这是一个递归的过程,距离当前时刻越远,此时采取的决策的影响力就越小,真实值的计算公式如下所示：

$$Q_{\text{target}} = R + \gamma \max_{a}(S', a)$$

其中 $s \in S, a \in A(s)$

② 算法的 TD 损失函数如下所示：

$$\text{error} = Q_{\text{target}} - Q(S, A)$$

（4）更新当前状态为 S'。

返回第二步,重复执行,直到满足限定条件为止。

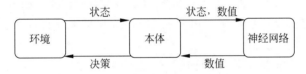

图 6.24　加入神经网络的增强学习模型流程图

6.11　迁移学习

在许多机器学习和数据挖掘算法中,一个重要的假设就是目前的训练数据和将来的训练数据,一定要在相同的特征空间并且具有相同的分布。然而,在许多现实的应用案例中,这个假设可能不会成立。比如,我们有时候在某个感兴趣的领域有个分类任务,但是我们只有另一个感兴趣领域的足够训练数据,并且两者的数据处于不同的特征空间或者遵循不同的数据分布。这时如果我们想要实现本领域的分类任务就需要重新收集数据建立模型,显然这个花费是巨大的,这类情况下,如果知识能够成功迁移,我们将会通过避免花费大量昂贵的标记样本数据的代价,使得学习性能取得显著的提升。这也就是迁移学习提出的目的。

6.11.1　为什么需要迁移学习

机器学习模型的训练和更新依靠数据的标注。虽然我们可以获取海量的数据,但是这些数据都是初级形态的,很少有正确的人工标注。因此,我们面临着大数据与少标注之间的矛盾。

想要拥有可以运算大量数据的能力,就必须拥有大容量的存储以及高并发运算核心,但是绝大多数的个体是无法具有这种能力的,因此我们面临着大数据与弱计算之间的矛盾。

机器学习的目标是构建一个尽可能解决特征问题的模型,即使可以实现尽可能的通用和泛化,但却无法解决个性化的需求,因为个性化需求的唯一性和特异性是传统普适化模型无法满足,因此我们面临着个性化需求和普适化模型之间的矛盾。

在推荐系统中,面对一个全新的用户,无法实现冷启动推荐;一个新的图片标注系统,缺少足够的标签,因此我们面临着新问题亟待解决的问题。

面对以上问题,传统的机器学习显得乏力,此时迁移学习的提出可以用来解决这些问题。例如:面对大数据与少标注的矛盾,我们可以采用数据的迁移标注。面对普适化模型与个性化需求的矛盾我们采用自适应迁移调整。

迁移学习的概念与已有的其他学习概念是有关联和区别的:

(1) 传统机器学习需要足够的标注数据,并且训练和测试的数据服从相同的分布,对于每个任务也需要分别建模。迁移学习不需要大量的数据标注,训练和测试数据服从不同的分布,所需要的模型也可以在不同任务之间迁移。

(2) 多任务学习需要多个相关任务一起协同学习。迁移学习则强调知识是从一个领域迁移到另一个领域的过程,对于迁移学习来说多任务是其中的一种具体形式。

(3) 终身学习可以认为是序列化的多任务学习,在学习好若干个任务之后,面对新的任务可以继续学习,而不遗忘已经学好的任务。而迁移学习则注重对模型的迁移和共同学习。

(4) 领域自适应是迁移学习研究内容的一部分,侧重解决特征空间一致、类别空间一致,但特征分布不一致的问题。

(5) 增量学习侧重解决数据不断增加及模型不断更新的问题。

(6) 自我学习是从模型自身更新,迁移学习是从外部更新迁移。

6.11.2　迁移学习的定义

迁移学习的核心问题是找到新模型和已存在模型之间的相似性,从而可以“举一反三”“触类旁通”。人类拥有着迁移学习的能力,例如:我们会打乒乓球,就可以类比着学习打网球。图 6.25 展示了传统学习和迁移学习的学习过程之间的不同。我们可以看到,传统的机器学习技术致力于从每个任务中抓取信息,而迁移学习致力于当目标任务缺少高质量的训练数据时,从之前任务向目标任务迁移知识。

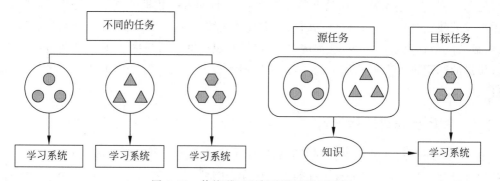

图 6.25　传统学习和迁移学习学习过程

首先,我们给出“域(Domain)”和“任务(Task)”的定义。

域 D 由一个特征空间 X 和一个边缘概率分布 $P(X)$ 两部分组成,也就是数据和生成这些数据的概率分布。对于域上的子数据通常采用 x 表示,也是向量的表示形式,例如:x_i 就表示第 i 个样本或特征。对于一个域上的整体数据使用 X 表示,其中 $X = \{x_1, x_2, \cdots,$

x_n},它是一种矩阵形式。比如我们的学习任务是文本分类,每一个词被看作一个二进制特征,然后 X 就是所有的词向量的空间,x_i 是第 i 个与一些文本相关的词向量,x 是一个具体的学习样本。

迁移学习涉及两个域,即源域(source domain)和目标域(target domain),源域是有知识、有大量数据标注的领域,是我们要迁移的对象,而目标域是要赋予知识和标注的对象,两者有不同的特征空间或者服从不同的边缘概率分布。

给定一个具体的域,$D=\{X,P(X)\}$,一个任务由两部分组成:一个标签空间 Y 和一个目标预测函数 $f(\cdot)$,也就是标签和标签对应的函数。因此,任务用 $T=\{Y,f(\cdot)\}$ 表示。目标函数不可被直观观测,但是可以通过训练数据学习得到,训练数据由{X_i,Y_i}组成,其中 $X_i \in X$,$Y_i \in Y$。给定源域 D_S 和学习任务 T_S,一个目标域 D_T 和学习任务 T_T,迁移学习致力于用 D_S 和 T_S 中的知识,帮助提高 D_T 中目标预测函数 $f_T(\cdot)$ 的学习,并且有 $D_S \neq D_T$ 或 $T_S \neq T_T$。

在上面定义中,$D=\{X,P(X)\}$,条件 $D_S \neq D_T$ 意味着源域和目标域实例不同($X_S \neq X_T$)或者源域和目标域边缘概率分布不同 $P(X_S) \neq P(X_T)$。同理 $T=\{Y,P(Y|X)\}$,$T_S \neq T_T$ 意味着源域和目标域标签不同($Y_S \neq Y_T$)或者源域和目标域条件概率分布不同($P(Y_S|X_S) \neq P(Y_T|X_T)$)。当源域和目标域相同($D_S = D_T$)且源任务和目标任务相同($T_S = T_T$)时,则学习问题变成一个传统机器学习问题。

以文档分类为例,对于迁移学习的定义需要做如下考虑:

(1) 域不同。

① 特征空间的异同,即 $X_S \neq X_T$。可能是文档的语言不同。

② 特征空间相同但边缘分布不同,即 $P(XS) \neq P(XT)$,其中 $X_{Si} \in X_S$,$T_{Ti} \in X_T$。可能是文档主题不同。

(2) 任务的不同。

① 域间标签空间不同,即 $Y_S \neq Y_T$。可能是源域中文档需要分两类,目标域需要分十类。

② 域间条件概率分布不同,即 $P(Y_S|X_S) \neq P(Y_T|X_T)$。

除此之外,当两个域或者特征空间之间无论显式或隐式地存在某种关系时,我们说源域和目标域相关。

6.11.3　负迁移

对于迁移学习来说,是一个“举一反三”的过程,我们希望可以借助其他优秀模型来获得知识的迁移,从而“他山之石,为我所用”。但在这个过程中产生一种相反的现象,称之为负迁移。负迁移可以理解为“东施效颦”,是一个负面现象。迁移学习的核心是利用数据和领域之间的相似性,把不同域之间的知识进行迁移。如果两个领域之间不存在相似性或者基本不相似,那么迁移学习的效果就会大打折扣,这样就出现了负迁移。负迁移指的是,在源域上学习到的知识,对于目标域上的学习产生负面作用。产生负迁移的原因主要有两方面:

(1) 数据问题:源域与目标域无相似关系。

(2) 方法问题:源域与目标域具有相似关系,但是迁移的方法选择失败,导致没有找到可迁移成分。

为了避免或减少负迁移现象,提出传递迁移学习概念。传统的迁移学习需要源域与目标域具有相似性,而传递迁移学习可以利用源域与目标域之间若干个领域来完成知识的传递,从而完成源域到目标域的迁移,也就是借助中间域进行迁移,其流程图如图 6.26 所示。

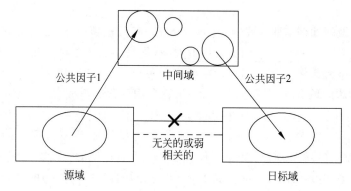

图 6.26 传递迁移学习

6.11.4 迁移学习的分类

对于迁移学习的分类,根据不同的分类标准,分类的结果也不同。大体上讲,可以从四个准则进行分类:按目标域标签划分、按学习方法划分、按在线和离线划分、按特征划分。图 6.27 展示了不同分类准则之间的关系。

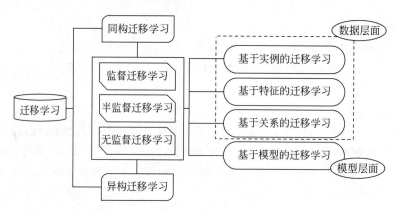

图 6.27 迁移学习的类别

1. 按目标域标签划分

(1) 无监督迁移学习:目标域数据只有特征,没有标签,需要学习训练集中的特征关系,使类内差距最小,类间差距最大。

(2) 半监督迁移学习:目标域部分数据是有特征和标签的,另一部分数据只有特征没有标签。

(3) 监督迁移学习:每个数据都有特征和标签。

2. 按学习方法分类

(1) 基于实例的迁移学习:采用权重重用的方式,对不同的样本赋予不同的权重,从而实现源域和目标域的样例迁移。

(2) 基于特征的迁移学习：将特征不在一个空间的源域和目标域，通过特征变换到一个空间。

(3) 基于模型的迁移学习：通过构建参数共享模型，实现模型的迁移。例如：finetune神经网络。

(4) 基于关系的迁移学习：通过挖掘和利用关系进行关系类比迁移。例如：将师生关系迁移到领导和员工的关系。

3. 按特征分类

(1) 同构迁移学习：特征语义和维度相同。例如：图片之间的迁移。
(2) 异构迁移学习：特征不相同。例如：图片迁移到文本。

4. 按离线和在线分类

(1) 离线迁移学习：对源域和目标域的知识只进行一次迁移，无法对新增数据进行迁移。

(2) 在线迁移学习：可以对更新的数据动态加入，对迁移学习的算法也不断地更新。

6.11.5　迁移学习的方法

迁移学习的核心是，找到源域和目标域之间的相似性，再采用定量的方式给出相似程度，然后以度量的定量为准则，通过采用不同的学习方式，增大两个领域之间的相似性，从而完成迁移学习。

1. 基于实例的迁移学习方法

基于实例的迁移学习方法(instance based transfer learning)根据一定的权重生成规则，对数据样本进行重用，来进行迁移学习。图 6.28 展示了基于样本迁移方法的思想。源域中存在不同种类的动物，如狗、鸟、猫等，目标域只有狗这一种类别。在迁移学习时，为了最大限度地和目标域相似，我们可以人为地提高源域中属于狗这个类别的样本权重。

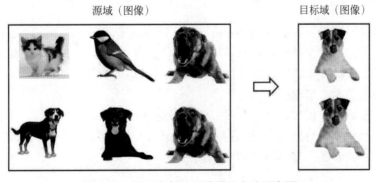

图 6.28　基于实例的迁移学习方法示意图

在迁移学习中，对于源域 Ds 和目标域 Dt，通常假定产生它们的概率分布是不同且未知的。另外，由于实例的维度和数量通常都非常大，因此，直接对 $P(X_s)$ 和 $P(X_t)$ 进行估计

是不可行的。因而,大量的研究工作着眼于对源域和目标域的分布比值进行估计($P(X_t)$/$P(X_S)$)。所估计得到的比值即为样本的权重。这些方法通常都假设 $P(X_t)/P(X_S) < \infty$ 并且源域和目标域的条件概率分布相同 $P(Y|X_S) = P(Y|X_t)$。$P(Y_t|X_s)X_t \neq P(Y_T|X_T)$。

虽然实例权重法具有较好的理论支撑、容易推导泛化误差上界,但这类方法通常只在领域间分布差异较小时有效,因此对自然语言处理、计算机视觉等任务效果并不理想。而基于特征表示的迁移学习方法效果更好,是目前研究的重点。

2. 基于特征的迁移学习方法

基于特征的迁移学习方法(feature based transfer learning)是指将通过特征变换的方式互相迁移,来减少源域和目标域之间的差距;或者将源域和目标域的数据特征变换到统一特征空间中,然后利用传统的机器学习方法进行分类识别。根据特征的同构和异构性,又可以分为同构和异构迁移学习。图 6.29 展示了两种基于特征的迁移学习方法。

源域和目标域特征空间一致   源域和目标域特征空间不一致

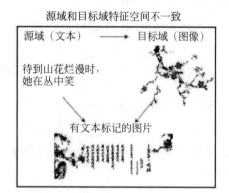

图 6.29   基于特征的迁移学习方法示意图

基于特征的迁移学习方法是迁移学习领域中最热门的研究方法,这类方法通常假设源域和目标域间有一些交叉的特征。近年来,基于特征的迁移学习方法大多与神经网络进行结合,在神经网络的训练中进行学习特征和模型的迁移。

3. 基于模型的迁移学习方法

基于模型的迁移学习方法(parameter/model based transfer learning)是指从源域和目标域中找到它们之间共享的参数信息,以实现迁移的方法。这种迁移方式要求的假设条件是:源域中的数据与目标域中的数据可以共享一些模型的参数。图 6.30 表示了基于模型的迁移学习方法的基本思想。

目前绝大多数基于模型的迁移学习方法都与深度神经网络进行结合。这些方法对现有的一些神经网络结构进行修改,在网络中加入领域适配层,然后联合进行训练。因此,这些方法也可以看作是基于模型、特征的方法的结合。

4. 基于关系的迁移学习方法

基于关系的迁移学习方法(relation based transfer learning)与上述三种方法具有截然不同的思路。这种方法比较关注源域和目标域的样本之间的关系。

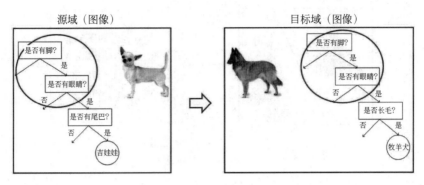

图 6.30　基于模型的迁移学习方法示意图

目前来说,基于关系的迁移学习方法的相关研究工作非常少。一些研究也都借助于马尔科夫逻辑网络(Markov Logic Net)来挖掘不同领域之间的关系相似性。

6.11.6　数据分布自适应

数据分布自适应(distribution adaptation)是一类最常用的迁移学习方法。这种方法的基本思想是,由于源域和目标域的数据概率分布不同,那么最直接的方式就是通过一些变换,将不同的数据分布的距离拉近。

图 6.31 展示了几种数据分布情况,数据的边缘分布不同,就是数据整体不相似。数据的条件分布不同,就是数据整体相似,但是具体到每个类里都不太相似。

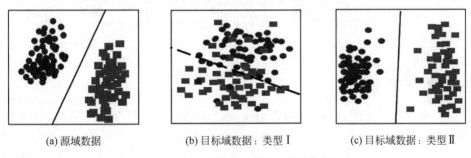

(a) 源域数据　　　　(b) 目标域数据:类型 I　　　　(c) 目标域数据:类型 II

图 6.31　不同数据分布的目标域数据

根据数据分布的性质,这类方法又可以分为边缘分布自适应、条件分布自适应及联合分布自适应。

1. 边缘分布自适应

边缘分布自适应方法 (marginal distribution adaptation) 的目标是减小源域和目标域的边缘概率分布的距离,从而完成迁移学习。从形式上来说,边缘分布自适应方法是用 $P(X_s)$ 和 $P(X_t)$ 之间的距离来近似两个领域之间的差异。即:

$$\text{DISTANCE}(D_s, D_t) \approx \| P(x_s) - P(x_t) \|$$

边缘分布自适应对应于图 6.32 所示的情形。

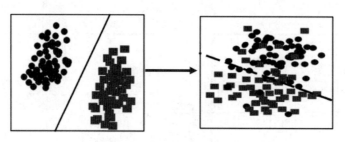

图 6.32 边缘分布自适应

2. 条件分布自适应

条件分布自适应方法(conditional distribution adaptation)的目标是减小源域和目标域的条件概率分布的距离,从而完成迁移学习。从形式上来说,条件分布自适应方法是用 $P(Y_s|X_s)$ 和 $P(Y_t|X_t)$ 之间的距离来近似两个领域之间的差异。即:

$$\text{DISTANCE}(D_s, D_t) \approx \| P(y_s \mid x_s) - P(y_t \mid x_t) \|$$

条件分布自适应对应于图 6.33 所示的情形。

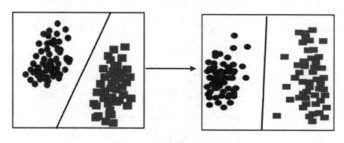

图 6.33 条件分布自适

3. 联合分布自适应

联合分布自适应方法(joint distribution adaptation)的目标是减小源域和目标域的联合概率分布的距离,从而完成迁移学习。从形式上来说,联合分布自适应方法是用 $P(X_s)$ 和 $P(X_t)$ 之间的距离,以及 $P(Y_s|X_s)$ 和 $P(Y_t|X_t)$ 之间的距离来近似两个领域之间的差异。即:

$$\text{DISTANCE}(\mathcal{D}_s, \mathcal{D}_t) \approx \| P(x_s) - P(x_t) \| + \| P(y_s(x_s) - P(y_t \mid x_t) \|$$

联合分布自适应对应于图 6.34 所示的两种情形。

4. 平衡分布自适应

对于联合分布自适应来说,边缘分布自适应和条件分布自适应并不是同等重要。对于图 6.34,当目标域是(a)中所示的情况时,边缘分布应该被优先考虑;而当目标域是(b)中所示的情况时,条件分布应该被优先考虑。平衡分布自适应方法(balanced distribution adaptation)用来解决这一问题。该方法能够根据特定的数据领域,自适应地调整分布适配过程中边缘分布和条件分布的重要性。准确而言,平衡分布自适应通过采用一种平衡因子 μ 来动态调整两个分布之间的距离。

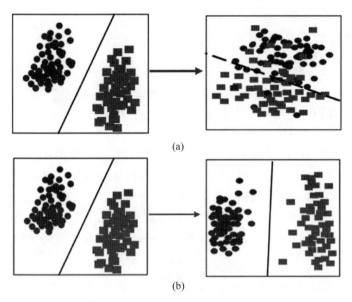

图 6.34　联合分布自适应

$$\text{DISTANCE}(\mathcal{D}_s, \mathcal{D}_t) \approx (1-\mu)\text{DISTANCE}(P(x_s), P(x_t)) + \mu\text{DISTANCE}(P(y_s \mid x_s), P(y_t \mid x_t))$$

其中 $\mu \in [0,1]$ 表示平衡因子。当 $\mu \to 0$，表示源域和目标域数据本身存在较大的差异性，因此，边缘分布适配更重要；当 $\mu \to 1$ 时，表示源域和目标域数据集有较高的相似性，因此，条件概率分布适配更加重要。综合上面的分析可知，平衡因子可以根据实际数据分布的情况，动态地调节每个分布的重要性，并取得良好的分布适配效果。

可以看出联合分布方法是首次给出边缘分布和条件分布的定量估计。然而，其并未解决平衡因子 μ 的精确计算问题。后来又提出了动态迁移方法来解决这一问题。

6.11.7　特征选择

特征选择法的基本假设是：源域和目标域中均含有一部分公共的特征，在这部分公共的特征上，源域和目标域的数据分布是一致的。因此，此类方法的目标就是，通过机器学习方法，选择出这部分共享的特征，即可依据这些特征构建模型。图 6.35 为特征选择法的主要思路。

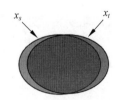

图 6.35　特征选择法示意图

6.11.8　子空间学习

子空间学习法通常假设源域和目标域数据在变换后的子空间中会有着相似的分布。按照特征变换的形式，将子空间学习法分为两种：基于统计特征变换的统计特征对齐方法，以及基于流形变换的流形学习方法。

1. 统计特征对齐

统计特征对齐方法主要将数据的统计特征进行变换对齐。对齐后的数据可以利用传统机器学习方法构建分类器进行学习。

2. 流形学习

假设数据是从一个高维空间中采样得到的,那么它具有高维空间中的低维流形结构。流形就是一种几何对象。通俗地说,我们无法从原始的数据表达形式明显看出数据所具有的结构特征,可以假设它是处在一个高维空间,在这个高维空间里它是有形状的。例如:我们对星座的描述。

由于在流形空间中的特征通常都有着很好的几何性质,可以避免特征扭曲,因此我们首先将原始空间下的特征变换到流形空间中。在众多已知的流形中,Grassmann 流形 $G(d)$ 可以通过将原始的 d 维子空间(特征向量)看作基础的元素,从而可以帮助学习分类器。在 Grassmann 流形中,特征变换和分布适配通常都有着有效的数值形式,因此在迁移学习问题中可以被很高效地表示和求解。因此,利用 Grassmann 流形空间来进行迁移学习是可行的。

6.11.9 迁移学习前沿与应用

1. 机器智能与人类经验结合迁移

机器学习最终要实现的目标是机器可以独自计算,在人类不提供任何知识的前提下,可以自学习。但是,目前来看机器想要不依靠人类经验,需要付出巨大的时间和运算代价。斯坦福大学的研究人员提出了一种无须人工标注的神经网络,对视频数据进行分析预测。在该成果中,研究人员的目标是用神经网络预测扔出的枕头的下落轨迹。不同于传统的神经网络需要大量标注,该方法完全不使用人工标注。取而代之的是,将人类的知识赋予神经网络。我们都知道,抛出的物体往往会沿着抛物线的轨迹进行运动。这就是研究人员所利用的核心知识。计算机对于这一点并不知情。因此,在网络中,如果加入抛物线这一基本的先验知识,则会极大地促进网络的训练,并且最终会取得比单纯依赖算法本身更好的效果。

2. 终身迁移学习

我们想要完成迁移学习就需要选取迁移学习的方法,但是对于没有初期经验的人来说这是浪费时间的事,因此,研究人员提出终身迁移学习,即从已有的迁移学习方法和结果中学习迁移的经验,然后再把这些学习到的经验应用到新的数据中。

3. 迁移强化学习

不同于传统的机器学习需要大量的标签才可以训练学习模型,强化学习采用的是边获得样例边学习的方式。特定的反馈函数决定了算法的最优决策。深度强化学习同时也面临着重大的挑战:没有足够的训练数据。在这个方面,迁移学习可以利用其他数据上训练好的模型帮助训练。尽管迁移学习已经被应用于强化学习,但是它的发展空间仍然还很大。强化学习在自动驾驶、机器人、路径规划等领域正发挥着越来越重要的作用。

4. 迁移学习的可解释性

传统的深度学习在可解释性不强方面面临着挑战,同样对于迁移学习来说,怎样说明两个领域之间的相似也是缺乏说服力的。现有的算法均只是完成了一个迁移学习任务。但是在学习过程中,知识是如何进行迁移的,这一点还有待进一步的实验和理论验证。

5. 迁移学习在计算机视觉的应用

在计算机视觉中,迁移学习方法被称为 Domain Adaptation。Domain Adaptation 的应用场景有很多,比如图片分类等。例如:对于手写识别来说,不同的下笔轻重、不同的拍摄角度等,都会造成特征分布的改变,因此使用迁移学习构建跨领域的鲁棒分类器是十分重要的。

6. 迁移学习在文本分类中的应用

由于文本数据有其领域特殊性,因此,在一个领域上训练的分类器,不能直接拿来作用到另一个领域上。这就需要用到迁移学习。例如:对于在书评上训练好的分类器不可以直接用作影评的预测。

此外,对于迁移学习的应用还在交通、医疗等领域蓬勃发展,迁移学习在数据难以获得标注的领域,会发挥重要作用。

在线视频

6.12 实践:VGG-16 迁移学习

传统的机器学习训练模型需要大量的标签数据,而且每一个模型是为了解决特定任务设计的,所以当面对全新领域问题就显得无能为力,因此采用迁移学习来解决不同领域之间知识迁移问题,能达到"举一反三"的作用,使学习性能显著提高。

6.12.1 VGG-16 结构

VGG-16 共包括13个卷积层、3个全连接层、5个池化层,卷积层与全连接层具有权重系数,而池化层不涉及权重,因此这就是 VGG-16 的来源,如图6.36所示。

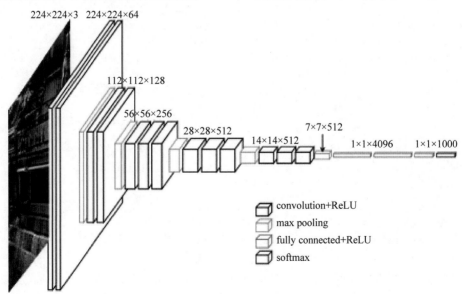

图 6.36 VGG-16 模型结构图

我们保留 VGG-16 的卷积层,修改全连接层,将其迁移到与图片分类不同的领域,实现动物体长的识别。

6.12.2 迁移学习过程

首先,获取想要进行训练的数据集,本实验采用 1000 个分类中的猫和老虎的数据。然后,自定义设置猫和老虎的体长参数,如图 6.37 所示。

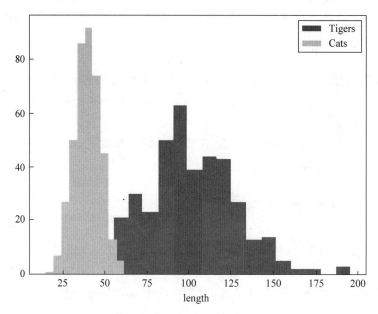

图 6.37 猫和虎的体长数据分布

利用 VGG-16 训练好的 model parameters,然后保留 Convolution 和 pooling 层,修改 fullyconnected 层,使其变为可以被训练的两层结构,最终输出数字代表猫和老虎的体长。

```
# 前面的层
pool5 = self.max_pool(conv5_3, 'pool5')
# pool5 是最后的 conv 出来的结果
self.flatten = tf.reshape(pool5, [-1, 7 * 7 * 512])
self.fc6 = tf.layers.dense(self.flatten, 256, tf.nn.relu, name = 'fc6')
self.out = tf.layers.dense(self.fc6, 1, name = 'out')
```

self.flatten 之前的 layers 都是不能被训练的. 而 tf.layers.dense() 建立的 layers 是可以被训练的. 训练成功之后,再定义一个 Saver 来保存由 tf.layers.dense()建立的 parameters。

```
saver = tf.train.Saver()
saver.save(self.sess, path, write_meta_graph = False)
```

训练好后的 VGG-16 的 Convolution 相当于一个 feature extractor,提取或压缩图片的特征,这些特征用作训练 regressor,即 softmax。

```
for i in range(500):
    b_idx = np.random.randint(0, len(xs), 6)
    train_loss = vgg.train(xs[b_idx], ys[b_idx])
```

至此,迁移学习已经完成,进行测试。

6.12.3　迁移学习结果

通过传入两张分别为猫和虎的图片,应用迁移学习给出各自体长结果,如图 6.38 所示。

Len: 44.7cm　　　　　　Len: 77.8cm

图 6.38　迁移学习模型输出结果

实践示例程序参见附录 E。

6.12.4　思考与练习

尝试利用 VGG-16 来迁移训练识别自行车和摩托车的速度。

6.13　习题

1. 什么是机器学习?机器学习的研究目标是什么?
2. 简述机器学习的发展历史。
3. 什么是记忆学习?其基本思想是什么?
4. 什么是归纳学习?归纳学习一般又可分为哪两种学习形式?
5. 简述决策树学习,并编程实现 ID3 算法。
6. 简述神经学习,并编程实现 BP 算法。
7. 简述贝叶斯学习,并编程实现朴素贝叶斯分类算法。
8. 试编程实现基于信息熵进行划分选择的决策树算法,并为下表中的西瓜数据集生成一棵决策树。

编号	色泽	根蒂	纹理	脐部	敲声	触感	密度	含糖率	好瓜
1	青绿	卷缩	清晰	凹陷	浊响	硬滑	0.697	0.460	是
2	乌黑	卷缩	清晰	凹陷	沉闷	硬滑	0.774	0.376	是
3	乌黑	卷缩	清晰	凹陷	浊响	硬滑	0.634	0.264	是
4	青绿	卷缩	清晰	凹陷	沉闷	硬滑	0.608	0.318	是

续表

编号	色泽	根蒂	纹理	脐部	敲声	触感	密度	含糖率	好瓜
5	浅白	卷缩	清晰	凹陷	浊响	硬滑	0.556	0.215	是
6	青绿	稍卷	清晰	稍凹	浊响	硬滑	0.403	0.237	是
7	乌黑	稍卷	清晰	稍凹	浊响	软粘	0.481	0.149	是
8	乌黑	稍卷	清晰	稍凹	浊响	软粘	0.437	0.211	是
9	乌黑	稍卷	稍糊	稍凹	沉闷	硬滑	0.666	0.091	否
10	青绿	硬挺	清晰	平坦	清脆	软粘	0.243	0.267	否
11	浅白	硬挺	模糊	平坦	清脆	硬滑	0.245	0.057	否
12	浅白	卷缩	模糊	平坦	浊响	软粘	0.343	0.099	否
13	青绿	稍卷	稍糊	凹陷	浊响	硬滑	0.639	0.161	否
14	浅白	稍卷	稍糊	凹陷	沉闷	硬滑	0.657	0.198	否
15	乌黑	稍卷	清晰	稍凹	浊响	软粘	0.360	0.370	否
16	浅白	卷缩	模糊	平坦	浊响	硬滑	0.593	0.042	否
17	青绿	卷缩	清晰	稍凹	沉闷	硬滑	0.719	0.103	否

9. 试设计一个 BP 改进算法,能通过动态调整学习率显著提升收敛速度,并在 http:// archive.ics.uci.edu/ 上选择两个 UCI 数据集与标准的 BP 算法进行实验比较。

10. 用题 8 中的西瓜数据集训练一个朴素贝叶斯分类器,对测试例"测 1"进行分类:

编号	色泽	根蒂	纹理	脐部	敲声	触感	密度	含糖率	好瓜
测 1	青绿	卷缩	清晰	凹陷	浊响	硬滑	0.697	0.460	?

11. 简述什么是迁移学习。

12. 简述迁移学习中"域"和"任务"分别是什么?

13. 简述什么是负迁移。

14. 简述什么是增强学习。

15. 简述增强学习的主要策略有哪些。

第 **7** 章

数 据 挖 掘

7.1 数据挖掘概述

7.1.1 数据挖掘概念与发展

随着科学技术的飞速发展,使得各个领域或组织机构积累了大量的数据。如何从这些数据中提取有价值的信息和知识以帮助做出明智的决策成为巨大的挑战。计算机技术的迅速发展使得处理并分析这些数据成为可能,这种新的技术就是数据挖掘(Data Mining,DM),又称为数据库知识发现(Knowledge Discovery in Database,KDD)。

数据挖掘概念首次出现在 1989 年举行的第 11 届国际联合人工智能学术会议上,其思想主要来自机器学习、模式识别、统计和数据库系统。国内对数据挖掘的研究起步较晚,1993 年,国家自然科学基金首次支持该领域的研究。此后,国家和各省自然科学基金、国家社科基金、"863""973"项目、国家和各省的科技计划每年都有相关项目支持,众多研究机构和大学成立了专门的项目组,从事数据挖掘研究与应用的人员越来越多。现今,数据挖掘的基本理论问题逐步得到了解决,问题更多的集中在数据挖掘的应用方面。

数据挖掘是一种将传统的数据分析方法与处理大量数据的复杂算法相结合的技术。目前对其并没有统一的定义,但是众多教材中大多采用的是韩家炜先生给出的关于数据挖掘的定义:

数据挖掘就是从大量的、不完全的、有噪声的、模糊的、随机的数据中提取隐含在其中的、人们事先不知道的,但又是潜在有用的信息和知识的过程。

上述定义的含义有以下几个方面:第一,数据源必须是大量的、真实的,真实的数据往往含有噪声或缺失;第二,发现的是用户感兴趣的知识;第三,发现的知识要可接受,可理解,可运用,能支持特定的问题发现,能够支持决策,可以为企业带来利益,或者为科学研究寻找突破口。

7.1.2　数据挖掘的任务

数据挖掘的任务可以分为预测型任务和描述型任务。预测型任务就是根据其他属性的值预测特定属性的值,如回归、分类、离群点检测等。描述型任务就是寻找、概括数据中潜在联系的模式,如聚类分析、关联分析、演化分析、序列模式挖掘。

1. 分类分析

分类分析就是通过分析示例数据库中的数据,为每个类别做出准确的描述,或建立分析模型,或挖掘出分类规则,然后用这个分类模型或规则对数据库中的其他记录进行分类。分类分析已广泛用于用户行为分析、风险分析、生物分析、生物科学领域等。

2. 聚类分析

物以类聚,人以群分,聚类分析技术试图找出数据集中的数据的共性和差异,并将具有共性的对象聚合在相应的簇中。聚类分析已广泛应用于客户细分、定向营销、信息检索等领域。

聚类与分类是容易混淆的两个概念。聚类是一种无指导的观察式学习,没有预先定义的类。

3. 关联分析

关联分析是发现特征之间的相互依赖关系,通常是在给定的数据集中发现频繁出现的模式知识(又称关联规则)。关联规则广泛用于市场营销、事务分析等领域。

7.1.3　数据挖掘的应用

数据挖掘就是为大数据而生的,有大量数据的地方就有数据挖掘的用武之地。目前,应用较好的领域或行业有生物信息学、电信业、零售业以及保险、银行、证券等金融领域。

生物信息学是数据挖掘应用的新领域,是21世纪生物学的产物。科学家们在试图了解和认识自身的过程中产生了大量的生物分子数据。充分利用这些数据,通过数据分析、处理揭示这些数据的内涵,从而得到对人类有用的信息,在指导实验、精心设计实验方面发挥着重要作用,是生物学家、数学家和计算机科学家所面临的一个严峻挑战。

零售业收集了关于销售、顾客购物史、消费等大量数据,是数据挖掘很好的应用领域之一。零售数据挖掘可以帮助识别顾客购买行为,发现顾客的购买模式和趋势,改进服务质量,取得更好的顾客保持度和满意度,提高货品消费比,设计更好的货品运输与分销策略,降低成本。

金融领域存有大量的客户信息记录、自身服务记录等,可用数据挖掘技术分析客户需求和兴趣,银行方面可以预测存、贷款趋势等,可以更好地服务客户。为了避免不良贷款的风险,银行管理者可能希望挖掘银行对客户的记录信息来发现一些有意义的模式等。

随着网络的发展,大量的文档数据涌现在网上,文本挖掘显得更加重要,这也是数据挖掘应用的一个重要子领域。文本挖掘主要是寻找自然语言文本中的规律、模式或者趋向,并且通常是为了特定的目的进行关于文本的分析。文本挖掘继承了数据挖掘的很多方法,但又异于数据挖掘本身,因为文本挖掘着力于从非结构化或者半结构化的文本中抽取有用的知识,而数据挖掘则主要是从结构化的数据库中发现数据的主要模式。

7.1.4　数据挖掘过程与方法

数据挖掘只是数据挖掘过程的一部分,完整的挖掘过程还应包括以下步骤:定义业务目标、甄别数据源、收集数据、选择数据、数据质量检查、数据转换和结果解释。

一般来说,许多商业问题能够用比较广泛的数据挖掘技术来解决。此外,使用不同的数据挖掘技术也能够帮助审核数据挖掘结果的稳健性。对于市场细分来说,可以使用基于统计学的聚类分析,也可以使用神经网络聚类分析。其结果可能是一致的,也可能是不一致的。在结果一致的情况下,可以认为结果是稳健的;在结果不一致的情况下,在要基于这些结果做出商业决策之前,应该仔细地检查分析结果。

在数据挖掘阶段,概括而言,数据挖掘分析员可以使用的数据挖掘方法主要有如下几个:

(1) 预估模型,包括分类和预估两种类型。

(2) 聚类技术。

(3) 连接技术。

(4) 时间序列分析。

在本章中将介绍几种具体的数据挖掘方法。

7.2　分类

分类的任务就是确定对象属于哪个预定义的目标类。分类问题是一个普遍存在的问题,有许多不同的应用。例如,根据电子邮件的标题和内容检查出垃圾邮件,对一大堆照片区分出哪些是猫,哪些是狗。分类任务就是通过学习得到一个目标函数,把每个属性集 x 映射到一个预先定义的类标号 y。目标函数也称分类模型。

分类模型可以作为解释性的工具,用于区分不同类中的对象。分类模型还可以预测未知记录的类标号,分类模型可以看作一个黑箱,当给定未知记录的属性集上的值时,它自动地赋予未知样本类标号。

7.2.1　决策树分类法

有关决策树学习在第 6 章中已经提到,我们已经知道决策树分类法是一种简单但广泛的分类技术。

从原则上讲,对于给定的数据集,可以构造的决策树的数目达指数级。尽管某些决策树比其他决策树更为准确,但是由于搜索空间是指数规模的,找出最佳决策树在计算上是不可行的。现在的许多算法都采取贪心算法,采取一系列局部最优决策来构造决策树,比如Hunt算法。

设 D_t 是与节点 t 相关联的训练记录集,而 $y = \{y_1, y_2, \cdots, y_c\}$ 是类标号,Hunt算法的递归定义如下:

(1) 如果 D_t 中所有记录都属于同一类 y_t,则 t 是叶节点,用 y_t 标记。

（2）如果 D_t 中包含属于多个类的记录,则选择一个属性测试条件,将记录划分成较小的子集。对于测试条件的每个输出,创建一个子节点,并根据测试结果将 D_t 中的记录分布到子节点中。然后,对于每个子节点递归地调用该算法。

7.2.2 基于规则的分类器

基于规则的分类器是使用一组 if…then…规则来对记录进行分类的技术。为了建立基于规则的分类器,需要提取一组规则来识别数据集的属性和类标号之间的关键联系。提取分类规则的方法有两大类:直接方法和间接方法。直接方法是直接从数据中提取分类规则,间接方法是从其他分类模型中提取分类规则。

顺序覆盖算法经常被用来直接从数据中提取规则,规则对于某种评估度量以贪心的方式增长。该算法从包含多个类的数据集中一次提取一个类的规则。决定哪一个类的规则最先产生的标准取决于多种因素,如类的普遍性,或者给定类中误分类记录的代价。

顺序学习规则:对每个给定的类 C_j,希望规则可以覆盖该类的大多数元组,但不包括其他类的元组(或很少)。

（1）初始值为空规则集。

（2）使用 Learn-One＝Rule 函数得到一条新规则。

（3）从训练集中删除被新产生的规则所覆盖的实例。

（4）重复(2)和(3),直到满足停止标准为止。

7.2.3 朴素贝叶斯分类器

朴素贝叶斯分类方法是基于统计的学习方法,利用概率统计进行学习分类,如预测一个数据属于某个类别的概念。主要算法有朴素贝叶斯分类算法、贝叶斯信念网络分类算法等。

贝叶斯分类方法的主要特点如下:

（1）充分利用领域知识和其他先验知识,显式地计算假设概率,分类结果是领域知识和数据样本信息的综合体现。

（2）利用有向图的表示方式,用弧表示变量之间的依赖关系,用概率分布表示依赖关系的强弱。表示方法非常直观,有利于对领域知识的理解。

（3）能进行增量学习,数据样本可以增量地提高或降低某种假设的估计概率并且能方便地处理不完整数据。

贝叶斯定理是朴素贝叶斯分类算法和贝叶斯信念网络分类算法的基础,在 6.8 节讨论过,在此不再重复。下面介绍朴素贝叶斯分类算法。

根据朴素贝叶斯分类的原理,算法基本描述如下:

函数名：NativeBayes

输入：类标号未知的样本 $\boldsymbol{X}=\{x_1,x_2,\cdots,x_n\}$。

输出：未知样本 $\boldsymbol{X}$ 所属类别号。

1   for $j＝1$ to m

2   计算 $\boldsymbol{X}$ 属于每个类别 C_j 的概率 $P(\boldsymbol{X}|C_j)=P(x_1|C_j)P(x_2|C_j)\cdots P(x_n|C_j)$

3   计算训练集中每个类别 C_j 的概率 $P(C_j)$

4   计算概率值 $\theta=P(\boldsymbol{X}|C_j)\times P(C_j)$

5　End for

6　选择计算概率值 θ 最大的 C_j（$1 \leqslant i \leqslant m$）作为类别输出

7.2.4　基于距离的分类算法

给定一个数据库 $D = \{t_1, t_2, \cdots, t_n\}$ 和一组类 $C = \{C_1, C_2, \cdots, C_m\}$。假定每个元组包括一些数值型的属性值：$t_i = \{t_{i1}, t_{i2}, \cdots, t_{ik}\}$，每个类也包含数值性属性值：$C_j = \{C_{j1}, C_{j2}, \cdots, C_{jk}\}$，则分类问题是要分配每个 t_i 到满足如下条件的类 C_j：

$$\mathrm{sim}(t_i, C_j) \geqslant \mathrm{sim}(t_i, C_p), \quad \forall C_p \in C, \quad C_p \neq C_j$$

其中 $\mathrm{sim}(t_i, C_j)$ 称为相似性。

在实际的计算问题中往往用距离来表征相似性。距离越近，相似性越大；距离越远，相似性越小。为了计算相似性，应首先得到表示每个类的向量。最常用的是通过计算每个类的中心来完成。

基于距离的分类算法如下：

输入：每个类的中心 $C_1, C_2, \cdots, C_m$；待分类的元组 t。

输出：每个类别 c。

1　dist $= \infty$

2　for $i = 1$ to m do

3　　if dist$(c_i, t) <$ dist then begin

4　　　$c \leftarrow i$

5　　　dist $\leftarrow$ dist(c_i, t)

6　　end

该算法通过对每个元组和各个类的中心进行比较，从而可以找出它的最近的类中心，得到确定的类别标记。

7.3　聚类

7.3.1　概念

聚类分析的核心是聚类，聚类是一种无监督学习，实现的是将整个数据集分成不同的"簇"，在相关的文献中，也将之称为"对象"或"数据点"。聚类要求簇与簇之间的区别尽可能大，而簇内数据的差异尽可能小。与分类不同，不需要先给出数据的类别属性。

7.3.2　聚类分析的基本方法

聚类分析的研究主要基于距离和基于相似度的方法。经过长时间的发展，形成不少聚类算法。根据不同的数据类型和聚类的目的可以选择不同的聚类算法。主要的聚类算法可以划分为如下 4 类。

1. 划分聚类的方法

给定一个数据集，构建数据集的有限个划分，每个划分都是一个簇，且每一个划分应当

满足如下两个条件:

(1) 每个划分中至少包含一个样本。

(2) 每个样本只能属于一个簇。

k-Means 和 k-Medoids 就是典型的划分聚类算法,下面介绍 k-Means 的具体算法。

k-Means 算法是一种最常用的基于划分的聚类方法。其基本思想是:把数据集划分成 k 个簇(k 由用户指定),每个簇内部的样本非常相似,但不同簇之间样本则又差异很大。在给定初始 k 个簇之后,算法根据某个距离函数反复地把数据分入 k 个聚类中,直到满足终止条件为止。

下面给出 k-Means 的算法思想:

k:聚类中心个数,D:数据样本。

1　确定 k 个数据点作为初始聚类中心

2　repeat

3　for 对于数据样本 D 中的每个数据 x

4　　　计算 x 到每个聚类中心的距离

5　　　将 x 分配到最近的那个聚类中心所属的类

6　End for

7　计算当前每个类的均值,并作为新的聚类中心

8　满足终止条件结束,否则执行循环部分

终止(收敛)条件可以是以下的任何一个:

- 没有(或只有最小数目的)数据点被重新分配给不同的聚类。
- 没有(或只有最小数目的)聚类中心再发生变化。
- 误差平方和(SSE)局部最小。

$$SSE = \sum_{j=1}^{k} \sum_{x \in C_j} \parallel x_i^{(j)} - m_j \parallel^2$$

其中 k 表示聚类数目,C_j 表示第 j 个聚类,m_j 是聚类 C_j 的聚类中心(C_j 中所有数据点的均值向量)$\parallel x_i^{(j)} - m_j \parallel$ 表示数据点 x 和聚类中心 m_j 之间的距离。

这里只是强调 SSE 局部最小,k-Means 算法并不能保证找到对应于最小化全局目标函数的最优解。该算法对于随机选取的初始聚类中心非常敏感,但是可以通过多次执行该算法来清除初始中心敏感的影响。

k-Means 并不适合所有的数据类型,比如它不能处理非球形簇、不同尺寸和不同密度的簇,尽管指定足够大的簇个数时,它通常可以发现纯子簇。对包含离群点的数据进行聚类时,k-Means 也有问题。最后,k-Means 仅限于具有中心(质心)概念的数据。

下面举例说明该算法的实现过程。

例 7.1　现有一个数据集 $\{1,2,30,15,10,18,3,9,8,25\}$,用 k-Means 算法将这些数据进行聚类。

解:首先给出 $k=3$,即将数据集聚成 3 类。随机选取后 3 个数作为初始簇均值:$m_1=9$,$m_2=8$,$m_3=25$,开始迭代。

第一次迭代:分别计算其余每个数据到这 3 个均值的距离,并将其分给距离最近的均值所代表的簇。这里采用的距离值为两个数的差的绝对值。这样可以得到 3 个簇为

$$K_1 = \{1,2,3,8\}, \quad K_2 = \{9,10,15\}, \quad K_3 = \{18,25,30\}$$

对这个结果重新计算每个簇的均值,则均值将更新为 $m_1 = 3.5, m_2 = 11.3, m_3 = 24.3$。

第二次迭代:重复第一次迭代中的方法,得到新的 3 个簇为

$$K_1 = \{1,2,3\}, \quad K_2 = \{8,9,10,15\}, \quad K_3 = \{18,25,30\}$$

新的均值为 $m_1 = 2, m_2 = 13, m_3 = 24.3$。

第三次迭代:重复第一次迭代中的方法,得到新的 3 个簇为

$$K_1 = \{1,2,3\}, \quad K_2 = \{8,9,10,15,18\}, \quad K_3 = \{25,30\}$$

新的均值为 $m_1 = 2, m_2 = 12, m_3 = 27.5$。

第四次迭代:重复第一次迭代中的方法,得到新的 3 个簇为

$$K_1 = \{1,2,3\}, \quad K_2 = \{8,9,10,15,18\}, \quad K_3 = \{25,30\}$$

由此可以看出,每个簇中的数据不再被重新分配,数据达到稳定,算法终止。

2. 层次聚类的方法

层次聚类技术是第二类重要的聚类方法。与 k -Means 一样,与许多聚类方法相比,这些方法相对较老,但是它们仍然被广泛使用。在这些方法中,采用的是某种标准对给定的数据集进行层次的分解。其结构实际上就是层次树。可以通过两种方法来构造层次树,即自底向上的方法和自顶向下的方法,它们分别又称为凝聚的方法和分裂的方法。凝聚的方法是最初假设所有项属于一个单独的簇,然后寻找最佳配对并合并成一个新簇,聚类的过程从底部开始,最终的结果显示在最上面;分裂的方法与之相反,开始时将所有数据看作一个簇,按照某种标准,将每一簇分裂为更小的簇。直到最终每个样本单独出现在一个簇中,或者达到一个指定的阈值终止条件。到目前为止,凝聚层次聚类技术最为常见。

层次聚类常常使用称为树状图(dendrogram)的类似树的图显示。该图显示簇-子簇联系和簇合并或分裂的次序。对于二维点的集合,层次聚类也可以使用嵌套簇图(nested cluster diagram)表示。

层次聚类的方法尽管简单,但经常会遇到合并或分裂点选择的困难。这样的决定是非常关键的,因为一旦一组对象合并或分裂,下一步的处理将对新生成的簇进行。而且它不具有很好的可伸缩性,因为合并或分裂的决定需要检查和估算大量的对象或簇。层次聚类缺乏全局目标函数,凝聚层次聚类技术使用各种标准,在每一步局部地确定哪些簇应当合并或分裂,这种方法产生的聚类算法避开了解决困难的组合优化问题。对于合并两个簇,凝聚层次聚类算法倾向于做出好的局部决策,因为它们可以使用所有点的逐对相似度信息,然而一旦做出合并两个簇的决策,以后就不能撤销,这种方法阻碍了局部最优标准变成全局最优标准。就计算量和存储需求而言,凝聚层次聚类算法是昂贵的,所有合并都是最终的,对于噪声、高维数据(如文档数据),这也可能造成很多问题。先使用其他技术进行聚类,这两个问题在某种程度上都可以加以解决。

给定聚类簇 C_i 和 C_j,可以通过以下公式计算它们的最小距离、最大距离和平均距离。

最小距离: $d_{\min}(C_i, C_j) = \min\limits_{x \in C_i, z \in C_j} \text{dist}(x, z)$

最大距离: $d_{\max}(C_i, C_j) = \max\limits_{x \in C_i, z \in C_j} \text{dist}(x, z)$

平均距离: $d_{\text{avg}}(C_i, C_j) = \dfrac{1}{\parallel C_i \parallel \parallel C_j \parallel} \sum\limits_{x \in C_i} \sum\limits_{z \in C_j} \text{dist}(x, z)$

当算法使用最小距离 $d_{\min}(C_i,C_j)$ 衡量簇间距离时,有时称它为最近邻聚类算法。此外,如果当最近的簇之间的距离超过某个任意的阈值时聚类过程就会终止,则称其为单连接算法。

当算法使用最大距离 $d_{\max}(C_i,C_j)$ 衡量簇间距离时,有时称它为最远邻聚类算法。此外,如果当最近簇之间的最大距离超过某个任意的阈值时聚类过程就会终止,则称其为全连接算法。

层次聚类里有如下几种常见的算法:Chameleon、CURE、ROCK、BIRCH、DIANA 和 AGNES。下面主要介绍 AGNES。

AGNES 是一种采用自底向上聚合策略的层次聚类方法。它先将数据集中的每个样本看作一个初始聚类簇,然后在算法运行的每一步找出距离最近的两个聚类簇进行合并,该过程不断重复,直至达到预设的聚类簇个数。

AGNES 算法描述如下:

输入:样本集 $D=\{x_1,x_2,\cdots,x_m\}$;聚类簇距离度量函数 d;聚类簇数 k。

1 for $j=1,2,\cdots,m$ do
2    $C_j=\{x_j\}$
3 end for
4 for $i=1,2,\cdots,m$ do
5   for $j=1,2,\cdots,m$ do
6      $M(i,j)=d(C_i,C_j)$
7      $M(j,i)=M(i,j)$
8   end for
9 end for
10 设置当前聚类簇个数:$q=m$
11 while $q>k$ do
12   找出距离最近的两个聚类簇 C_{i^*} 和 C_{j^*}
13   合并 C_{i^*} 和 C_{j^*}:$C_{i^*}=C_{i^*}\bigcup C_{j^*}$
14   for $j=j^*+1,j^*+2,\cdots,q$ do
15   将聚类簇 C_j 重新编号为 C_{j-1}
16   end for
17   删除距离矩阵 $\boldsymbol{M}$ 的第 j^* 行与第 j^* 列
18   for $j=1,2,\cdots,m$ do
19     $M(i^*,j)=d(C_{i^*},C_j)$
20     $M(j,i^*)=M(i^*,j)$
21   end for
22   $q=q-1$
23 end while

输出:簇划分 $C=\{C_1,C_2,\cdots,C_k\}$。

3. 基于密度的方法

大部分划分方法基于对象之间的距离进行聚类。这样的方法只能发现球状簇,而在发现任意形状的簇时遇到了困难。目前已经开发了基于密度概念的聚类方法,其主要思想是:只要"领域"中的密度超过了某个阈值,就继续增长给定的簇。也就是说,对给定簇中的每个数据点,在给定半径的领域中必须至少包含最少数目的点。这样的方法可以用来过滤噪声或离群点,发现任意形状的簇。

基于密度的聚类代表算法有 DBSCAN、OPTICS、DENCLUE 算法等。下面介绍 DBSCAN 算法。

DBSCAN(Density-Based Spatial Clustering of Applications with Noise)是一个比较有代表性的基于密度的聚类方法。与层次聚类不同,它将簇定义为密度相连的点的最大集合,能够把具有足够高密度的区域划分为簇,并可在有"噪声"的空间数据库中发现任意形状的聚类。给定数据集 $D = \{x_1, x_2, \cdots, x_m\}$,定义下面这几个概念。

ε 邻域:对 $x_i \in D$,其 ε 邻域包含样本集 D 中与 x_j 的距离不大于 ε 的样本,即

$$N_\varepsilon(x_j) = \{x_i \in D \mid \mathrm{dist}(x_i, x_j) \leqslant \varepsilon\}$$

核心对象:如果一个对象的 ε 邻域至少包含最小数目(MinPts)个对象,则称该对象为核心对象。

密度可达:给定一个对象集合 D,如果 p 在 q 的 ε 邻域内,而 q 是一个核心对象,就说对象 p 从对象 q 出发是密度可达的。

密度相连:对 x_i 与 x_j,若存在 x_k 使得 x_i 与 x_j 均由 x_k 密度可达,则称 x_i 与 x_j 密度相连。

DBSCNA 使用簇的基于密度的定义,因此它是相对抗噪声的,并且能够处理任意形状和大小的簇。这样,DBSCNA 可以发现使用 k-Means 不能发现的许多簇。然而,当簇的密度变化太大时,DBSCNA 就会有麻烦。对于高维数据,它也有问题,因为对于这样的数据,密度定义更为困难。最后,当近邻计算需要计算所有的点对邻近度时,DBSCNA 的开销可能是很大的。

下面介绍 DBSCAN 的算法描述:

输入:包含 n 个对象的数据库,半径 ε,最少数目 MinPts。

输出:所有生成的簇,达到密度要求。

1　REPEAT

2　　从数据库中抽取一个未处理过的点

3　　IF 抽出的点是核心点 THEN 找出所有从该点密度可达的对象,形成一个簇

4　　ELSE 抽出的点是边缘点(非核心对象),跳出本次循环,寻找下一点

5　UNTIL 所有点都被处理

DBSCAN 的算法步骤如下:

输入:数据集 D,参数 MinPts、ε。

1　将数据集 D 中的所有对象标记为 unvisited

2　do

3　　从 D 中随机选取一个 unvisited 对象 p,并将 p 标记为 visited

4　　if p 的 ε 邻域包含的对象数至少为 MinPts 个

5　　　创建新簇 C,并把 p 添加到 c 中

6　　　令 N 为 p 的 ε 邻域中对象的集合

7   for N 中每个点 p_i

8   if p_i 是 unvisited

9   标记 p_i 是 visited

10   if p_i 的 ε 邻域至少有 MinPts 个对象,把这些对象添加到 N

11   if p_i 还不是任何簇的对象,将 p_i 添加到簇 C 中

12   end for

13   输出 C

14 Else 标记 p 为噪声

15 Until 没有标记为 unvisited 的对象

输出:簇集合。

4. 基于模型的聚类

基于模型的聚类方法试图将给定数据与某个数学模型达成最佳拟合。此类方法经常假设数据是根据潜在的概率分布生成的。基于模型的聚类方法主要包括统计学方法、概念聚类方法和神经网络方法。

AutoClass 方法是一种基于贝叶斯理论的数据聚类算法,通过对数据进行处理,计算出每条数据属于每个类别的概率值,对数据进行聚类。AutoClass 能对复杂数据进行精确的自动聚类,可以事先设定好类别数目让 AutoClass 自动寻找,在寻找结束后,能够得到每一条数据分别属于每一类别的几率。AutoClass 的程序是由 Cheeseman 和 Stutz 在 1995 年开发出来的。

AutoClass 具有以下优点:

(1) 聚类的数据不需要预先给定数据类别,但是定义了每个数据成员。

(2) 可以处理连续型或离散型数据。在 AutoClass 中,每一组数据都以一个向量来表示,其中每个分量分别代表不同的属性,这些属性数据可以是连续型或离散型。

(3) AutoClass 要求将数据存成 Data File(纯数据文件)与 Header File(描述数据的文件)两部分,这样可以让使用者自由搭配 Data File 和 Header File 而节省输入数据的时间。

(4) 可以处理缺值数据。当一组数据中的某些属性值缺失时,AutoClass 仍可对此组数据进行聚类。

AutoClass 也存在以下缺点:

(1) AutoClass 概率模型的前提是各属性相互独立,而这个假设在许多领域中是不成立的。

(2) AutoClass 不是一个完全自动化的聚类算法,需要主观地决定数据的适当群数范围,而此问题却是聚类的一大难题。

(3) 使用 AutoClass 处理数据时,必须不断地重复假设与测试,并结合专业知识与程序,才能得出良好的结果,因而要花费大量的时间。

(4) 没有提供一个先验标准来预测一组数据是否能够聚类,因而带有一定的臆断性。没有提供一个后验方法来评估分类的结果是否可以信赖。

概念聚类是一种机器学习聚类方法,给定一组未标记的对象,产生对象的分类模式。与传统的聚类不同,概念聚类除了确定相似的对象分组外,还找出每组对象的特征描述,其中每组对象代表一个概念或类。因此,概念聚类是一个两步的过程:首先进行聚类,然后给出

特征描述。

COBWEB 是一个常用且简单的增量式概念聚类方法。它的输入对象采用符号-值对(属性-值对)来描述。该方法采用分类树的形式创建一个层次聚类。

SOM 是神经网络方法的典型代表,SOM 采用 WTA(Winner Takes All)竞争学习算法,其聚类过程通过若干单元对当前单元的竞争来完成,与当前单元权值向量最接近的单元成为赢家或获胜单元,同时抑制距离较远的神经元。SOM 可以在不知道输入数据任何信息结构的情况下学习到输入数据的统计特征。其优点在于:可以实现实时学习,网络具有自稳定性,无须外界给出评价函数,能够识别向量空间中最有意义的特征,抗噪声能力强。缺点是时间复杂度较高,难以用于大规模数据集。

7.4 关联规则

关联规则是数据中所蕴含的一类重要规律,用关联规则进行挖掘是数据挖掘的一项根本任务,甚至可以说是数据库和数据挖掘领域中所发明并被广泛研究的最为重要的模型。关联规则的目标是在数据项目中找出所有的并发关系,这种关系也称为关联。

关联规则挖掘的经典应用是购物篮的数据分析,通过数据找出顾客在商场所选购的商品之间的关联。例如,如果一位顾客购买了产品 A,该顾客还有多大的可能会同时购买产品 B,或是某顾客在买了产品 A 和产品 B 的情况下还可能会买什么产品。诸如此类的问题都能从关联分析中找到答案。

7.4.1 基本概念

1. 关联规则的形式

设 $I = \{i_1, i_2, \cdots, i_m\}$ 是一个项目集合,T 是一个(数据库)事务(Transaction)集合,其中每个事务 t_i 是一个子项目集合,并满足 $t_i \subseteq I$。那么,一个关联规则可以表示成如下形式的蕴含关系:

$$X \rightarrow Y, 其中 X \subseteq Y, Y \subseteq I 且 X \cap Y = \varnothing$$

X 或 Y 是一个项目集合,称为项集,并称 X 为前件,Y 为后件。

I 表示一个商场中出售的所有商品。D 是一个事务,即可以认为是一位客户一次购买的商品集合。例如,一个具体事务可以是

$$\langle 鸡肉,啤酒,奶酪 \rangle$$

表示一位客户一次购买了鸡肉、啤酒和奶酪这 3 件商品。由此可以得到的一条规则是

$$鸡肉,啤酒 \rightarrow 奶酪$$

其中,鸡肉、啤酒构成的集合就是 X,奶酪就是 Y。

2. 关联规则强度指标

由事务(transaction)得到的关联可能很多,而我们关心的是找出强关联。这时就需要有相应的指标来衡量,用来衡量规则强度的指标不唯一,例如支持度、置信度和增益等。支持度和置信度是两个常用的衡量关联规则强度的指标。

关联规则 $X \Rightarrow Y$ 的支持度是数据库中包含 $X \cup Y$ 的事务占全部事务的百分比。它是概率 $P(X \cup Y)$，记作 support$(X \Rightarrow Y) = P(X \cup Y)$。

关联规则 $X \Rightarrow Y$ 的置信度是包含 $X \cup Y$ 的事务与包含 X 的事务数的比值。它是概率 $P(Y|X)$，记作 confidence$(X \Rightarrow Y) = P(Y|X)$。

在进行关联规则前，由用户预先定义最小支持度阈值(min_sup)和最小置信度阈值(min_conf)。对于那些支持度和置信度分别大于或等于 min_sup 和 min_conf 的规则，将其称为强规则。

3. 频繁项集

每个属性由多个元素组成，这里的元素称为项(item)，多个项组成的集合称为项集(itemset)。根据项集中包含的项的数量，项集可以是 1 项集、2 项集或者 k 项集。例如{啤酒}、{牛奶}就是 1 项集；{牛奶,啤酒,奶酪}则是 3 项集。如果某个项集的支持度大于或等于预先设定的最小支持度阈值(min_sup)，则将这个项集称为频繁项集或大项集，所有的频繁 k 项集组成的集合通常记为 L_k。

7.4.2 关联规则挖掘算法

关联规则挖掘算法中，以 Agrawal 等人提出的 Apriori 算法最为著名，它是常用的关联规则挖掘算法，其挖掘的过程主要包含两个阶段：第一阶段先从数据集中找出所有的频繁项集，它们的支持度大于等于最小支持度阈值(min_sup)。第二阶段由这些频繁项集产生关联规则，计算它们的置信度，然后保留那些置信度大于等于最小置信度阈值(min_conf)的关联规则。

1. Apriori 算法中候选集合的产生

Apriori 算法中候选集合的产生由连接和剪枝两个步骤组成。

(1) 连接。为了找 L_k，通过 L_{k-1} 与自己连接产生候选 k 项集的集合，该候选 k 项集记为 C_k。L_{k-1} 中的两个项集 l_1 和 l_2 可以执行连接操作 $l_1 \infty l_2$ 的条件是($l_k[i]$ 表示项集中的第 i 个元素)：

$$(l_1[1] = l_2[1]) \wedge (l_1[2] = l_2[2]) \wedge \cdots \wedge (l_1[k-2] = l_2[k-2])$$
$$\wedge (l_1[k-1] = l_2[k-1])$$

(2) 剪枝。C_k 是 L_k 的超集，即它的成员可能不是频繁的，但是所有频繁的 k 项集都在 C_k 中。因此可以通过扫描数据库并计算每个 k 项集的支持度来得到 L_k。

为了减少计算量，可以利用 Apriori 性质剪枝，即如果一个 k 项集中包含的 $k-1$ 个元素的子集不在 L_{k-1} 中，则该候选集不可能是频繁的，可以直接从 C_k 中删除。

2. Apriori 算法过程

输入：事务数据库 D；最小支持度阈值 min_sup；最小置信度阈值 min_conf。

输出：事务数据库 D 中的所有频繁项目集 L 和关联规则 AR。

算法描述：

1　$L_1 =$ find_frequent_1_itemsets(D);

2　for($k = 2$；$L_{k-1} \neq \varnothing$；$k++$) {

3　　$C_k =$ apriori_gen(L_{k-1}, min_sup)；

4　　for each transaction $t \in D$ {　　　//扫描 D 以计数

5　　　$C_t =$ subset(C_k, t)；　　　//得到 t 的候选子集

6　　　for each candidate $c \in C_t$；

7　　　c. count++；

8　　}

9　　$L_k = \{c \in C_k \mid$ c. count $\geqslant$ min_sup$\}$

10　}

11　return $L = \bigcup_k L_k$；

子程序 apriori_gen(L_{k-1}；frequent$(k-1)$itemset)：

1　for each itemset $l_1 \in L_{k-1}$

2　　for each item $l_2 \in L_{k-1}$

3　　　if $(l_1[1] = l_2[1]) \wedge (l_1[2] = l_2[2]) \wedge \cdots \wedge (l_1[k-1] = l_2[k-1])$

4　　　　$c = l_1 \infty l_2$　　　　　　　//连接步；产生候选

5　　　　if has_infrequent_subset(c, L_{k-1}) then

6　　　　　delete c；

7　　　　else add c to C_k；

8　　}

9　return C_k

子程序 has_infrequent_subset(c：candidate k itemset；L_{k-1}：frequent$(k-1)$ itemset)：

　　//使用先验知识

1　for each $(k-1)$subset s of c

2　if　$s \notin L_{k-1}$ then

3　　return true

4　return false

　　Apriori算法的计算复杂度主要受支持度阈值、项数(维度)、事务数和事务的平均宽度影响。降低支持度阈值通常导致更多的频繁项集,这给算法的计算复杂度带来不利影响,因为必须产生更多候选项集并对其计数。随着支持度阈值的降低,频繁项集的最大长度将增加,随之算法需要扫描数据集的次数也将增多。随着项数的增加,需要更多的空间来存储项的支持度计数。由于 Apriori 算法反复扫描数据集,事务的平均宽度可能很大,而频繁项集的最大长度随事务平均宽度的增加而增加,并且随着事务宽度的增加,事务中将包含更多的项集,这将增加支持度计数时 Hash 树的遍历次数。

　　下面举例说明该算法规则。

　　例 7.2　现有一个事务数据库如表 7.1 所示。找出其所有满足最小支持度计数的关联规则。

表 7.1　**AllElectronics 数据库**

TID	List of item_ID
T100	I1,I2,I5
T200	I2,I4
T300	I2,I3
T400	I1,I2,I4
T500	I1,I3
T600	I2,I3
T700	I1,I3
T800	I1,I2,I3,I5
T900	I1,I2,I3

表的每一行表示一条交易,共有 9 行,左边表示顾客 ID,右边表示商品 ID,为了方便计算,这里给出最小支持度计数为 min_sup=2(等于最小支持度为 22%)。

首先,扫描数据库,识别所有 1 项集和它们的支持度计数,将它们称为候选 1 项集,记作 C_1,然后选择其支持度大于或等于 min_sup 的项,将这些项称为频繁 1 项集,并记作 L_1。这样就识别了所有的频繁 1 项集。

下面需要做类似的工作,产生所有可能频繁 2 项集,称为候选 2 项集,记作 C_2。这可以通过从 L_1 产生所有可能的 2 项集来实现。扫描数据库,确定 C_2 中每个项集的支持度,再从 C_2 中选择那些满足支持度大于或等于 min_sup 的项集,得到 L_2。

产生关联规则的过程如图 7.1 所示。

其中,C_3 分两步得到。第一步是连接,即 $L_1 \bowtie L_2 = \{\{I1,I2,I3\}、\{I1,I2,I5\}、\{I1,I3, I5\}、\{I2,I3,I4\}、\{I2,I3,I5\}、\{I2,I4,I5\}\}$。第二步是利用 Apriori 性质剪枝:

- $\{I1,I2,I3\}$ 的 2 项子集为 $\{I1,I2\}$、$\{I2,I3\}$、$\{I1,I3\}$,它的所有 2 项子集都是 L_2 中的元素,因此保留这一项。
- $\{I1,I2,I5\}$ 的 2 项子集为 $\{I1,I2\}$、$\{I2,I5\}$、$\{I1,I5\}$,它的所有 2 项子集都是 L_2 中的元素,因此保留这一项。
- $\{I1,I3,I5\}$ 的 2 项子集为 $\{I1,I3\}$、$\{I1,I5\}$、$\{I3,I5\}$,其中 $\{I3,I5\}$ 不是 L_2 中的元素,因此删除这一项。
- $\{I2,I3,I4\}$ 的 2 项子集为 $\{I2,I3\}$、$\{I2,I4\}$、$\{I3,I4\}$,其中 $\{I3,I4\}$ 不是 L_2 中的元素,因此删除这一项。
- $\{I2,I3,I5\}$ 的 2 项子集为 $\{I2,I3\}$、$\{I2,I5\}$、$\{I3,I5\}$,其中 $\{I3,I5\}$ 不是 L_2 中的元素,因此删除这一项。
- $\{I2,I4,I5\}$ 的 2 项子集为 $\{I2,I4\}$、$\{I2,I5\}$、$\{I4,I5\}$,其中 $\{I4,I5\}$ 不是 L_2 中的元素,因此删除这一项。

经过上述的过程则可以得到图 7.1 中的 $C_3\{\{I1,I2,I3\}、\{I1,I2,I5\}\}$。这样就得到了全部的频繁项集。

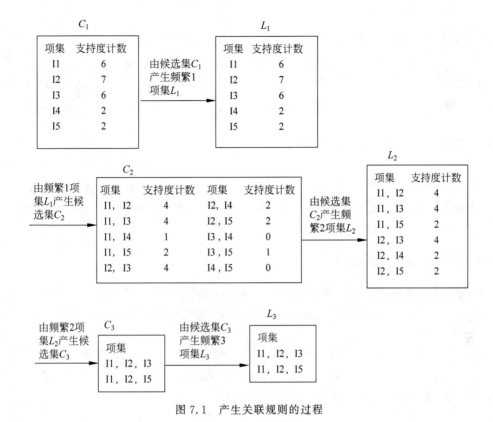

图 7.1 产生关联规则的过程

7.4.3 关联规则生成

得到所有的频繁项集后,关联规则就很容易了。对于置信度,可以用下面的公式计算:

$$\text{confidence}(A \Rightarrow B) = P(B \mid A) = \frac{\text{support\_count}(A \bigcup B)}{\text{support\_count}(A)}$$

条件概率用项集的支持度计数表示,其中,sup port_count$(A \bigcup B)$是包含项集 $A \bigcup B$ 的事务数,而 sup port_count(A)是包含项集 A 的事务数。由此,关联规则可以按以下的步骤产生:

(1) 对于每个频繁项集 L,产生 L 的所有非空子集。

(2) 对于 L 的每个非空子集 S,如果$\frac{\text{support\_count}(t)}{\text{support\_count}(s)} \geqslant$ min_conf(其中 min_conf 是最小置信度阈值),则输出规则 $s \Rightarrow (l-s)$。

由于规则由频繁项集产生,因此每个规则都自动满足最小支持度。频繁项集和它们的支持度可以预先放在散列表中,使得它们可以被快速访问。由前面的例子可以知道 AllElectronics 数据库包含频繁项集 $X = \{I1, I2, I5\}$,其非空子集是$\{I1, I2\}$、$\{I1, I5\}$、$\{I5, I2\}$、$\{I1\}$、$\{I2\}$、$\{I5\}$。产生关联规则如下:

$$\{I1, I2\} \Rightarrow \{I5\}, \quad \text{confidence} = 2/4 = 50\%$$
$$\{I1, I5\} \Rightarrow \{I2\}, \quad \text{confidence} = 2/2 = 100\%$$
$$\{I2, I5\} \Rightarrow \{I1\}, \quad \text{confidence} = 2/2 = 100\%$$

$$\{I1\} \Rightarrow \{I2, I5\}, \quad confidence = 2/6 \approx 33\%$$

$$\{I2\} \Rightarrow \{I1, I5\}, \quad confidence = 2/7 \approx 29\%$$

$$\{I5\} \Rightarrow \{I1, I2\}, \quad confidence = 2/2 = 100\%$$

如果最小置信度值为70%,则只有第二个、第三个和最后一个可以输出,因为只有这些产生强规则。

在线视频

7.5 实践：*K*-Means 聚类

聚类分析的核心是聚类,聚类是一种无监督学习,实现的是将整个数据集分成不同的"簇",在相关的文献中,也将之称为"对象"或"数据点"。聚类要求簇与簇之间的区别尽可能大,而簇内数据的差异尽可能小。

7.5.1 *K*-Means 基本原理

K-均值聚类是最常用的聚类方法之一。从它的名字来讲,*K* 代表最终将全部样本数据集和聚类为 *k* 个类别。而均值代表在聚类的过程中,我们计算聚类中心点的特征向量时,需要采用求相邻样本点特征向量均值的方式进行。

在一个标准的 *k* 均值聚类过程中,首先要人为确定 *k* 值的大小,也就是聚类的数量。然后,我们会使用一种叫 Forgy 的方法初始化聚类,Forgy 也就是随机地从数据集中选择 *k* 个观测作为初始的均值点,如图 7.2 所示。

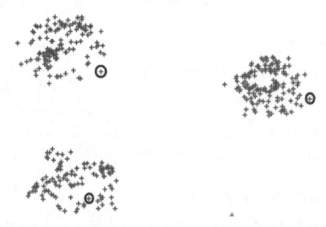

图 7.2 随机选取初始均值点

然后,以这三个样本点为基准,将剩余的数据点按照与其距离最近的标准进行类别划分,如图 7.3 所示。

这样我们就得到的了 A,B,C 三个区域。然后,我们求解各区域中数据点集的中心点,这一步也就是更新。然后得到三个新的中心点。重复上面的步骤,得到 D,E,F 三个区域,如图 7.4 所示。

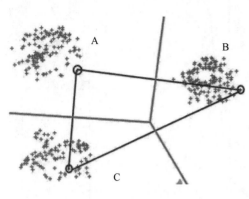

图 7.3 划分区域　　　　　　　　图 7.4 迭代

重复上面的步骤,直到三个区域的中心点变化非常小或没有变化时,终止迭代。最终,就将全部数据划分为 3 个类别。

在使用 K-Means 聚类时,我们一般通过计算轮廓系数(silhouette coefficient),来确定 k 值的大小。轮廓系数是聚类效果好坏的一种评价方式。轮廓系数结合内聚度(cohesion)和分离度(separation)两种因素,可以用来在相同原始数据的基础上用来评价不同算法、或者算法不同运行方式对聚类结果所产生的影响。对于某一点 i,我们用 $a(i)$ 表示 i 距离同类中其他点之间的距离的平均值,而 $b(i)$ 表示 i 到所有非同类点的平均距离,然后取最小值。于是 i 的轮廓系数计算如下:

$$s(i) = \frac{b(i) - a(i)}{\max\{a(i), b(i)\}}$$

然后,我们计算数据集中所有点的轮廓系数,最终以平均值作为当前聚类的整体轮廓系数。整体轮廓系数介于 $[-1, 1]$,越趋近于 1 代表聚类的效果越好。

7.5.2 K-Means 聚类实现

本实验采用 three_class_data.csv 作为数据集,首先利用 sklearn.metrics.silhouette_score() 方法依次计算 2～12 类的轮廓系数。

```
for i in range(10):
    model = k_means(x, n_clusters = i + 2)
    score.append(silhouette_score(x, model[1]))
```

由图 7.5(a)左侧为原数据集散点图,而图 7.5(b)是依次计算 2～12 类的轮廓系数折线图。由图 7.5(b)明显看到,当 k 取 3 时,轮廓系数最大。也就是说,推荐我们将原数据集聚为 3 类。这也与我们直观的观察结果相符。

在得到 k 值之后,我们采用 K-Means 对 three_class_data.csv 实现聚类,如图 7.6 所示。

```
model = k_means(x, n_clusters = 3)
```

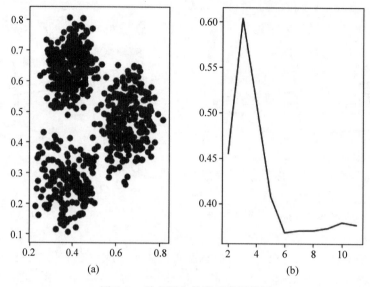

图 7.5　散点图与轮廓系数折线图

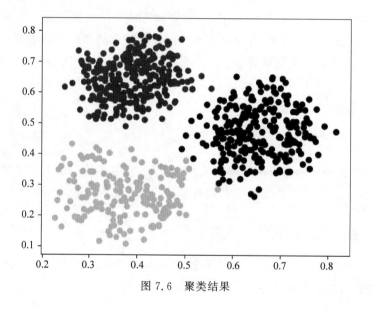

图 7.6　聚类结果

实践示例代码参见附录 E。

7.5.3　思考与练习

请尝试使用 three_class_data. csv 数据集,采用 Mini Batch *K*-Means、Affinity Propagation、Mean Shift、Agglomerative Clustering 等聚类算法,对数据实现聚类。

7.6　习题

1. 什么是数据挖掘?

2. 数据挖掘的主要内容是什么?

3. 数据分类和聚类有何不同?

4. 常用的数据挖掘的模型和算法有哪些? 如何评价数据挖掘算法的优劣?

5. 简述数据挖掘的方法与过程。

6. 数据挖掘目前研究的热点是什么? 谈谈你对数据挖掘研究发展趋势的看法。

7. 简述常用的分类算法,并编程实现朴素贝叶斯分类算法。

8. 简述常用的聚类算法,并编程实现 K-Means 算法。

9. 简述常用的关联规则方法,并编程实现 Apriori 算法。

10. 对于下面每一个问题,请在购物篮领域举出一个满足下面条件规则的例子。此外,指出这些规则是否是主观上有趣的。

(1) 具有高支持度和高置信度的规则。

(2) 具有相当高的支持度却有较低置信度的规则。

(3) 具有低支持度和低置信度的规则。

(4) 具有低支持度和高置信度的规则。

11. 下表是西瓜数据集,试用 k-Means 算法对这些数据进行聚类,得到最终的簇划分。

编　号	密　度	含　糖　率
1	0.697	0.460
2	0.774	0.376
3	0.634	0.264
4	0.608	0.318
5	0.556	0.215
6	0.403	0.237
7	0.481	0.149
8	0.437	0.211
9	0.666	0.091
10	0.243	0.237
11	0.245	0.057
12	0.343	0.099
13	0.639	0.161
14	0.657	0.198
15	0.36	0.370
16	0.593	0.042
17	0.719	0.103
18	0.359	0.188
19	0.339	0.241
20	0.282	0.257
21	0.748	0.232
22	0.714	0.346
23	0.483	0.314
24	0.487	0.432
25	0.525	0.396

编　号	密　度	含　糖　率
26	0.462	0.472
27	0.841	0.376
28	0.614	0.445
29	0.443	0.412
30	0.325	0.559

12. 考虑下表中显示的购物篮事务。

事务 ID	购　买　项
1	{牛奶,啤酒,尿布}
2	{面包,黄油,牛奶}
3	{牛奶,尿布,饼干}
4	{面包,黄油,饼干}
5	{啤酒,饼干,尿布}
6	{牛奶,尿布,面包,黄油}
7	{面包,黄油,尿布}
8	{啤酒,尿布}
9	{牛奶,尿布,面包,黄油}
10	{啤酒,饼干}

(1) 从这些数据中能够提出的关联规则(包括零支持度的规则)的最大数量是多少?

(2) 找出一个具有最大支持度的项集(长度为 2 或更大)。

(3) 找出一对项 a 和 b,使得规则 $\{a\} \rightarrow \{b\}$ 和 $\{b\} \rightarrow \{a\}$ 具有相同的置信度。

(4) 考虑下面的频繁 3 项集的集合:$\{1,2,3\}$,$\{1,2,4\}$,$\{1,2,5\}$,$\{1,3,4\}$,$\{1,3,5\}$,$\{2,3,4\}$,$\{2,3,5\}$,$\{3,4,5\}$,假定数据集只有 5 个项。列出由 Apriori 算法的候选产生过程得到的所有候选 4 项集。

(5) 对(4)中给出的频繁 3 项集的集合,列出由 Apriori 算法的候选剪枝步骤后剩下的所有候选 4 项集。

第 **8** 章

大 数 据

8.1 大数据概述

8.1.1 大数据概念

大数据(big data)是一个抽象的概念,至今尚无确切、统一的定义,不同的研究机构与学者对其有不同的定义。

全球最具权威的 IT 研究与顾问研究机构高德纳(The Gartner Group)咨询公司给出了这样的定义:"大数据"是需要新处理模式才能具有更强的决策力、洞察发现力和流程优化能力的海量、高增长率和多样化的信息资产。

麦肯锡全球研究所对大数据的定义是:一种规模大到在获取、存储、管理、分析方面大大超出了传统数据库软件工具能力范围的数据集合,具有海量的数据规模、快速的数据流转、多样的数据类型和价值密度低四大特征。

从狭义上讲,大数据主要是指大数据技术及其在各个领域中的应用,是指从各种各样类型的数据中快速获得有价值的信息的能力。一方面,狭义的大数据反映的是数据规模非常大,大到无法在一定时间内用一般性的常规软件工具对其内容进行抓取、管理和处理的数据集合;另一方面,狭义的大数据主要是指对海量数据的获取、存储、管理、计算分析、挖掘与应用的全新技术体系。

从广义上讲,大数据包括大数据技术、大数据工程、大数据科学和大数据应用等与大数据相关的领域。即除了狭义的大数据之外,还包括大数据工程和大数据科学。大数据工程是指大数据的规划建设运营管理的系统工程;大数据科学主要关注大数据网络发展和运营过程中发现和验证大数据的规律及其与自然和社会活动之间的关系。对大数据进行广义分类是为了适应经济时代发展需要而产生的科学技术发展的趋势。

大数据技术的战略意义不在于掌握庞大的数据信息,而在于对这些含有意义的数据进行专业化处理。换言之,如果把大数据比作一种产业,那么这种产业实现盈利的关键在于提高对数据的"加工能力",通过"加工"实现数据的"增值"。

从技术上看,大数据与云计算的关系就像一枚硬币的正反面一样密不可分。大数据必然无法用单台的计算机进行处理,必须采用分布式架构。它的特色在于对海量数据进行分布式数据挖掘,因此它必须依托云计算的分布式处理、分布式数据库和云存储、虚拟化技术。

随着云时代的来临,大数据也吸引了越来越多的关注。著云台的分析师团队认为,大数据通常用来形容一个公司创造的大量非结构化数据和半结构化数据,这些数据在下载到关系型数据库用于分析时会花费过多时间和金钱。大数据分析常和云计算联系到一起,因为实时的大型数据集分析需要像 MapReduce 一样的框架来向数十、数百或甚至数千的计算机分配工作。

大数据需要特殊的技术,以有效地处理大量的可容忍经过时间内的数据。适用于大数据的技术包括大规模并行处理(MPP)数据库、数据挖掘电网、分布式文件系统、分布式数据库、云计算平台、互联网和可扩展的存储系统。

8.1.2 特征

IBM 公司认为大数据具有 3V 特点,即规模性(Volume)、多样性(Variety)和实时性(Velocity),但是这没有体现出大数据的巨大价值。而以 IDC 为代表的业界则认为大数据具备 4V 特点,即在 3V 的基础上增加价值性(Value),具体表现为大数据虽然价值总量高但其价值密度低。目前,大家公认的是大数据具有 4 个基本特征:数据规模大,数据种类多,处理速度快以及数据价值密度低,即 4V。

(1) 数据规模大。数据量大是大数据的基本属性,随着互联网技术的广泛使用,互联网用户急剧增多,数据的获取、分享变得相当容易。在以前,也许只有少量的机构会付出大量的人力、财力成本,通过调查、取样的方法获取数据;而现在,普通用户也可以通过网络非常方便地获取数据。此外,用户的分享、点击、浏览都可以快速地产生大量数据,大数据已从TB 级跃升到 PB 级。当然,随着技术的进步,这个数值还会不断变化。也许 5 年后,只有EB 级别的数据量才能够称得上是大数据了。

(2) 数据种类多。除了传统的销售、库存等数据外,现在企业所采集和分析的数据还包括像网站日志数据、呼叫中心通话记录、Twitter 和 Facebook 等社交媒体中的文本数据、由手机中内置的 GPS(全球定位系统)产生的位置信息、时刻生成的传感器数据等。数据类型不仅包括传统的关系数据类型,也包括未加工的、半结构化和非结构化的信息,例如以网页、文档、E-mail、视频、音频等形式存在的数据。

(3) 处理速度快。数据产生和更新的频率也是衡量大数据的一个重要特征。"1 秒定律"是大数据与传统数据挖掘相区别的最显著特征。例如,全国用户每天产生和更新的微博、微信和股票信息等数据随时都在传输,这就要求处理数据的速度必须要快。

(4) 数据价值密度低。数据量在呈现几何级数增长的同时,这些海量数据背后隐藏的有用信息却没有呈现出相应比例的增长,反而是获取有用信息的难度不断加大。例如,现在很多地方安装的监控使得相关部门可以获得连续的监控视频信息,这些视频信息产生了大量数据,但是,有用的数据可能仅有一两秒。因此,大数据的 4V 特征不仅仅表达了数据量大,而且在对大数据的分析上也将更加复杂,更看重速度与时效。

8.1.3 发展历程

1980 年,著名未来学家阿尔文·托夫勒在《第三次浪潮》一书中,将"大数据"热情地赞颂为"第三次浪潮的华彩乐章"。

最早提出"大数据"时代到来的是全球知名咨询公司麦肯锡。麦肯锡的研究报告称:"数据已经渗透到当今每一个行业和业务职能领域,成为重要的生产因素。人们对于海量数据的挖掘和运用,预示着新一波生产率增长和消费者盈余浪潮的到来。"

《纽约时报》2012 年 2 月的一篇专栏中称"大数据"时代已经降临,在商业、经济及其他领域中,决策将日益基于数据和分析而做出,而并非基于经验和直觉。

哈佛大学社会学教授加里·金说:"这是一场革命,庞大的数据资源使得各个领域开始了量化进程,无论学术界、商界还是政府,所有领域都将开始这种进程。"

亚马逊前首席科学家 Andreas Weigend 说:"数据是新的石油。"

2012 年 3 月份美国奥巴马政府发布了"大数据研究和发展倡议",投资两亿多美元,正式启动"大数据发展计划"。计划在科学研究、环境、生物医学等领域利用大数据技术进行突破。奥巴马政府的这一计划被视为美国政府继信息高速公路(information highway)计划之后在信息科学领域的又一重大举措。

2012 年 5 月,联合国发表名为《大数据促发展:挑战与机遇》的政务白皮书,指出大数据对于联合国和各国政府来说是一个历史性的机遇,还探讨了如何利用包括社交网络在内的大数据资源造福人类。联合国的大数据白皮书还建议联合国成员国建设"脉搏实验室"(pulse labs)网络开发大数据的潜在价值。

随着 2013 年的一系列标志性事件的发生,人们越来越感觉到大数据时代的力量,因此2013 年被许多国外媒体和专家称为"大数据元年"。

2015 年 9 月 5 日,国务院正式印发《促进大数据发展行动纲要》,这一行动纲要的出台意味着大数据发展正式成为中国的国家战略。该纲要显示,国家将重点打造一批面向全球的大数据龙头企业。大数据行业起飞的风口正在形成。

包括 EMC、惠普、IBM、微软在内的全球 IT 巨头纷纷布局大数据。2015 年最大的收购案都与大数据有关,如 Oracle 对 Sun、惠普对 Autonomy。

8.1.4 应用

大数据在人们生活各个方面都有所应用。

1. 宏观经济领域

一些企业利用大数据分析实现对采购和合理库存量的管理,通过分析网上数据了解客户需求,掌握市场动向。例如:

- IBM 日本公司建立经济指标预测系统,从互联网新闻中搜索影响制造业的 480 项经济数据,计算采购经理人指数的预测值。
- 美国印第安纳大学利用谷歌公司提供的心情分析工具,从近千万条网民留言中归纳出 6 种心情,进而对道琼斯工业指数的变化进行预测,准确率达到 87%。
- 有资料显示,全球零售商因盲目进货导致的销售损失每年达 1000 亿美元,数据分析在这方面大有作为。

- 华尔街对冲基金依据购物网站的顾客评论分析企业产品销售状况。

2. 农业领域

国内第一个农业大数据的研究和应用推广机构"农业大数据产业技术创新战略联盟"于2013年6月18日在山东农业大学正式成立,标志着国内大数据技术在农业领域的应用有了实质性突破。

农业大数据是大数据理念、技术和方法在农业领域的实践。农业大数据涉及耕地、播种、施肥、杀虫、收割、存储、育种等各环节,是跨行业、跨专业、跨业务的数据分析与挖掘以及数据可视化。

根据农业的产业链条划分,目前农业大数据主要集中在农业环境与资源、农业生产、农业市场和农业管理等领域。

(1) 农业自然资源与环境数据主要包括土地资源数据、水资源数据、气象资源数据、生物资源数据和灾害数据。

(2) 农业生产数据包括种植业生产数据和养殖业生产数据。其中,种植业生产数据包括良种信息、地块耕种历史信息、育苗信息、播种信息、农药信息、化肥信息、农膜信息、灌溉信息、农机信息和农情信息;养殖业生产数据主要包括个体系谱信息、个体特征信息、饲料结构信息、圈舍环境信息、疫情情况等。

(3) 农业市场数据包括市场供求信息、价格行情、生产资料市场信息、价格及利润、流通市场和国际市场信息等。

(4) 农业管理数据主要包括国民经济基本信息、国内生产信息、贸易信息、国际农产品动态信息和突发事件信息等。

3. 商业领域

商业领域应用大数据实现商务智能。零售企业需要根据销售大数据供应有特色的本地化商品并增加流行款式和生命周期短的产品,零售企业需要运用最先进的计算机和各种通信技术对变化中的消费需求迅速做出反应。通过对大数据的挖掘,零售企业在选择上架产品时,为确保提供新颖的商品,需要对消费者的消费行为以及趋势进行分析;在制定定价、广告等策略时,需进行节假日、天气等大数据分析;在稳定收入源时,需要对消费群体进行大数据分析。零售企业可以利用电话、Web、电子邮件等所有联络渠道的客户的数据进行分析,并结合客户的购物习惯,提供一致的个性化购物体验,以提高客户忠诚度。同时,从微博等社交媒体中挖掘实时数据,再将它们同实际销售信息进行整合,能够为企业提供真正意义上的智能,了解市场发展趋势,理解客户的消费行为并为将来制定更加有针对性的策略。

4. 金融领域

国内金融业开始进入大数据竞争时代,大数据为金融机构提供了客户全方位信息,通过分析和挖掘客户的交易和消费信息掌握客户的消费习惯,并准确预测客户行为,有针对性地推销产品和服务,满足银行对潜在客户量身定制服务的需求。另外,在品牌管理和客户服务反馈方面,通过大数据对人们在思想、情绪和通信方面的数据化情感分析,获取并汇总顾客的反馈意见并对营销活动效果做出准确判断。

金融机构最为关注的是风险管理,而大数据在管理交易、信贷风险和合规方面大显神通。许多金融机构早已采用大数据技术防范欺诈,保持交易方面的合规,如在庞大的数据库中核对黑名单中的名字,区别同名同姓。信用卡公司用大数据分析客户大规模的交易规律,大大降低了风险。

虽然大数据时代为金融业带来的潜力和新商机还有待人们的进一步捕捉,但毋庸置疑的是,大数据正在成为金融业运作中最有价值、最强大的决策辅助工具。

5. 医疗保健领域

大数据让专业医疗保健走入寻常百姓家。"谷歌流感趋势"项目依据网民搜索内容分析全球范围内流感等病疫传播状况,与美国疾病控制和预防中心提供的报告对比,追踪疾病的精确率达到97%。社交网络为许多慢性病患者提供临床症状交流和诊治经验分享平台,医生借此可获得在医院通常得不到的临床效果统计数据。基于对人体基因的大数据分析,可以实现对症下药的个性化治疗。

6. 社会安全领域

大数据提供更多的破案途径。通过对手机数据的挖掘,可以分析实时动态的流动人口来源、出行,实时交通客流信息及拥堵情况。利用短信、微博、微信和搜索引擎,可收集热点事件,挖掘舆情,还可追踪造谣信息的源头。美国麻省理工学院通过对十万多人手机的通话、短信和空间位置等信息进行处理,提取人们行为的时空规律性,进行犯罪预测。

8.2 数据获取

8.2.1 网络爬虫

1. 概念与原理

网络爬虫(又称为网络蜘蛛、网络机器人,在 FOAF 社区中更经常称为网页追逐者)是按照一定的规则自动抓取万维网信息的程序或脚本。另外一些不经常使用的名字还有蚂蚁、自动索引、模拟程序或者蠕虫。它的定义有广义和狭义之分。狭义上指遵循标准的HTTP 协议,利用超链接和 Web 文档检索方法遍历万维网的软件程序;而广义上则凡是遵循 HTTP 协议检索 Web 文档的软件都称为网络爬虫。

网络爬虫是一个功能很强的自动提取网页的程序,它为搜索引擎从万维网上下载网页,是搜索引擎抓取系统的重要组成部分。整个搜索引擎系统主要包含 4 个模块,分别为信息搜索模块、信息索引模块、信息检索模块和用户接口部分,而网络爬虫便是信息搜索模块的核心。

如果把互联网比作一个大昆虫织的网,网络爬虫就是在这张大网上爬来爬去的爬虫。网络爬虫的主要目的是将互联网上的网页下载到本地形成一个互联网内容的镜像备份。

网络爬虫可以使用多线程技术,以具备更强大的抓取能力。

可以通过使用DNSCache 技术减少爬虫对 DNS 的访问频率,避免 DNS 成为网络瓶颈,提高抓取速度。

通过 Java 技术,以多线程方式可以大大增强爬虫抓取网页的效率。对于搜索引擎来说,要想通过网络爬虫搜索到整个网络的页面是几乎不可能的,主要有两个原因:一是通过现有的手段无法搜索到所有网站的网页,容量再大的搜索引擎系统也不能搜索到所有的网页,这是一个技术瓶颈问题;二是存储问题和技术处理问题,比如一个普通网页大概有100KB(其中包含图片),目前根据非官方的统计数据互联网大概有 1 万亿个网页,数量这么庞大的网页再乘以网页的大小,对于任何搜索引擎来说都是一个海量的数字。

网络爬虫还要完成信息提取任务,从抓取的网页中提取新闻、电子图书、行业信息等;对于 MP3、图片、Flash 等各种不同内容,要实现自动识别、自动分类及相关属性测试(例如,MP3 文件要包含的文件大小、下载速度等属性)。因为网页在网站内有自己所处的级数,网络爬虫还要根据不同网页级数来抓取信息。网络爬虫的设计需能够自己判断出网页所处的级数。

2. 系统架构

在网络爬虫的系统架构中,主过程由控制器、解析器、资源库 3 部分组成。

(1) 控制器的主要工作是负责给多线程的各个爬虫线程分配工作任务。

(2) 解析器的主要工作是下载网页,进行页面的处理,主要是将一些 JavaScript 脚本标签、CSS 代码内容、空格字符、HTML 标签等内容处理掉,爬虫的基本工作是由解析器完成。

(3) 资源库用来存放下载到的网页资源,一般采用大型的数据库存储,如 Oracle 数据库,并对其建立索引。

3. 工作流程

网络爬虫的工作流程如图 8.1 所示,具体说明如下:

(1) 选取一部分精心挑选的种子 URL。

(2) 将这些 URL 放入待抓取 URL 队列。

(3) 从待抓取 URL 队列中取出待抓取的 URL,解析 DNS,得到主机的 IP,并将 URL 对应的网页下载下来,存储到已下载网页库中。此外,将这些 URL 放进已抓取 URL 队列。

(4) 分析已抓取 URL 队列中的 URL,分析其中的其他 URL,并且将这些新的 URL 放入待抓取 URL 队列,从而进入下一个循环。

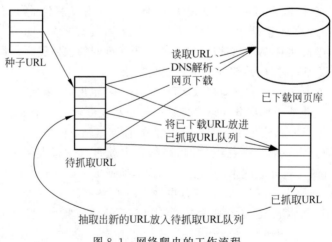

图 8.1 网络爬虫的工作流程

　　网络爬虫是搜索引擎中最核心的部分,整个搜索引擎的素材库来源于网络爬虫的采集,从搜索引擎整个产业链来看,网络爬虫是处于最上游的产业,其性能好坏直接影响着搜索引擎整体性能和处理速度。

　　通常网络爬虫从一个或若干个初始网页上的 URL 开始,获得初始网页上的 URL 列表,在抓取网页过程中,不断从当前页面上抽取新的 URL 放入待抓取 URL 队列,直到满足系统的停止条件,如图 8.2 所示。

　　网络爬虫各个部分的主要功能如下:

　　(1) 页面采集模块。该模块是爬虫和因特网的接口,主要作用是通过各种 Web 协议(一般以 HTTP、FTP 为主)完成对网页数据的采集,保存后将采集到的页面交给后续模块做进一步处理。其过程类似于用户使用浏览器打开网页,保存的网页供其他后续模块处理,例如页面分析、链接抽取。

　　(2) 页面分析模块。该模块的主要功能是对页面采集模块采集的页面进行分析,提取其中满足用户要求的超链接,加入超链接队列中。页面链接中给出的 URL 一般是多种格式的,可能是完整的包括协议、站点和路径的,也可能是省略了部分内容的,还可能是一个相对路径。所以为处理方便,一般进行规范化处理,先将其转化成统一的格式。

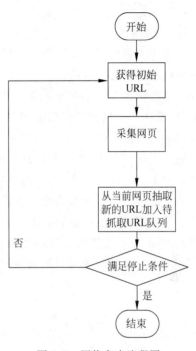

图 8.2　网络爬虫流程图

　　(3) 链接过滤模块。该模块主要是用于对重复链接和循环链接的过滤。例如,相对路径需要补全 URL,然后加入到待采集 URL 队列中。此时,一般会过滤掉队列中已经包含的 URL 以及循环链接的 URL。

　　(4) 页面库。用来存放已经采集下来的页面,以备后期处理。

　　(5) 待抓取 URL 队列。从采集网页中抽取并进行相应处理后得到的 URL,当 URL 为空时爬虫程序终止。

　　(6) 初始 URL。提供 URL 种子,以启动爬虫。

4. 抓取对象

网络爬虫的抓取对象可以分为以下 4 类:

　　(1) 静态网页。网络爬虫在互联网上从一个网站的初始网页开始,获得网页上的链接,在抓取过程中不断获得新的链接,直到达到系统指定的方式才会停止。

　　(2) 动态网页。先通过程序分析一些非静态网页的参数,按一定的规则对所有要抓取页面的链接进行整理,程序只会抓取这些特定范围内的网页。

　　(3) 特殊内容。比如 RSS、XML 数据,由于情况特殊,需特殊处理。例如,新闻的滚动页面需要爬虫不停地监控扫描,发现新内容马上就抓取。

　　(4) 文件对象。目前网页上会有各种类型的文件,如图片、MP3、Flash、视频等文件,这些都需要系统用一定的方式处理。例如,视频被抓取后,要知道其类型、文件大小、分辨率等。

5. 抓取策略

网络爬虫在执行搜索任务时会采取一定的抓取策略,每种策略的抓取方式都不一样,执行的效率也不一样。以下是常用的抓取策略。

1) 深度优先策略

对于一些大型网站和以静态网页为主的抓取内容,采取深度优先策略抓取,以便在最短时间内获得最大量的内容。

深度优先策略是在开发爬虫早期使用较多的方法,它的目的是要达到被搜索结构的叶节点(即那些不包含任何超链接的 HTML 文件)。采取深度抓取方式的时候,搜索引擎会从网页的起始页开始,一个链接一个链接地跟踪下去,直至把这条线路追查完毕,然后再转向另一个网页线路,如此不停地搜索循环下去。深度优先搜索沿着 HTML 文件上的超链接走到不能再深入为止,然后返回到某一个 HTML 文件,再继续选择该 HTML 文件中的其他超链接。当不再有其他超链接可选择时,说明搜索已经结束。

这种策略的优点是能遍历一个 Web 站点或深层嵌套的文档集合。缺点是因为 Web 结构相当深,有可能造成一旦进去再也出不来的情况发生。

对图 8.3 所示的网页结构使用深度优先策略抓取的顺序为:A-F-G、E-H-I、B、C、D。

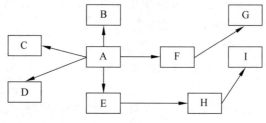

图 8.3　网页结构示例

2) 广度优先策略

对于一些动态网页或小型网站,采取广度优先策略抓取,搜索引擎会先抓取起始网页中链接的所有网页,然后再选择其中的一个链接网页,继续抓取在此网页中链接的所有网页。在抓取过程中,在完成当前层次的搜索后,才进行下一层次的搜索,逐层进行搜索。这是最常用的方法,因为这个方法可以让网络爬虫并行处理,提高其抓取速度。广度优先搜索策略通常是实现爬虫的最佳策略。因为它容易实现,而且具备大多数期望的功能。但是如果要遍历一个指定的站点或者深层嵌套的 HTML 文件集,用广度优先搜索策略则需要花费较长时间才能到达深层的 HTML 文件。

对图 8.3 所示的网页结构使用广度优先策略抓取的顺序为:A-B、C、D、E、F-G、H-I。

3) 聚焦搜索策略

聚焦搜索策略只挑出某个特定主题的页面,根据"最好优先原则"进行访问,快速、有效地获得更多的与主题相关的页面。聚焦爬虫在页面搜索时会对自己搜索到的页面进行评价,在评价后给出分值,在对得分进行排序后会把排序表插入到一个队列中。在自己发起的下一个搜索中会对弹出队列的第一个页面进行分析,以这种策略来追踪目标页面的可能性很大。聚焦搜索策略最关键的部分就是链接价值的计算方法,不同的计算方法会带来不同的评分价值,得到的评价级别也不一样,这就决定了搜索策略的不同。

① 最佳优先搜索策略

这种策略按照一定的网页分析算法,先计算出 URL 描述文本的目标网页的相似度,设定一个值,并选取评价得分超过该值的一个或几个 URL 进行抓取。它只访问经过网页分析算法计算出的相关度大于给定值的网页。这种策略存在的一个问题是,在爬虫抓取路径上的很多相关网页可能被忽略,因为最佳优先策略是一种局部最优搜索算法。因此需要结合具体的应用对搜索策略进行改进,以跳出局部最优点。有研究表明,这样的闭环调整可以将无关网页数量降低 30%～90%。

② 基于 IP 地址的搜索策略

先赋予爬虫一个起始的 IP 地址,然后根据 IP 地址递增的方式搜索本 IP 地址段后的每一个 WWW 地址中的文档,它完全不考虑各文档中指向其他 Web 站点的超级链接地址。优点是搜索全面,能够发现那些没被其他文档引用的新文档的信息源,缺点是不适合大规模搜索。

搜索策略目前常见的是广度优先策略和最佳优先搜索策略。

6. 关键技术分析

1) 抓取目标的定义与描述

(1) 针对有目标网页特征的网页级信息。对应网页库级的垂直搜索,抓取目标网页,后续还要从中抽取出需要的结构化信息。这种技术在稳定性和数量上占优,但成本高、灵活性差。

(2) 针对目标网页上的结构化数据。对应模板级垂直搜索,直接解析页面,提取并加工出结构化数据信息。这种技术实施快,成本低,灵活性强,但后期维护成本高。

2) 网页的分析与信息的提取

(1) 基于网络拓扑关系的分析算法。根据页面间超链接引用关系对与已知网页有直接或间接关系的对象做出评价的算法,如网页粒度 PageRank 算法、网站粒度 SiteRank 算法。

(2) 基于网页内容的分析算法。从最初的文本检索方法向涉及网页数据抽取、机器学习、数据挖掘、自然语言处理等多领域综合的方向发展。

(3) 基于用户访问行为的分析算法。有代表性的是基于领域概念的分析算法,涉及本体论。

7. 发展趋势

随着网络的不断发展,大量有价值的网页会隐藏在深层网络中,现在的网络爬虫对深层的网页中动态网页和数据库基本上是束手无策的。在现在搜索模式下如何跟上互联网这种发展趋势变得异常重要,深层的网络爬虫研究变得更加迫切。

AJAX 技术已在网页中经常被应用到。使用 AJAX 的最大优点是网站维护数据可以不必更新整个页面,这样,Web 应用程序可以更加快速地回应用户动作,并避免了在网络上发送那些没有改变的信息。这样的无闪局部刷新可以加快网页的刷新速度。

随着网络的不断发展,各种多媒体信息都出现在网页上,比如海量的图片、动画、游戏、视频等,这些都需要搜索引擎有应对之策。伴随着搜索引擎的发展,各种基于网络的多媒体爬虫技术研究将会成为爬虫研究的新方向。

随着对等网络 P2P 技术的发展,网络不是将所有的压力都分布在服务器端,而是将压力分担到每一台用户的计算机上,这样每台客户端的计算机将作为主机完成上传和下载工作。网络成员可在网络数据库里自由搜索、更新、回答和传送数据。

8.2.2 RSS

维基百科对 RSS 的定义如下：RSS(Really Simple Syndication,简易信息聚合)是一种消息来源格式规范,用以发布经常更新资料的网站,例如 Blog 文章、新闻、音讯或视讯的网摘。网络摘要专业层面能够使网站自动地发布它们的资料,同时也使读者能够定期更新他们喜欢的网站、电视剧和不同网站的网摘。

RSS 简称聚合内容,目前广泛应用于各类型网站,其功能一般为最新信息的输出。

1. RSS 可以做什么

RSS 能实现以下功能：

(1) 订阅 BLOG。可以订阅工作中所需的技术文章,也可以订阅与自己有共同爱好的作者的博客,总之,对什么感兴趣就可以订阅什么。

(2) 订阅新闻。无论是奇闻怪事、明星消息还是体坛风云,只要想知道的,都可以订阅。用户再也不用一个网站一个网站、一个网页一个网页去逛了。只要在一个 RSS 阅读器中订阅需要的内容,这些内容就会自动出现在 RSS 阅读器中,用户也不必为了一个急切想知道的消息而不断地刷新网页,因为一旦有了更新,RSS 阅读器就会自动通知用户。

(3) 订阅杂志文章。用户再也不用一个杂志一个杂志地去查看有没有新发表的论文了,只要在一个 RSS 阅读器中订阅自己喜欢的杂志,每篇新出版的文章(甚至是刚接受的文章)就会自动地出现在用户的阅读器中。

(4) 订阅最新搜索结果。订阅自己感兴趣的研究方向的最新论文的搜索结果,当该方向有了新论文后,会自动地出现在 RSS 阅读器中。

(5) 快速、高效地浏览。每一个条目都是以标题和摘要的形式出现的,方便用户快速浏览,使用户可以在最短的时间内浏览海量信息,然后快速地从中找出自己感兴趣的内容。

2. RSS 订阅

RSS 阅读器基本可以分为 3 类。

(1) 大多数阅读器是运行在计算机桌面上的应用程序,通过所订阅网站的新闻推送,可自动、定时地更新新闻标题。在该类阅读器中,有 Awasu、FeedDemon 和 RSSReader 这 3 款流行的阅读器,都提供免费试用版和付费高级版。

(2) 新闻阅读器通常是内嵌于已在计算机中运行的应用程序中。例如,NewsGator 内嵌在微软公司的 Outlook 中,用户订阅的新闻标题位于 Outlook 的"收件箱"文件夹中；Pluck 内嵌在 Internet Explorer 浏览器中。

(3) 在线的 Web RSS 阅读器,其优势在于不需要安装任何软件就可以获得 RSS 阅读的便利,并且可以保存阅读状态,推荐和收藏自己感兴趣的文章。提供此服务的有两类网站：一种是专门提供 RSS 阅读器的网站，例如国外的 feedly，国内的有道、鲜果、抓虾；另一种是提供个性化首页的网站，例如国外的 netvibes、pageflakes，国内的雅蛙、阔地。

RSS 订阅是站点用来和其他站点之间共享内容的一种简易方式，通常在时效性比较强的信息上使用 RSS 订阅，如新闻、期刊、博客等。

订阅途径有博客站点、新闻发布站点、学术信息资源站点等。其中学术信息资源的 RSS 发布包括：学术机构网站信息发布，如图书馆、大学院系、学术服务机构等；学术资源网站的信息发布，如电子期刊网站最新目次、数据库（某一主题/关键词的更新论文、某种学术期刊更新论文）等。

RSS 订阅的步骤如下：

（1）第一次使用时，先下载安装 RSS 阅读软件。

（2）清理 RSS 阅读软件不必要的内置频道。

（3）右击"RSS 信息订阅"，复制频道的链接地址（URL）。

（4）运行 RSS 阅读软件，从文件菜单中选择"添加新频道"，将链接地址（URL）粘贴到输入框中，再按照提示操作，即完成了一个频道的定制。

（5）单击频道名即可查阅随时更新的信息。

3. 第三方

第三方指两个相互联系的主体之外的某个客体。第三方可以和两个主体有联系，也可以独立于两个主体之外。

所谓第三方支付，就是一些和产品所在国家以及国外各大银行签约并具备一定实力和信誉保障的第三方独立机构提供的交易支持平台。在通过第三方支付平台的交易中，买方选购商品后，使用第三方平台提供的账户进行货款支付，由第三方通知卖家货款到达，进行发货；买方检验物品后，就可以通知第三方付款给卖家，第三方再将款项转至卖家账户。

购买者并非使用者，使用者并非最大的受益者，真正的受益者并非决策者，这就是第三方买单的逻辑。你消费，不用自己买单，产品或服务的提供商根本不收你的钱，而且你消费得越多，厂商还越高兴。这种消费模式之所以能够一直存在，是因为有第三方在替你买单，替产品或服务的提供商支付费用。这种经济模式就被称为"第三方买单"。

下面介绍其实现原理。除了网上银行、电子信用卡等手段之外还有一种方式也可以相对降低网络支付的风险，那就是正在迅猛发展起来的利用第三方机构的支付模式及其支付流程，而这个第三方机构必须具有一定的诚信度。在实际的操作过程中这个第三方机构可以是发行信用卡的银行本身。在进行网络支付时，信用卡号以及密码的披露只在持卡人和银行之间转移，降低了因通过商家转移而导致的风险。

同样，当第三方是除了银行以外的具有良好信誉和技术支持能力的某个机构时，支付也通过第三方在持卡人或者客户和银行之间进行。持卡人首先和第三方以替代银行账号的某种电子数据的形式（例如邮件）传递账户信息，避免了持卡人将银行信息直接透露给商家，另外也可以不必登录不同的网上银行界面，取而代之的是每次登录时都能看到相对熟悉和简单的第三方机构的界面。

第三方机构与各个主要银行之间再签订有关协议，使得第三方机构与银行可以进行某种形式的数据交换和相关信息确认。这样第三方机构就能实现在持卡人或消费者与各个银行以及最终的收款人或者商家之间建立一个支付的流程。

8.3　数据挖掘

8.3.1　概述

从技术角度,数据挖掘(data mining)是从大量的、不完全的、有噪声的、模糊的、随机的实际应用数据中提取隐含在其中的、人们事先不知道的,但又是潜在有用的信息和知识的过程。与数据挖掘相近的同义词包括数据融合、数据分析和决策支持等。

这一定义包括好几层含义:数据源必须是真实的、海量的、含噪声的;发现的是用户感兴趣的知识;发现的知识要可接受、可理解、可运用;并不要求发现放之四海皆准的知识,仅支持特定的发现问题。

从商业角度,数据挖掘是一种新的商业信息处理技术,其主要特点是对商业数据库中的大量业务数据进行抽取、转换、分析和其他模型化处理,从中提取辅助商业决策的关键性信息。

简言之,数据挖掘其实是一类深层次的数据分析方法。因此,数据挖掘可以描述为:按企业既定业务目标,对大量的企业数据进行探索和分析,揭示隐藏的、未知的或验证已知的规律性,并进一步将其模型化的有效方法。

数据挖掘作为一门新兴的交叉学科,涉及数据库系统、数据仓库、统计学、机器学习、可视化、信息检索和高性能计算等诸多领域。

此外,数据挖掘还与神经网络、模式识别、空间数据分析、图像处理、信号处理、概率论、图论和归纳逻辑等领域关系密切。

数据挖掘与统计学有密切关系,近几年,人们逐渐发现数据挖掘中有许多工作是由统计方法来完成的。甚至有些人(尤其是统计学家)认为数据挖掘是统计学的一个分支,当然大多数人(包括绝大多数数据挖掘研究人员)并不这么认为。

但是,统计学和数据挖掘的目标非常相似,而且数据挖掘中的许多算法也源于数理统计,统计学对数据挖掘发展的贡献功不可没。

数据挖掘与传统数据分析方法主要有以下两点区别:

首先,数据挖掘的数据源与以前相比有了显著的改变,包括数据是海量的,数据有噪声,数据可能是非结构化的。

其次,传统的数据分析方法一般都是先给出一个假设,然后通过数据验证,在一定意义上是假设驱动的;与之相反,数据挖掘在一定意义上是发现驱动的,模式都是通过大量的搜索工作从数据中自动提取出来的。即数据挖掘是要发现那些不能靠直觉发现的信息或知识,甚至是违背直觉的信息或知识,挖掘出的信息越是出乎意料,就可能越有价值。

在缺乏强有力的数据分析工具而不能分析这些资源的情况下,历史数据库也就变成了"数据坟墓"——里面的数据几乎不再被访问。也就是说,极有价值的信息被"淹没"在海量数据堆中,领导者决策时只能凭自己的经验和直觉。因此改进原有的数据分析方法,使之能够智能地处理海量数据,也就演化为数据挖掘。

研究数据挖掘的目的,不再是单纯为了研究,更主要的是为商业决策提供真正有价值的信息,进而获得利润。目前所有企业面临的一个共同问题是,企业数据量非常大,而其中真正有价值的信息却很少,因此需要经过深层分析,从大量的数据中获得有利于商业运作、提高竞争力的信息,就像从矿石中淘金一样,数据挖掘也由此而得名。

8.3.2 数据挖掘工具

目前,世界上比较有影响的典型数据挖掘系统包括 Enterprise Miner(SAS 公司)、Intelligent Miner(IBM 公司)、SetMiner(SGI 公司)、Clementine(SPSS 公司)、Warehouse Studio(Sybase 公司)、See5(RuleQuest Research 公司)、CoverStory、EXPLORA、Knowledge Discovery Workbench、DBMiner、Quest 等。

数据挖掘工具的选择可以考虑如下几点:

(1) 商用数据挖掘系统各不相同。

(2) 不同的数据挖掘工具的功能和使用方法不同。

(3) 数据集的类型可能完全不同。例如:

- 数据类型——是关系型的、事务型的、文本的、时间序列的还是空间的?
- 系统问题——支持一种还是多种操作系统? 是否采用 C/S 架构? 是否提供 Web 接口且允许输入输出 XML 数据?
- 数据源——是 ASCII 文件、文本文件还是多个关系型数据源? 是否支持 ODBC 连接(OLE DB、JDBC)?

本节介绍两种典型的数据挖掘工具——Amdocs 和 Predictive CRM。

1. Amdocs

在多年前电信行业已经开始利用数据挖掘技术进行网络出错预测等方面的工作,而近年来随着 CRM 理念的盛行,数据挖掘技术开始在市场分析和决策支持等方面得到广泛应用。市场上更出现了针对电信行业的包含数据挖掘功能的软件产品。比较典型的有 Amdocs 和 Predictive CRM。

Amdocs 提供了整个电信运营企业的软件支撑平台。在其 Clarify CRM 产品组件中,利用数据挖掘技术支持以下应用:客户流失管理(churn management)、终身价值分析(lifetime value analysis)、产品分析(product analysis)、欺诈甄别(fraud detection)。

Amdocs 产品中的数据分析和数据分析应用曾获得 3 届 KDD 杯奖。

2. Predictive CRM

Slp Infoware 开发的 Predictive CRM 软件是一个面向电信行业的 CRM 平台软件,其中应用了大量的数据挖掘和统计学技术。其数据挖掘部分实际上是把 SAS Institute、SPSS 和 UNICA 等公司的数据挖掘产品加以二次开发,以适应电信行业的需要。数据挖掘在 P-CRM 中的应用包括客户保持、交叉销售、客户流失管理、欺诈甄别等方面。

利用 SAS 软件技术进行数据挖掘可以有 3 种方式:

(1) 使用 SAS 软件模块组合进行数据挖掘。

(2) 将若干 SAS 软件模块连接成一个适合需求的综合应用软件。

(3) 使用 SAS 数据挖掘的集成软件工具 SAS/EM。

SAS/EM 是一个图形化界面、菜单驱动、对用户非常友好且功能强大的数据挖掘集成软件,集成了数据获取工具、数据取样工具、数据筛选工具、数据变量转换工具、数据挖掘数据库、数据挖掘过程、多种形式的回归工具、建立决策树的数据剖分工具、决策树浏览工具、人工神经元网络、数据挖掘的评价工具。

　　目前,虽然已经有了许多成熟的商业数据挖掘工具,但这些工具一般都是一个独立的系统,不容易与电信企业现有的业务支撑系统集成。而且由于数据挖掘技术本身的特点,一个通用的数据挖掘系统可能并不适用于电信企业。

　　切实可行的办法是借鉴成熟的经验,结合自身特点开发专用的数据挖掘系统。

8.3.3　现状与未来

　　数据挖掘本质上是一种深层次的数据分析方法。

　　数据分析本身已有多年的历史,只不过在过去数据收集和分析的一般目的是用于科学研究;另外,由于当时计算能力的限制,很难实现大量数据的复杂分析。

　　现在,由于各行业业务自动化的实现,商业领域产生了大量的业务数据,这些数据并不是为了分析的目的而收集的,而是在商业运作过程中由于业务需要而自然产生的。

　　IEEE 的会刊 *Knowledge and Data Engineering* 率先在 1993 年出版了 KDD 技术专刊。并行计算、计算机网络和信息工程等其他领域的国际学会、学刊也把数据挖掘和知识发现列为专题和专刊讨论。数据挖掘已经成为国际学术研究的重要热点之一。

　　此外,在 Internet 上还有不少 KDD 电子出版物,其中以半月刊 *Knowledge Discovery Nuggets* 最为权威。在网上还有许多自由论坛,如 DM Email Club 等。

　　自 1989 年 KDD 术语出现以来,由美国人工智能协会主办的 KDD 国际研讨会已经召开了 10 次以上,规模由原来的专题讨论会发展到国际学术大会。而亚太地区也从 1997 年开始举行 PAKDD 年会。

　　与国外相比,国内对数据挖掘的研究起步稍晚,但发展势头强劲。1993 年,国家自然科学基金首次资助复旦大学在该领域的研究项目。目前,国内的许多科研单位和高等院校竞相开展数据挖掘的基础理论及其应用研究。

　　近年来,数据挖掘的研究重点逐渐从发现方法转向系统应用,注重多种发现策略和技术的集成以及多学科之间的相互渗透。

8.4　数据分析

8.4.1　概述

　　数据分析是指用适当的统计分析方法对收集来的大量数据进行分析,提取有用信息和形成结论而对数据加以详细研究和概括总结的过程。这一过程也是质量管理体系的支持过程。在产品的整个寿命周期,包括从市场调研到售后服务和最终处置的各个过程都需要适当运用数据分析过程,以提升有效性。例如 J. 开普勒通过分析行星角位置的观测数据找出了行星运动规律。又如,一个企业的领导人要通过市场调查分析所得数据来判定市场动向,从而制定合适的生产及销售计划。因此数据分析有极广泛的应用范围。

　　数据分析的目的是把隐没在一大批看来杂乱无章的数据中的信息集中、萃取和提炼出来,以找出所研究对象的内在规律。在实用中,数据分析可帮助人们进行判断,以便采取适当行动。通过分析手段、方法和技巧对准备好的数据进行探索、分析,从中发现因果关系、内部联系和业务规律,为商业目标提供决策参考。

仅仅知道怎么看数据是远远不够的,还要了解使用这些数据,怎么让数据显示出它本身的威力。总结下来有以下几个方面:

(1) 看历史数据,发现规律。

(2) 从历史数据和现有数据中发现端倪,找出问题所在。在工作中,每天都会接触到大量的数据,但是大部分时间人们看数据流于表面。数据就是我们的助手,能够帮助我们发现问题,同时顺藤摸瓜找到问题的根源所在。这个能力是非常重要的。

(3) 数据预测。通过分析数据,发现其中的规律,那么则可实现数据驱动运营、驱动产品,驱动市场。

(4) 学会拆解数据。要会对数据进行拆分,知道每个数据都是来自哪些方面,增高或者降低的趋势是什么。

近几年来,数据分析在互联网领域非常受重视,无论是社区型产品、工具类产品还是电子商务,都越来越把数据作为核心资产。确实,数据分析做得越深,越能够实现精细化运营,在很多时候工作的重点才有据可依。但是要注意两方面的问题:

(1) 不能唯数据论。数据有时候能够反馈一些问题,但是也要注意到,在有些时候数据并不能说明所有问题,也需要综合各方面的情况整体来看。

同时要有数据分析的思维,不仅是互联网行业,几乎所有的行业每天都会产生大量的数据。最重要的是知道怎么通过数据分析找出规律,发现问题,对将来做出预测。

(2) 找到适合自己产品的数据指标。不同产品的特性和用户使用习惯都不一样,需要找到适合自己产品的指标参数而不是随大流。

数据分析包括以下 5 个方面:

(1) 可视化分析(analytic visualizations)。不管是对数据分析专家还是普通用户,数据可视化都是数据分析工具最基本的要求。可视化可以直观的展示数据,让数据自己说话,让观众听到结果。

(2) 数据挖掘算法(data mining algorithms)。可视化是给人看的,数据挖掘是给机器看的。集群、分割、孤立点分析等算法让人们深入数据内部,挖掘价值。这些算法不仅要处理大数据的量,也要处理大数据的速度。

(3) 预测性分析能力(predictive analytic capabilities)。数据挖掘可以让分析员更好地理解数据,而预测性分析可以让分析员根据可视化分析和数据挖掘的结果做出一些预测性的判断。

(4) 语义引擎(semantic engines)。非结构化数据的多样性给数据分析提出了新的挑战,需要用一系列工具解析、提取、分析数据。语义引擎要设计成能够从“文档”中智能地提取信息。

(5) 数据质量和管理(data quality and management)。数据质量和数据管理是一些管理方面的最佳实践。通过标准化的流程和工具对数据进行处理可以保证一个预先定义好的高质量的分析结果。

8.4.2 数据分析流程

数据分析流程概括起来主要包括明确分析目的与框架、数据收集、数据处理、数据分析、数据展现和撰写报告 6 个阶段。

1. 明确分析目的与框架

明确分析目的与框架是进行数据分析的先决条件,为数据分析提供了方向。

一个分析项目,数据对象是什么? 商业目的是什么? 要解决什么业务问题? 对这些问题都要了然于心。

要基于商业的理解,整理分析框架和分析思路,例如减少新客户的流失、优化活动效果、提高客户响应率等。不同的项目对数据的要求以及使用的分析手段都是不一样的。

2. 数据收集

数据收集是通过数据库和其他媒介按照确定的数据分析和框架内容,有目的地收集、整合相关数据的过程,它是数据分析的基础。

3. 数据处理

数据处理是指对收集到的数据进行加工、整理,以便开展数据分析,它是数据分析前必不可少的阶段。这个过程是数据分析整个过程中最占据时间的,也在一定程度上取决于数据仓库的搭建和数据质量的保证。

数据处理主要包括数据清洗、数据转化、提取、计算等处理方法。

4. 数据分析

数据分析是指通过分析手段、方法和技巧对准备好的数据进行探索、分析,从中发现因果关系、内部联系和业务规律,为商业目的提供决策参考。

到了这个阶段,要能驾驭数据,开展数据分析,就要涉及工具和方法的使用。首先要熟悉常规数据分析方法,例如方差分析、回归分析、因子分析、判别分析、聚类、分类、时间序列等,要了解这些方法的原理、使用范围、优缺点和对结果的解释。其次要熟悉数据分析工具,Excel 是最常见的数据分析工具,一般的数据分析可以通过 Excel 完成;此外还要熟悉一些专业的分析软件,如数据分析工具 SPSS、SAS、Clementine、MATLAB 等,以便进行一些专业的统计分析、数据建模等。

5. 数据展现

一般情况下,数据分析的结果都是通过图表、表格、文字的方式来呈现。借助数据展现手段,能更直观地表述想要呈现的信息、观点和建议。常用的图表包括饼图、折线图、柱形图/条形图、散点图、雷达图、金字塔图、矩阵图、漏斗图、帕累托图等。

6. 撰写报告

最后一个阶段就是撰写数据分析报告,这是对整个数据分析成果的一个呈现。通过分析报告,把数据分析的目的、过程、结果及方案完整地呈现出来。

一份好的数据分析报告要求框架清晰,结论明确,提出建议。首先需要有一个好的分析框架,并且图文并茂,层次明晰,能够让阅读者一目了然。结构清晰、主次分明可以使阅读者正确理解报告内容;图文并茂可以令数据更加生动活泼,提高视觉冲击力,有助于阅读者更形象、直观地看清楚问题和结论,从而引发思考。另外,数据分析报告要有明确的结论、建议和解决方案,而不仅仅是找出问题,这一部分是更重要的,否则称不上好的分析,同时也失去了报告的意义,数据分析的初衷就是服务于商业目的,不能舍本求末。

8.4.3 数据分析方法

常用数据分析方法有以下几种。

(1) 聚类分析(cluster analysis)。指将物理或抽象对象的集合分组成为由类似的对象组成的多个类的分析过程。聚类是将数据分类到不同的类或者簇的过程,所以同一个簇中的对象有很大的相似性,而不同簇间的对象有很大的相异性。聚类分析是一种探索性的分析,在分类的过程中,人们不必事先给出一个分类的标准,聚类分析能够从样本数据出发,自动进行分类。聚类分析所使用的方法不同,常常会得到不同的结论。不同研究者对于同一组数据进行聚类分析,所得到的聚类结果未必一致。

(2) 因子分析(factor analysis)。指研究从变量群中提取共性因子的统计技术。因子分析就是从大量的数据中寻找内在的联系,减小决策的困难。因子分析的方法有十多种,如重心法、影像分析法、最大似然解、最小平方法、阿尔发抽因法、拉奥典型抽因法等。这些方法本质上都属近似方法,是以相关系数矩阵为基础的,所不同的是相关系数矩阵对角线上的值,采用不同的共同性估值。

(3) 相关分析(correlation analysis)。这种方法研究现象之间是否存在某种依存关系,并对具体有依存关系的现象探讨其相关方向以及相关程度。相关关系是一种非确定性的关系,例如,以 X 和 Y 分别记一个人的身高和体重,或分别记每公顷施肥量与每公顷小麦产量,则 X 与 Y 显然有关系,而又没有确切到可由其中的一个去精确地决定另一个的程度,这就是相关关系。

(4) 对应分析(correspondence analysis)。也称关联分析、R-Q 型因子分析,通过分析由定性变量构成的交互汇总表来揭示变量间的联系。可以揭示同一变量的各个类别之间的差异以及不同变量各个类别之间的对应关系。对应分析的基本思想是将一个联列表的行和列中各元素的比例结构以点的形式在较低维的空间中表示出来。

(5) 回归分析(regression analysis)。是研究一个随机变量 Y 对另一个变量 X 或一组变量 $X_1, X_2, \cdots, X_k$ 的相依关系的统计分析方法。回归分析是确定两种或两种以上变数间相互依赖的定量关系的一种统计分析方法。运用十分广泛,回归分析按照涉及的自变量的多少,可分为一元回归分析和多元回归分析;按照自变量和因变量之间的关系类型,可分为线性回归分析和非线性回归分析。

(6) 方差分析(Analysis of Variance,ANOVA)。又称变异数分析或 F 检验,是 R. A. Fisher 发明的,用于两个及两个以上样本均数差别的显著性检验。由于各种因素的影响,研究所得的数据呈现出波动。造成波动的原因可分成两类,一类是不可控的随机因素,另一类是研究中施加的对结果形成影响的可控因素。方差分析是从观测变量的方差入手,研究诸多控制变量中哪些变量是对观测变量有显著影响的变量。

数据分析常用的图表方法有以下几种：

(1) 柏拉图。是分析和寻找影响质量的主要因素的一种工具,其形式为双直角坐标图,左边纵坐标表示频数(如件数、金额等),右边纵坐标表示频率(如百分比),折线表示累积频率,横坐标表示影响质量的各项因素,按影响程度的大小(即出现频数多少)从左向右排列。通过对排列图的观察分析可发现影响质量的主要因素。

(2) 直方图(histogram)。将一个变量的不同等级的相对频数用矩形块标绘的图表(每一矩形的面积对应于频数)。

直方图又称柱状图、质量分布图,是一种统计报告图,用一系列高度不等的纵向条纹或线段表示数据分布的情况。一般用横轴表示数据类型,纵轴表示分布情况。

(3) 散点图(scatter diagram)。表示因变量随自变量而变化的大致趋势,据此可以选择合适的函数对数据点进行拟合。用两组数据构成多个坐标点,考察坐标点的分布,判断两变量之间是否存在某种关联或总结坐标点的分布模式。

(4) 鱼骨图(ishikawa)。是一种发现问题"根本原因"的方法,它也可以称为"因果图"。其特点是简捷实用,深入直观。它看上去有些像鱼骨,问题或缺陷(即后果)标在"鱼头"外。

(5) FMEA。是一种可靠性设计的重要方法。它实际上是FMA(故障模式分析)和FEA(故障影响分析)的组合。它对各种可能的风险进行评价、分析,以便在现有技术的基础上消除这些风险或将这些风险减小到可接受的水平。

8.4.4　数据分析工具

工欲善其事,必先利其器。要进行数据分析,需要学习和掌握各种分析手段和技能,特别是要掌握分析软件工具。常用的数据分析工具有MATLAB、SPSS、SAS、Excel、R等。下面对MATLAB、SPSS、SAS进行简单介绍。

1. MATLAB

MATLAB是matrix和laboratory两个词的组合,意为矩阵工厂(或矩阵实验室)。MATLAB是由美国MathWorks公司发布的主要面向科学计算、可视化以及交互式程序设计的高科技计算环境。它将数值分析、矩阵计算、科学数据可视化以及非线性动态系统的建模和仿真等诸多强大功能集成在一个易于使用的视窗环境中,为科学研究、工程设计以及必须进行有效数值计算的众多科学领域提供了一种全面的解决方案,并在很大程度上摆脱了传统非交互式程序设计语言(如C、FORTRAN)的编辑模式,代表了当今国际科学计算软件的先进水平。MATLAB主要应用于工程计算、控制设计、信号处理与通信、图像处理、信号检测、金融建模设计与分析等领域。

MATLAB具有以下特点：

(1) 编程效率高。用MATLAB编写程序犹如在演算纸上列出公式与求解问题,MATLAB语言也可通俗地称为演算纸式的科学算法语言。由于它编写简单,所以编程效率高,易学易懂。

(2) 用户使用方便。MATLAB语言把编辑、编译、连接和执行融为一体,其调试程序手段丰富,调试速度快,需要的学习时间少。它能在同一画面上进行灵活操作,快速排除输入程序中的书写错误、语法错误以至语义错误,从而加快了用户编写、修改和调试程序的速度,可以说在编程和调试过程中它是一种比 VB 还要简单的语言。

(3) 扩充能力强。高版本的 MATLAB 语言有丰富的库函数,在进行复杂的数学运算时可以直接调用,而且 MATLAB 的库函数同用户文件在形成上一样,所以用户文件也可作为 MATLAB 的库函数来调用。用户可以根据自己的需要方便地建立和扩充新的库函数,以便提高 MATLAB 使用效率和扩充它的功能。

(4) 语句简单,内涵丰富。MATLAB 语言中最基本、最重要的成分是函数,一般一个函数由函数名、输入变量和输出变量组成。同一函数名,不同数目的输入变量(包括无输入变量)及不同数目的输出变量,代表着不同的含义。这不仅使 Matlab 的库函数功能更丰富,而大大减少了需要的磁盘空间,使得 MATLAB 编写的文件简单、短小而高效。

(5) 高效方便的矩阵和数组运算。MATLAB 语言像 Basic、FORTRAN 和 C 语言一样规定了矩阵的一系列运算符,它不需定义数组的维数,并给出矩阵函数、特殊矩阵专门的库函数,使之在求解诸如信号处理、建模、系统识别、控制、优化等领域的问题时显得极为简捷、高效、方便,这是其他高级语言所不能比拟的。

(6) 方便的绘图功能。MATLAB 的绘图是十分方便的,它有一系列绘图函数(命令),使用时只需调用不同的绘图函数(命令),在图上标出图题、XY 轴标注,表格绘制也只需调用相应的命令,简单易行。另外,在调用绘图函数时调整自变量可绘出不变颜色的点、线、复线或多重线。

2. SPSS

SPSS 是 Statistical Package for the Social Science(社会科学统计软件包)的简称,是一种集成化的计算机数据处理应用软件,是世界上最早的统计分析软件。

SPSS 集数据录入、数据编辑、数据管理、统计分析、报表制作以及图形绘制为一体,功能非常强大,可针对整体的大型统计项目提供完善的解决方案。

SPSS 具有以下特点:

(1) 工作界面友好完善、布局合理且操作简便,大部分统计分析过程可以借助鼠标,通过菜单命令的选择、对话框的参数设置,单击功能按钮来完成,不需要用户记忆大量的操作命令。菜单分类合理,并且可以灵活编辑菜单以及设置工具栏。

(2) 具有完善的数据转换接口,可以方便地与 Windows 的其他应用程序进行数据共享和交换。既可以读取 Excel、FoxPro、Lotus 等电子表格和数据软件产生的数据文件,也可以读取 ASCII 数据文件。

(3) 提供强大的程序编辑能力和二次开发能力,可满足高级用户完成更为复杂的统计分析任务的需要,具有丰富的内部函数和统计功能。

(4) 具有强大的统计图表绘制和编辑功能,图形美观大方,输出报告形式灵活,编辑方便易行。

3. SAS

SAS 是美国 SAS 软件研究所研制的一套大型集成应用软件系统,它具有完备的数据存取、管理、分析和展现功能。其创业产品——统计分析系统部分,以应有尽有、包罗万象和强大精准的数据分析能力一直为业界推崇,被视为最权威的统计分析标准软件。

经过多年发展,SAS已被全世界多个国家和地区的科研机构和人员普遍采用,涉及教育、科研、金融等各个领域。

SAS以强大的数据管理和同时处理大批数据文件的功能而受到高级用户的欢迎。也正是因为这个特点,它是最难掌握的软件之一。使用 SAS 时,需要编写 SAS 程序来处理数据,进行分析。如果在一个程序中出现一个错误,找到并改正这个错误将是困难的。

SAS 具有以下特点:

(1) 数据管理。在数据管理方面,SAS 是非常强大的,能让用户用任何可能的方式来处理数据。它包含 SQL(结构化查询语言)过程,可以在 SAS 数据中使用 SQL 查询。但是要学习并掌握 SAS 软件的数据管理需要很长的时间。然而,SAS 可以同时处理多个数据文件,使这项工作变得容易。它可以处理的变量能够达到 32768 个,其能够处理的记录条数只受限于用户的硬盘空间所允许的最大数量。

(2) 统计分析。SAS 能够进行大多数统计分析(回归分析、logistic 回归、生存分析、方差分析、因子分析、多变量分析)。SAS 的最优之处可能在于它的方差分析、混合模型分析和多变量分析,而它的劣势主要是有序和多元 logistic 回归(因为这些命令很难)以及稳健方法(它难以完成稳健回归和其他稳健方法)。

(3) 绘图功能。在所有的统计软件中,SAS 有最强大的绘图工具,由 SAS/Graph 模块提供。然而,SAS/Graph 模块是非常专业而复杂的,图形的制作主要使用程序语言。

8.5 Hadoop

8.5.1 简介

Hadoop 是由 Apache 基金会开发的分布式系统基础架构。用户可以在不了解分布式底层细节的情况下开发分布式程序。Hadoop 设计理念之一是扩展单一的服务器为成千上万台计算机的集群,且集群中每一台计算机同时提供本地计算能力和存储能力,充分利用集群的威力进行高速运算和存储。

Hadoop 实现了一个分布式文件系统(Hadoop Distributed File System,HDFS)。HDFS 有高容错性,并且设计用来部署在低廉的硬件上;而且它提供高吞吐量来访问应用程序的数据,适合那些有超大数据集的应用程序。HDFS 放宽了 POSIX 的要求,可以以流的形式访问文件系统中的数据。Hadoop 框架最核心的设计是 HDFS 和 MapReduce。HDFS 为海量的数据提供了存储功能,而 MapReduce 为海量的数据提供了计算功能。

Hadoop 目前主要应用于互联网企业,用于数据分析、机器学习、数据挖掘等。

1. Hadoop 框架

Hadoop 框架是在应用层检测和处理硬件失效问题,而不是依赖于硬件自身来维持高可用性。在 Hadoop 框架集群中硬件失效被认为是一种常态,集群的高可用性服务是建立在整个集群之上的。

Hadoop 整体框架如图 8.4 所示。其中包括分布式文件系统(Hadoop Distributed File System,HDFS)、并行计算模型(MapReduce)、列式数据库(HBase)、数据仓库(Hive)、数据

分析语言（Pig）、数据格式转化工具（Sqoop）、协同工作系统（Zookeeper）、数据序列化系统
（Avro）。

	ETL工具	BI报告	RDBMS	
Zookeeper （协调）	Pig （数据流）	Hive （SQL）	Sqoop	Avro （序列化）
	MapReduce （作业调度/执行系统）			
	HBase （列式数据库）			
	HDFS （Hadoop分布式文件系统）			

图 8.4　Hadoop 整体框架

Hadoop 整体框架的特点如下：
- Hadoop 主要应用在多节点集群环境下。
- 以数据存储为基础。
- 最大限度兼容结构化数据格式。
- 以数据处理为目的。
- 数据操作技术多样化。

2. Hadoop 体系结构原理及角色组成

图 8.5 是 Hadhoop 体系结构原理及角色组成。Hadoop 使用主/从（Master/Slave）架
构，主要角色由 NameNode、DataNode、JobTracker、TaskTracker 组成。在主节点的服务器
中会执行两套程序：一个是负责安排 MapReduce 运算层任务的 JobTracker，另一个是负责
管理 HDFS 数据层的 NameNode 程序。而在 Worker 节点的服务器中也有两套程序：接受
JobTracker 指挥，负责执行运算层任务的是 TaskTracker 程序；与 NameNode 对应的则是
DataNode 程序，负责执行数据读写操作以及执行 NameNode 的副本策略。

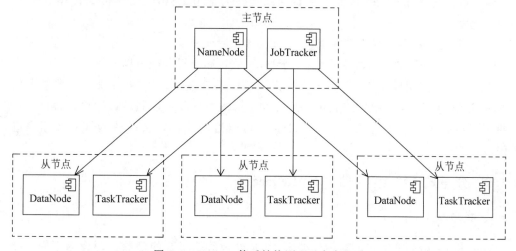

图 8.5　Hadoop 体系结构原理及角色组成

（1）NameNode。是 HDFS 的守护程序，负责记录文件是如何分割成数据块的，以及这些数据块被存储到哪些数据节点上。它的功能是对内存及 I/O 进行集中管理。

（2）DataNode。集群中每个从服务器都运行一个 DataNode 后台程序，后台程序负责把 HDFS 数据块读写到本地文件系统。需要读写数据时，由 NameNode 告诉客户端去哪个 DataNode 进行具体的读写操作。

（3）Secondary NameNode。是一个用来监控 HDFS 状态的辅助后台程序，如果 NameNode 发生问题，可以使用 Secondary NameNode 作为备用的 NameNode。

（4）JobTracker。后台程序用来连接应用程序与 Hadoop，用户应用提交到集群后，由 JobTracker 决定哪个文件处理哪个任务(task)执行，一旦某个任务失败，JobTracker 会自动开启这个任务。

（5）TaskTracker。与负责存储数据的 DataNode 相结合，位于从节点，负责各自的任务。

3．Hadoop 家族成员

MapReduce 是一种编程模型，用于大数据集的并行计算，可以使编程人员在不了解分布式并行编程的情况下也可以将自己的程序运行在分布式系统上。

HDFS 具有高容错性，通过流的方式访问文件系统中的数据。该系统由数百上千个存储文件的服务器组成。

HBase 是一个分布式的面向列存储的数据库，与 BigTable 使用相同的数据模型，一个数据行拥有一个可以选择的键和任意多列，主要用于随机访问和实时读写大数据。

Hive 是建立在 Hadoop 基础上的数据仓库，支持类似传统 SQL 的查询语言，提供 ETL 工具、数据存储管理和大型数据的查询、分析能力。

Zookeeper 是一个针对大型分布式系统的可靠协调系统，提供的功能包括配置维护、名字服务、分布式同步、组服务等。Zookeeper 的目标就是封装好复杂易出错的关键服务，将简单易用的接口和性能高效、功能稳定的系统提供给用户。

Common 是为 Hadoop 其他子项目提供支持的常用工具，主要包括 FileSystem、RPC 和串行化库。

Avro 是用于数据序列化的系统。

Chukwa 是开源的数据收集系统，用于显示、监视和分析数据结果。

Pig 最大的作用就是对 MapReduce 算法（框架）实现了一套 shell 脚本，类似人们熟悉的 SQL 语句，在 Pig 中称为 Pig Latin，在这套脚本中可以对加载的数据进行排序、过滤、求和、分组（group by）、关联（joining），Pig 也可以由用户自定义一些函数对数据集进行操作。

8.5.2　分布式离线计算框架 MapReduce

1．概念

Map 和 Reduce 是编程语言中的概念，都是处理数据集合的函数。两者的不同主要有两点：第一，Map 在处理数据序列的过程中只处理当前的数据信息，不需要与之前处理的状态信息交互；而 Reduce 在处理过程中却依赖之前处理的结果,同时生成的结果也被后续的处理使用。第二,Map 只是遍历数据,数据处理无关先后；Reduce 是在遍历的过程中生成聚合信息。

MapReduce 的基本原理为,将一个复杂的问题分成若干个简单的子问题来解决。然后,对子问题的结果进行合并,得到原有问题的解。具体如下。

- Map：主节点读入输入数据,把它分成可以用相同方法解决的小数据块,然后把这些小数据块分发到不同的工作节点上,每一个工作节点循环做同样的事,这就形成了一个树形结构,而每一个叶子节点处理每一个具体的小数据块,再把这些处理结果返回给父节点。
- Reduce：在处理过程中却依赖之前处理的结果,同时生成的结果也被后续的处理使用。节点得到所有子节点的处理结果,然后把所有结果组合并返回到输出。

一个 MapReduce 任务会把一个输入数据集分割为独立的数据块,然后 Map 任务会以完全并行的方式处理这些数据块。MapReduce 系统自动对 Map 任务的输出分类,再把这些分类结果作为 Reduce 任务的输入。无论是任务的输入还是输出都会被存储在文件系统中。MapReduce 系统关注任务调度、任务检测和重新执行失败的任务。

MapReduce 是一种用于在大型商用硬件集群(成千上万的节点)中对海量数据实施可靠的、高容错的并行计算的软件系统,是最先由 Google 公司提出的分布式计算软件构架,具有易于编程、高容错性、高扩展性的优点。

2. 模型

用 Map 和 Reduce 方法来处理分布式计算问题时,应尽可能地实现数据处理的本地化,降低由数据移动而产生的代价。每一个 Map 操作都是相对独立的,所有的 Map 操作都是并行运行的,虽然实际中会受到数据源和 CPU 个数的影响。同样的,用一个 Reduce 集合来执行 Reduce 操作,所有带有相同键的 Map 输出会聚集到同一个 Reduce。MapReduce 方法能够处理一般服务器不能处理的大数据量处理问题。

MapReduce 系统由单一的 JobTracker 主节点和若干个 TaskTracker 从节点组成,其中每一个集群节点对应一个 TaskTracker 节点。主节点负责调度任务的各个组成任务到从节点上,监控并且重新执行失败的组成任务；从节点执行主节点安排的组成任务。

MapReduce 的 Map 和 Reduce 过程都定义了键值对($<$key, value$>$)的数据结构,即系统视任务的输入数据为键值对集合,并且产生键值对结合作为任务的输出。一次任务的输入输出格式为

(input)$<$k1,v1$>$ - $>$ map -$>$ $<$k2,v2$>$ -$>$ combine -$>$ $<$k2,v2$>$ -$>$ reduce -$>$ $<$k3,v3$>$(output)

MapReduce 通过工作状态的返回有效地处理了单点失效的问题。但是 MapReduce 是隶属于大粒度的并行计算模式,并行节点间在 Map 阶段和 Reduce 阶段无法通信,也并非是一种万能的数据处理模型。

MapReduce 通过 Map(映射)和 Reduce(化简)来实现大规模数据(TB 级)的并行计算。

如图 8.6 所示,MapReduce 的运作方式就像快递公司一样。物流部门会将发往各地的包裹先运送到各地的物流分站,再由分站派出快递员进行配送；快递员等每个包裹的用户

签单后将数据反馈给系统汇总,完成整个快递流程。在这里,每个快递员都会负责配送,所执行的动作大致相同,且只负责少量的包裹,最后由物流公司的系统进行汇总。

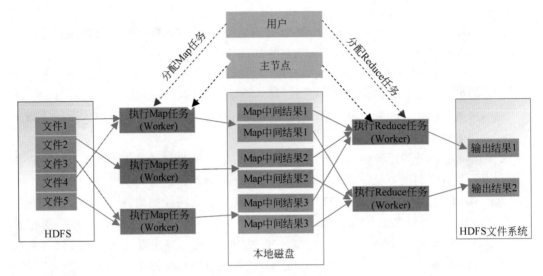

图 8.6 MapReduce 的运作方式

在 MapReduce 运算层上,担任主节点的服务器负责分配运算任务,主节点上的 JobTracker 程序会将 Map 和 Reduce 程序的执行工作指派给 Worker 服务器上的 TaskTracker 程序,由 TaskTracker 负责执行 Map 和 Reduce 工作,并将运算结果回复给主节点上的 JobTracker。

开发人员先分析需求所提出问题的解决流程,找出数据可以并发处理的部分(即化简),也就是那些能够分解为小段的可并行处理的数据,再将这些能够采用并发处理的需求写成 Map 程序(即映射)。

8.5.3 Hadoop 分布式文件系统

1. 概述

Hadoop 分布式文件系统(HDFS)被设计成适合运行在通用硬件(commodity hardware)上的分布式文件系统。它和现有的分布式文件系统有很多共同点。但同时,它和其他的分布式文件系统的区别也是很明显的。HDFS 是一个高度容错性的系统,适合部署在廉价的机器上。HDFS 能提供高吞吐量的数据访问,非常适合大规模数据集上的应用。HDFS 放宽了一部分 POSIX 约束,以实现流式读取文件系统数据的目的。HDFS 在最开始是作为 Apache Nutch 搜索引擎项目的基础架构而开发的。HDFS 是 Apache Hadoop Core 项目的一部分。

HDFS 的优点是具有高可靠性、高扩展性、高吞吐率。数据自动保存多个副本,副本丢失后自动恢复;适合批处理,即移动计算而不会将数据、数据位置暴露给计算框架;适合大数据处理,即吉字节(GB)级、太字节(TB)级甚至拍字节(PB)级数据,百万规模以上的文件数量,10000 以上节点规模;流式文件访问,即一次写入,多次读取,保证数据一致性;可构建在廉价机器上,即通过多副本提高可靠性,提供了容错和恢复机制。

HDFS 的缺点有低延迟数据访问：比如毫秒级、低延迟与高吞吐率。小文件存储时,占用 NameNode 大量内存,寻道时间超过读取时间;并发写入、文件随机修改时,一个文件只能有一个写者,仅支持 append(追加)。

HDFS 的设计假设及其目标包括硬件失效、流式数据访问、大规模数据集、简单的一致性模型、移动计算比移动数据的代价小、跨异构硬件和软件平台的可移植性。

- 硬件失效。硬件失效是常态而不是特例。一个 HDFS 集群可能包含了成百上千的服务器,每个都会存储文件系统的部分数据。而大量的组件就会导致组件出错的概率非常高,而这也意味着 HDFS 的部分组件会经常不工作。因此,检查缺陷和快速自动地恢复就成了 HDFS 的核心架构目标。

- 流式数据访问。运行在 HDFS 上的应用程序需要流式访问数据集的能力。它们不是普通地运行在普通文件系统上的程序。HDFS 被设计用来应对批量计算的场景,而不是用来和用户交互。重点是数据访问的高吞吐而不是低延迟。POSIX 引入了大量的硬性需求来约束应用程序,而这些需求不是 HDFS 的目标需求。POSIX 语义在一些关键领域被认为可以提高数据吞吐率。

- 大规模数据集。运行在 HDFS 上的程序拥有大规模的数据集。一个 HDFS 文件可能是 GB 级别或是 TB 级别的存储,因此 HDFS 被调优为存储大文件。它应该提供高聚合的数据带宽并且可以在单个集群内扩展到其他的上百上千的节点。程序应该支持在单实例中存在千万级别的文件。

- 简单的一致性模型。HDFS 程序需要一个一次写入多次读出的文件访问模型。一旦一个文件被创建、写入数据然后关闭,这个文件应该不再需要被改动。此假设简化了数据一致性的问题,并且支持了数据的高吞吐。一个 MapReduce 程序或者一个网络爬虫程序就非常符合这种模型。

- 移动计算比移动数据的代价小。一个程序如果在运行计算任务时能更贴近其依赖的数据,那么计算会更高效。尤其是在数据集规模很大时该效应更加明显。因为这会最小化网络消耗而增加系统整体的吞吐能力。这一假设就是:把计算靠近数据要比把数据靠近计算成本更低。HDFS 提供给应用程序接口来做到移动程序使其离数据更近。

- 跨异构硬件和软件平台的可移植性。HDFS 被设计为可以很容易地从一个平台移植到另一个平台。这有利于推广 HDFS,使其作为广泛首选的大数据集应用的平台。

2. HDFS 架构

图 8.7 是 HDFS 架构示意图。HDFS 是主从(Master/Slave)体系结构,只含有一个 NameNode 主服务节点,这个节点管理文件系统中的命名空间并调度客户端对文件的访问。通常一台计算机就是一个 DataNode(数据节点),DataNode 管理本节点上数据的存储。

在 HDFS 内部,一个文件被分割为一个或多个数据块,并且这些数据块被存储在一批 DataNode 中。

NameNode 执行文件系统中命名空间的操作(打开、关闭、重命名文件和目录),NamNode 需要执行数据块到 DataNode 映射的决策。

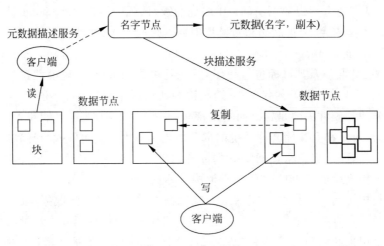

图 8.7 HDFS 架构

DataNode 负责响应来自客户端的文件读写要求,也要负责执行来自 NameNode 关于数据块创建、删除和冗余存储的指令。

NameNode 和 DataNode 都可以架设在普通商用计算机上,一个典型的 HDFS 集群中部署一个专用机作为 NameNode,其余的计算机部署为 DataNode。虽然这个体系结构并不排除把一个机器作为多个 DataNode,但是这样的情况在实际部署中很少发生。单 NameNode 结构极大地简化了集群的系统结构,NameNode 主管并且存储所有的 HDFS 的元数据,系统中用户数据绝不会流过 NameNode。

HDFS 读文件的过程如图 8.8 所示。

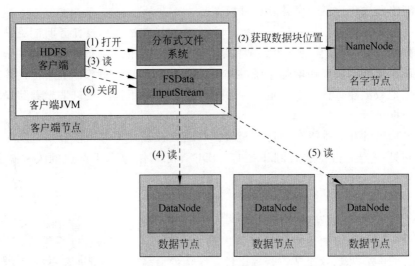

图 8.8 HDFS 读文件过程

(1) 客户端用文件系统的 open()函数打开文件。

(2) 分布式文件系统用 RPC 调用元数据节点,得到文件的数据块信息。

(3) 对于每一个数据块,元数据节点返回保存数据块的数据节点的地址。

(4) 分布式文件系统返回 FSDataInputStream 给客户端,用来读取数据。

（5）客户端调用 stream 的 read()函数开始读取数据。

DFSInputStream 连接保存此文件第一个数据块的最近的数据节点。

（6）数据从数据节点读到客户端，当此数据块读取完毕时，DFSInputStream 关闭和此数据节点的连接，然后连接此文件下一个数据块的最近的数据节点。当客户端读数据完毕的时候，调 FSDataInputStream 的 close()函数。在读取数据的过程中，如果客户端在与数据节点通信时出现错误，则尝试连接包含此数据块的下一个数据节点。失败的数据节点将被记录，以后不再连接。

HDFS 写文件的过程如图 8.9 所示。

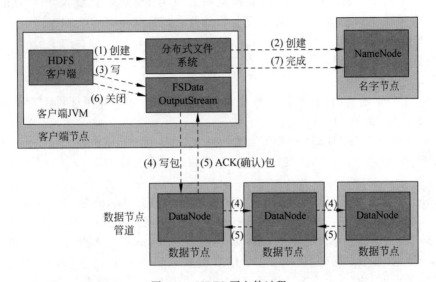

图 8.9　HDFS 写文件过程

（1）客户端调用 create()函数创建文件。

（2）分布式文件系统用 RPC 调用元数据节点，在文件系统的命名空间中创建一个新的文件。元数据节点首先确定文件原来不存在，并且客户端有创建文件的权限，然后创建新文件。分布式文件系统返回 FSOutputStream，客户端用于写数据。

（3）客户端开始写入数据，DFSOutputStream 将数据分成块，写入数据队列。

（4）数据队列由 Data Streamer 读取，并通知元数据节点分配数据节点，用来存储数据块（每块默认复制 3 块）。分配的数据节点放在一个管道中。

Data Streamer 将数据块写入管道中的第一个数据节点。第一个数据节点将数据块发送给第二个数据节点。第二个数据节点将数据发送给第三个数据节点。

（5）DFSOutputStream 为发出去的数据块保存了应答队列，等待管道中的数据节点告知数据已经写入成功。

如果数据节点在写入的过程中失败，则关闭管道，将应答队列中的数据块放入数据队列的开始。当前的数据块在已经写入的数据节点中被元数据节点赋予新的标示，则错误节点重启后能够察觉其数据块是过时的，会被删除。

失败的数据节点从管道中移除，另外的数据块则写入管道中的另外两个数据节点。

元数据节点则被通知此数据块复制的块数不足，将来会再创建第三个副本。

（6）当客户端结束写入数据时,则调用 stream 的 close()函数。此操作将所有的数据块写入管道中的数据节点,并等待应答队列返回成功。

（7）通知元数据节点写入完毕。

8.5.4　HBase 大数据库

1. 概述

HBase 是一个分布式的、面向列的开源数据库,该技术来源于 Fay Chang 所撰写的 Google 论文《BigTable:一个结构化数据的分布式存储系统》。就像 BigTable 利用了 Google 文件系统(Google File System)所提供的分布式数据存储一样,HBase 在 Hadoop 之上提供了类似于 BigTable 的能力。HBase 是 Apache 的 Hadoop 项目的子项目。HBase 与一般的关系数据库有两点不同:它是一个适合于非结构化数据存储的数据库;它基于列的模式而不是基于行的模式。

HBase 可提供随机的、实时的大数据读写访问,目标是在商用硬件上存储非常大的表——数十亿行,数百万列。

HBase Client 使用 HBase 的 RPC 机制与 HMaster 和 HRegionServer 进行通信。对于管理类操作,Client 与 HMaster 进行 RPC;对于数据读写类操作,Client 与 HRegionServer 进行 RPC。

Zookeeper Quorum 中除了存储 ROOT 表的地址和 HMaster 的地址,HRegionServer 也会把自己以 Ephemeral 方式注册到 Zookeeper 中,使得 HMaster 可以随时感知到各个 HRegionServer 的健康状态。此外,Zookeeper 也避免了 HMaster 的单点问题,见下文描述。

HMaster 没有单点问题,HBase 中可以启动多个 HMaster,通过 Zookeeper 的 Master Election 机制保证总有一个主节点运行,HMaster 在功能上主要负责 Table 和 Region 的管理工作:

（1）管理用户对 Table 的增、删、改、查操作。

（2）管理 HRegionServer 的负载均衡,调整 Region 分布。

（3）在 Region Split 后,负责新 Region 的分配。

（4）在 HRegionServer 停机后,负责失效 HRegionServer 上的 Regions 迁移。

HRegionServer 主要负责响应用户 I/O 请求,通过 HDFS 文件系统读写数据,是 HBase 中最核心的模块。

HStore 存储是 HBase 存储的核心,由两部分组成,一部分是 MemStore,另一部分是 StoreFiles。MemStore 是 Sorted Memory Buffer,用户写入的数据首先会放入 MemStore,当 MemStore 满了以后会刷新成一个 StoreFile(底层实现是 HFile),当 StoreFile 文件数量达到一定阈值时,会触发 Compact 合并操作,将多个 StoreFiles 合并成一个 StoreFile。

2. HBase 的数据模型

HBase 按预先定义好的列族(column family)结构来存储数据,即每一条数据有一个键以及若干个列属性值组成,每列的数据都有自己的版本信息。数据是按列有序存储的,不同于关系型数据库中按行存储。HBase 有两种方式的数据操作:通过对有序键值进行扫描查询,获取键值;或者借助强大的 Hadoop 进行 MapReduce 查询。HBase 采用了强一致性的读写保证,数据会在多个不同的域中保存。列族可以包含无限多个数据版本,每个版本可以有自己的 TTL(生命周期)。通过行级锁来保证写操作的原子性,但是不支持多行写操作的事务性。数据扫描操作不保证一致性。

HBase 下表的逻辑视图如图 8.10 所示,其中包括行键(row key)、时间戳(time stamp)、列族(column family)、列(column)。

行键	时间戳	列族A		⋯
		列a	⋯	⋯
键	t_n		⋯	⋯
	⋯		⋯	⋯
	t_1	值1		⋯

图 8.10 HBase 下表的逻辑视图

在创建一张表时,必须定义行键名及所需列族的列族名,理论上一张表在创建时可以无限制地定义列族个数,而时间戳会由系统自动生成。列无须在创建时定义,可以在使用时随意定义并使用,一个列族下同样可以无限制地定义列的个数。HBase 中可以任意地定义列族个数及附属列的个数,只要能够保证其中的任意一列不为空,该行即为有效行。

HBase 下表的物理视图如图 8.11 所示。

行键	时间戳	列族	列	值
键	t_n	列族A	⋯	⋯
⋮	⋮			
键	t_1	列族A	列a	值1

图 8.11 HBase 下表的物理视图

在 HBase 中采用稀疏存储,物理存储过程中细化到一个单元(cell)。在逻辑视图中,任意一行不为空的每一列都被称为一个单元。单元连同行键、时间戳、列族名、列名作为完整的一行存储到文件系统中,并且这个存储过程中会自动排序,先对各行键按字母升序排列,再在同一行键内按时间戳降序排列。

HBase 物理存储过程如图 8.12 所示。

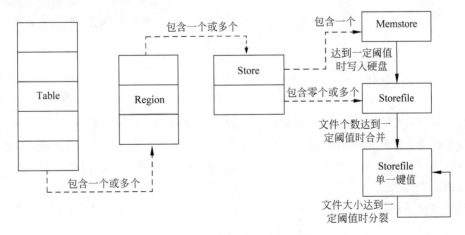

图 8.12 HBase 物理存储过程

表在创建的初始阶段只含有一个 Region,随着表中数据量的不断增大,一个 Region 会分裂为两个 Region,然后不断重复上述过程,并且 Region 会被存储到 HDFS 中不同的 DataNode 上。Region 包含一个或多个 Store,其数量与表中的 Region 数量增长一致。

Store 分为两个部分:第一个部分是 Memstore,一个 Store 中只包含一个 Memstore,并且 Memstore 存储在内存空间中;第二个部分是 Storefile,此部分由 Memstore 写入硬盘而得。随着 Memstore 写入硬盘的次数增多,Storefile 的数量也会增加,当文件个数增加到一定量时,系统会自动对 Storefile 文件进行合并。合并过程中主要完成以下几个工作:具有相同行键的行存放在一个文件中;扔掉被标志为删除的行;扔掉时间戳过期的行,完成更新操作。随着合并操作的频繁执行,Storefile 会变得很大,达到一定文件大小时自动分裂文件,以符合 HDFS 中对一个块数据大小的定义。

HBase 的一张表中有多个列族,在物理存储上一个列族对应一个文件夹,一个文件夹中可包含若干个 Hfile 文件。Hfile 是 Storefile 的底层文件格式,Hfile 文件由数据块和元数据块组成,其结构如图 8.13 所示。

数据块1
⋮
数据块 N
元数据块1
⋮
元数据块 N
文件信息
数据块索引
元数据块索引
文件尾

图 8.13 Hfile 的文件结构

其中:

- 记录(record)数据块中是以键值对形式存放的用户数据,一条记录保存一个键值对,或者说保存一个单元的数据。
- 元数据块的主要作用是判断一个键值是否在当前 Hfile 文件中。
- 文件信息(fileinfo)中保存了与该 HFile 相关的一些信息,其中有系统保留的一些固定的值,也可以保存用户自定义的一些值。
- 数据块索引(data block index)保存的是每一个数据块在 HFile 文件中的位置、大小信息以及每个块的第一个单元的键值。
- 元数据块索引(meta block index)的格式与数据块索引相同,元数据块索引保存的是每一个元数据块在 HFile 文件中的位置、大小信息以及每个元数据块的键值。
- 文件尾(fixed file trailer)主要保存了该 Hfile 的一些基本信息、各个部分的偏移值和寻址信息。

8.6 数据可视化

数据可视化技术(IVT)可以理解成一种以图形或表格形式表示信息的方法,可以避免出现信息描述上模棱两可的现象。可视化技术是由科学可视化、计算机图形学、数据挖掘、统计学以及带有自定义扩展功能的、能够交互式地处理大规模多维数据集的机器学习等学科发展而来的。

根据所使用的数据源类型的不同,可以把可视化技术分为两种,即科学可视化和信息可视化。

科学可视化主要集中于一些物理的数据,例如人体、地球和分子等。科学可视化方法也可以处理多维数据,但是,这个领域的数据集主要是对数据的空间特征进行可视化,例如计算机辅助影像技术和计算机辅助设计。

信息可视化主要集中于抽象的、非物理的数据,例如文本、层次和统计数据等。数据挖掘技术主要面向信息的可视化。信息可视化技术可以分为传统方法和革新方法两种类型。传统的方法主要采用 2D 和 3D 图像提供信息可视化,这些技术也经常用于科学可视化方面的物理数据的展现。当信息被可视化以后,就可直观地理解和解释它了,可视化在数据探索的初始阶段是极为重要的,图形化的数据表示链图、茎叶图、直方图和散布图等形式。

8.7 实践:网络爬虫及数据可视化

在线视频

随着互联网的发展,数据呈现规模性、多样性、实时性等特点。虽然可获取的数据量庞大,但是这些数据通常伴有噪声、模糊、随机等特性,很难发现数据中蕴含的价值,因此数据挖掘技术被提出。数据挖掘从数据获取、数据处理、数据分析、数据可视化等方面入手,深层地探索数据中隐含的知识。

8.7.1 网络爬虫基本原理及工具介绍

URL 是 Internet 上描述信息资源的字符串,采用 URL 可以用一种统一的格式来描述各种信息资源,包括文件、服务器的地址和目录等。URL 的格式由三部分组成:第一部分是协议(或称为服务方式);第二部分是存有该资源的主机 IP 地址(有时也包括端口号);第三部分是主机资源的具体地址,如目录和文件名等。第一部分和第二部分用"//"符号隔开,第二部分和第三部分用"/"符号隔开。第一部分和第二部分是不可缺少的,第三部分有时可以省略。

1. 爬虫的基本流程

(1)通过 HTTP 库向目标站点发送请求,即发送一个 Request,请求可以包含额外的 headers 等信息,等待服务器响应。

(2)服务器响应请求,得到 Response,Response 可以返回 HTML、JSON 等数据。

(3)采用正则表达式等方法对数据进行解析。

(4)保存数据文件。

2. 数据处理方法

1)正则表达式

正则表达式又称规则表达式,通常被用来检索、替换那些符合某个模式(规则)的文本.正则表达式是对字符串操作的一种逻辑公式,就是用事先定义好的一些特定字符及这些特定字符的组合,组成一个"规则字符串",这个"规则字符串"用来表达对字符串的一种过滤逻辑。

例如:re 库是 Python 完整支持正则表达式的内置库,如表 8.1 所示。

表 8.1　re 库的方法和说明

方　法	说　明
. match(正则表达式,要匹配的字符串,[匹配模式])	尝试从字符串的起始位置匹配一个模式(单值匹配,找到一处即返回)
. search(正则表达式,要匹配的字符串,[flags=匹配模式])	从文本中查找(单值匹配,找到一处即返回)
. findall(正则表达式,要匹配的字符串,[flags=匹配模式])	全文匹配,找到字符串中所有匹配的对象并且以列表形式返回
. compile(正则表达式,[flags=匹配模式])	使用此方法创建的正则表达式查找效率更高
. split(正则表达式,要匹配的字符串,maxsplit=最大拆分次数,[flags=匹配模式])	和 Python 内置的. split 方法类似,按照指定的正则将字符串拆分
. sub(正则表达式,取代对象,要匹配的字符串,maxsplit=最大取代次数,[flags=匹配模式])	在指定的字符串中根据正则匹配的内容进行取代替换

re 库提供了 re. sub 用于替换字符串中的匹配项。

语法如下:

```
re. sub(pattern, repl, string, count = 0, flags = 0)
```

参数如下:

pattern:正则中的模式字符串。

repl:替换的字符串,也可为一个函数。

string:要被查找替换的原始字符串。

count:模式匹配后替换的最大次数,默认 0 表示替换所有的匹配。

```
import re
phone = "2004 - 959 - 559 ♯ 这是一个国外电话号码"
♯ 删除字符串中的 Python 注释
num = re. sub(r'♯.*$', "", phone)
print "电话号码是: ", num
打印结果:电话号码是: 2004 - 959 - 559
```

2) Xpath(本文采用)

XPath 基于 XML 的树状结构,提供在数据结构树中找寻节点的能力。起初 XPath 的提出的初衷是将其作为一个通用的、介于 XPointer 与 XSL 间的语法模型。但是 XPath 很快地被开发者作为小型的查询语言,XPath 使用路径表达式来选取 XML 文档中的节点或者节点集。这些路径表达式和计算机文件系统中看到的表达式非常相似。路径表达式是从一个 XML 节点(当前的上下文节点)到另一个节点或一组节点的书面步骤顺序。这些步骤以"/"字符分开,每一步由 3 个部分构成:

- 轴描述(用最直接的方式接近目标节点);
- 节点测试(用于筛选节点位置和名称);
- 节点描述(用于筛选节点的属性和子节点特征)。

```
for x in self.P:  # 对于每条产生式规则
    if ListInSet(x, self.DB):        # 如果所有前提条件都在规则库中
        self.DB.add(self.Q[self.P.index(x)])
        temp = self.Q[self.P.index(x)]
        flag = False                 # 至少能推出一个结论
```

3）jieba 分词与 wordcloud

（1）jieba 是一个强大且完善的中文分词组件，支持三种分词模式：

- 精准模式：将句子精确地分开，不会向字符串中添加字词，适合文本分析。
- 全局模式：将句子中所有可以成词的词语都扫描出来，速度快，但是不能解决歧义。
- 搜索引擎模式：在精准模式基础上，对长词进行再分割，使用隐马尔可夫模型。

（2）wordcloud 是 Python 的一个三方库，称为词云（也称为文字云），是根据文本中的词频对内容进行可视化的汇总。下面代码生成的效果如图 8.14 所示。

```
import jieba
import wordcloud
txt = "数据挖掘是人工智能体系的一部分"
w = wordcloud.WordCloud(width = 1000, font_path = "msyh.ttc", height = 700)
w.generate(" ".join(jieba.lcut(txt)))
w.to_file("RGZN.jpg")
```

图 8.14　数据的词云展示

8.7.2　网络爬虫及可视化实现

（1）使用 Python 自带的 tkinter 库绘制 UI 界面。

（2）存储爬取到的数据。

```
with open('douban.txt', 'a + ', encoding = 'utf - 8') as f:
    for s in pattern:
        # print(s, type(s))
        f.write(str(s))
```

（3）使用 jieba 库对数据进行分词，在分词时忽略一些字符串。

```python
stop_words = set(line.strip() for line in open('stopwords.txt', encoding = 'utf-8'))
commentlist = []
for subject in comment_subjects:
    if subject.isspace():
        continue
    # segment words line by line
    word_list = pseg.cut(subject)
    for word, flag in word_list:
        if word not in stop_words and flag == 'n':
            commentlist.append(word)
```

（4）使用科学计算库 SciPy、2D 绘图库 matploylib 和 wordcloud 库生成词云图，直观地向用户展示出热门的词汇。

```python
d = path.dirname(__file__)
timg_image = imread(path.join(d, "timg.png"))
content = ''.join(commentlist)
wordcloud = WordCloud(font_path = 'simhei.ttf', background_color = "grey",
mask = timg_image, max_words = 40).generate(content)
plt.imshow(wordcloud)
plt.axis("off")
wordcloud.to_file('wordcloud.gif')
wordcloud_images = tkinter.PhotoImage(file = 'wordcloud.gif')
result_text.create_image(50, 50, anchor = tkinter.NW, image = wordcloud_images)
```

8.7.3　网络爬虫及可视化结果

下面以爬取 https://book.douban.com 的书评数据为例。

（1）爬取部分结果如果 8.15 所示。

```
<p class="comment-content">
<span class="short">所以说冷漠并不是罪恶的，尽管世俗会让众人有"孤独是可耻的"那种错觉，但无所谓和不在
</p>
<p class="comment-content">
<span class="short">局外人看人世如同舞台上荒诞的戏剧，在舞台上演得津津有味的人们判定了这个不肯演戏的
</p>
<p class="comment-content">
<span class="short">一个毫无参与感的人物是多么迷人，远非"孤独"、"孤僻"这样的词汇可以包括的。</span>
</p>
<p class="comment-content">
<span class="short">第一次看，还是06年第一本的电子书。后来家里有了本盗版全集，大16开800多页，板砖一种
</p>
<p class="comment-content">
<span class="short">入门佳作，但是作者为了趣味性而牺牲了严谨性。</span>
</p>
<p class="comment-content">
<span class="short">一个寒假看完，不拘一格拆解历史，虽不无主观，但的确很好看；最喜欢2、3集，万国来朝
</p>
<p class="comment-content">
<span class="short">一部关于厚黑学的血泪史</span>
</p>
<p class="comment-content">
<span class="short">能勾起你读其他书的书，就是好书。</span>
</p>
```

图 8.15　数据的爬取结果

（2）系统展示如图 8.16 所示。

实践示例代码参照附录 G。

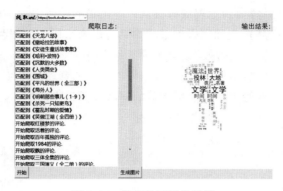

图 8.16 数据的可视化结果

8.7.4 思考与练习

尝试爬取一部多次翻拍的电影作品的影评，对比一下电影的影评数据。

8.8 习题

1. 简述什么是大数据(给出简单的定义描述)，并举出一些身边的大数据的例子。

2. 简述大数据的 4 个特征分别代表的含义。

3. 简单描述 Hadoop 的核心技术内容。

4. 简述大数据的数据管理方式。

5. 支撑大数据业务的基础是(　　)。
   A. 数据科学　　　　　B. 数据应用　　　　C. 数据硬件　　　　D. 数据人才

6. 数据仓库的最终目的是(　　)。
   A. 收集业务需求　　　　　　　　　B. 建立数据仓库逻辑模型
   C. 开发数据仓库的应用分析　　　　D. 为用户和业务部门提供决策支持

7. 当前大数据技术的基础包括(　　)。(多选题)
   A. 分布式文件系统　　　　　　　　B. 分布式并行计算
   C. 关系型数据库　　　　　　　　　D. 分布式数据库
   E. 非关系型数据库

8. 大数据的价值体现在(　　)。(多选题)
   A. 大数据给思维方式带来了冲击
   B. 大数据为政策制定提供科学依据
   C. 大数据为智慧城市提供科学依据
   D. 大数据实现了精准营销
   E. 大数据的发力点在于预测

9. 在网络爬虫的爬行策略中，最基础的应用是(　　)。(多选题)
   A. 深度优先遍历策略　　　　　　　B. 广度优先遍历策略
   C. 高度优先遍历策略　　　　　　　D. 反向链接策略
   E. 大站优先策略

10. 下列关于数据生命周期管理的核心认识中正确的是(　　)。(多选题)

A. 数据从产生到被删除销毁的过程中具有多个不同的数据存在阶段

B. 在不同的数据存在阶段,数据的价值是不同的

C. 根据数据价值的不同,应该对数据采取不同的管理策略

D. 数据生命周期管理旨在产生效益的同时降低生产成本

E. 数据生命周期管理最终关注的是社会效益

11. 简述数据可视化的常用技术与方法。

第 **9** 章

深 度 学 习

深度学习框架,尤其是基于人工神经网络的框架可以追溯到 1980 年福岛邦彦提出的"新认知机",而人工神经网络的历史更为久远。"深度学习"这一概念从 2007 年前后开始受到关注,自深度学习出现以来,它已在很多领域,尤其是计算机视觉和语音识别中,成为各种领先系统的一部分。在通用的用于检验的数据集,例如语音识别中的 TIMIT 和图像识别中的 ImageNet、Cifar10 上的实验证明,深度学习能够提高识别的精度。

自 2006 年以来,机器学习领域取得了突破性的进展。图灵实验至少不再是那么可望而不可即了。至于技术手段,不仅依赖于云计算对大数据的并行处理能力,而且依赖于算法。这个算法就是深度学习(deep learning)。借助于深度学习算法,人类终于找到了如何处理"抽象概念"这个亘古难题的方法。

2012 年 6 月,《纽约时报》披露了 Google Brain 项目,吸引了公众的广泛关注。这个项目是由著名的斯坦福大学的机器学习权威 Andrew Ng 教授和在大规模计算机系统方面的世界顶尖专家 JeffDean 共同主导,用 16000 个 CPU Core 的并行计算平台训练一种称为"深度神经网络"(Deep Neural Networks,DNN)的机器学习模型(内部共有 10 亿个节点。这一网络自然是不能跟人类的神经网络相提并论的。人脑中可是有 150 多亿个神经元,互相连接的节点,也就是突触,更是如恒河沙数。曾经有人估算过,如果将一个人的大脑中所有神经细胞的轴突和树突依次连接起来,并拉成一根直线,可从地球连到月亮,再从月亮返回地球),在语音识别和图像识别等领域获得了巨大的成功。

2012 年 11 月,微软公司在中国天津的一次活动上公开演示了一个全自动的同声传译系统,讲演者用英文演讲,后台的计算机自动完成语音识别、英中机器翻译和中文语音合成,效果非常流畅。据报道,后面支撑的关键技术也是深度学习。

2013 年 1 月,在百度公司年会上,百度创始人兼 CEO 李彦宏高调宣布要成立百度研究院,其中第一个成立的就是"深度学习研究所"。

2013 年 3 月谷歌公司收购了加拿大神经网络方面的创业公司 DNNresearch,

DNNresearch 公司是由多伦多大学教授 Geoffrey Hinton 与他的两个研究生 Alex Krizhevsky 和 Ilya Sutskever 于 2012 年成立的,由于谷歌公司在本次收购中没有获得任何实际的产品或服务,所以本次收购实质上属于人才性收购。

2016 年,谷歌公司的 AlphaGo 在围棋比赛中击败了李世石;区块链技术实现了快速发展;全球各地的政府都在大举投资智慧城市。中国发布大数据产业"十三五"发展规划,推动大数据在工业研发、制造、产业链全流程各环节的应用;支持服务业利用大数据建立品牌、精准营销和定制服务等。

2017 年工信部发布的《工业大数据白皮书》中,再次强调了标准化的重要性,指出深入推进工业大数据发展是全球工业企业所面临的共性课题,而工业大数据标准化工作则是支撑工业转型发展,提升我国国际话语权重要的基础。

截止 2018 年 11 月 14 日,世界主要国家政府开放的公共数据集数量情况,加拿大共计发布 981,172 个公共数据集,欧盟发布 866 249 个公共数据集,美国发布 302 013 个公共数据集,印度发布 235 956 个公共数据集,英国发布 45 096 个公共数据集。大量的数据集开放带动着数据新价值。

2019 年,"数据中台""数据上云"走进人们视野。2019 年也被称为数据中台的元年。"数据上云"已经从一个技术词汇慢慢转变成为企业界的共识:如果想要在信息商业中拥有一席之地,就必须要借助云计算的力量,完成企业的数字化转型。

为什么拥有大数据的互联网公司争相投入大量资源研发深度学习技术?什么是深度学习?为什么有深度学习?它是怎么来的?又能干什么呢?目前存在哪些困难呢?为了回答这些问题,首先来了解一下深度学习的背景。

9.1　深度学习应用背景与概述

9.1.1　应用背景

机器学习(machine learning)是一门专门研究计算机怎样模拟或实现人类的学习行为,以获取新的知识或技能,重新组织已有的知识结构,使之不断改善自身的性能的学科。1959 年,美国的塞缪尔(Samuel)设计了一个下棋程序,这个程序具有学习能力,它可以在不断的对弈中改善自己的棋艺。4 年后,这个程序战胜了设计者本人。又过了 3 年,这个程序战胜了美国一个保持 8 年不败的冠军。这个程序向人们展示了机器学习的能力,提出了许多令人深思的社会问题与哲学问题。

9.1.2　概述

深度学习是多学科领域的交叉,包括神经网络、人工智能、图建模、最优化理论、模式识别和信号处理。需要注意的是,深度学习是在信号和信息处理内容中通过学习获得一种深度结构。它不是对信号和信息处理知识的理解,尽管从某些意义上说有些相似,但深度学习重点在于通过学习获得一种深度网络结构,是实实在在地存在的一种计算机可存储结构,这种结构表示了信号的某种意义上的内涵。

在图像识别、语音识别、天气预测、基因表达等方面,目前通过机器学习来解决这些问题的思路如图 9.1 所示。

图 9.1 解决问题思路

开始时通过传感器来获得数据,然后经过预处理、特征提取、特征选择,再到推理、预测或者识别。最后一个部分也就是机器学习的部分,绝大部分的工作代价要投入到这个部分。中间的 3 部分概括起来就是特征表达。良好的特征表达对最终算法的准确性起了非常关键的作用,而且系统主要的计算和测试工作都耗在这部分。

手工地选取特征是一件启发式的方法,非常费时,而且它的调节需要大量的时间。既然手工选取特征不太好,那么能不能自动地学习一些特征呢?答案是能!深度学习就是用来干这个事情的,它的一个别名为 Unsupervised Feature Learning(非监督特征学习),而 Unsupervised 在此处就是强调不要人参与特征的选取过程。

9.1.3 人脑视觉机理

1981 年的诺贝尔医学奖颁发给了 David Hubel、TorstenWiesel 和 Roger Sperry。前两位的主要贡献是发现了视觉系统的信息处理机制,发现可视皮层是分级的,如图 9.2 所示。

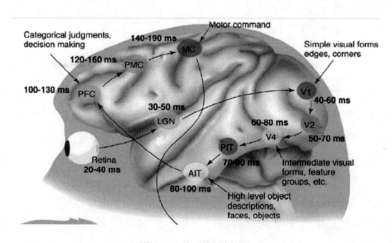

图 9.2 人脑视觉机理

1958 年,David Hubel 等研究了瞳孔区域与大脑皮层神经元的对应关系。他们在猫的后脑头骨上开了一个 3mm 的小洞,向洞里插入电极,测量神经元的活跃程度。他们在小猫的眼前展现各种形状、各种亮度的物体,并且在展现每一件物体时还改变物体放置的位置和角度。他们期望通过这个办法让小猫瞳孔感受不同类型、不同强弱的刺激,目的是证明一个猜测,那就是位于后脑皮层的不同视觉神经元与瞳孔所受刺激之间存在某种对应关系。一旦瞳孔受到某一种刺激,后脑皮层的某一部分神经元就会活跃。经历了很多天反复的枯燥的实验,同时牺牲了若干只可怜的小猫,David Hubel 发现了一种被称为"方向选择性细胞"的神经元细胞。当瞳孔发现了眼前的物体的边缘,而且这个边缘指向某个方向时,这种神经元细胞就会活跃。这个发现激发了人们对于神经系统的进一步思考。神经-中枢-大脑的工作过程或许是一个不断迭代、不断抽象的过程。

这里的关键词有两个,一个是抽象,另一个是迭代。从原始信号开始做低级抽象,逐渐向高级抽象迭代。人类的逻辑思维经常使用高度抽象的概念。例如,从原始信号摄入开始(瞳孔摄入像素),接着做初步处理(大脑皮层某些细胞发现边缘和方向),然后抽象(大脑判定眼前的物体是圆形的),然后进一步抽象(大脑进一步判定该物体是一只气球)。再比如人脸识别,如图 9.3 所示。

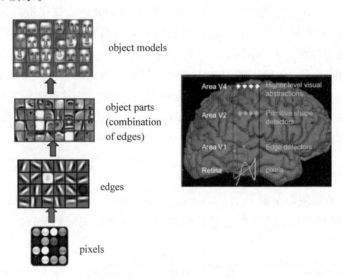

图 9.3　人脸识别

这个生理学的发现促成了计算机人工智能在 40 年后的突破性发展。总的来说,人的视觉系统的信息处理是分级的:从低级的 V1 区的边缘特征,到 V2 区的形状或者目标的部分等,再到更高层的整个目标和目标的行为等。也就是说高层的特征是低层特征的组合,从低层到高层的特征表示越来越抽象,越来越能表现语义或者意图。而抽象层面越高,存在的可能猜测就越少,就越利于分类。例如,单词集合和句子的对应是多对一的,句子和语义的对应又是多对一的,语义和意图的对应还是多对一的,这是一个层级体系。

到现在为止出现了一个关键词,那就是"分层",而深度学习的"深度"是不是就表示存在多少层,也就是多深呢? 答案是肯定的。那深度学习又如何借鉴这个过程? 终究还是由计算机来处理,此时面对的一个问题就是怎么对这个过程进行建模。因为要学习的是特征的表达,那么关于特征,或者说关于这个层级特征,我们就需要了解得更深入。因此,在具体介绍深度学习之前,有必要解释一下特征。

9.2　特征的概念

特征是机器学习系统的原材料,对最终模型的影响是毋庸置疑的。如果数据被很好地表达成特征,通常线性模型就能达到满意的精度。那么对于特征,我们需要考虑什么呢?

9.2.1　特征表示的粒度

学习算法在什么粒度上的特征表示才能发挥作用? 就一个图片来说,像素级的特征根本没有价值。例如,对一张摩托车的图片从像素级进行分析,根本得不到任何信息,即无法对摩托车和非摩托车进行区分。而如果特征具有结构性,比如是否具有车把手,是否具有车轮等摩托车的结构特征,就很容易把摩托车和非摩托车区分开,这样学习算法才能发挥作用。

9.2.2 初级(浅层)特征表示

既然像素级的特征表示方法没有作用,那么怎样的表示才有用呢? 1995 年前后,Bruno Olshausen 和 David Field 两位学者任职于康奈尔大学,他们试图同时采用生理学和计算机的手段,双管齐下地研究视觉问题。他们收集了很多黑白风景照片,从这些照片中提取出 400 个小碎片,每个小碎片的尺寸均为 16×16(像素),不妨把这 400 个碎片标记为 $S[i]$, $i = 0, 1, \cdots, 399$。接下来,再从这些黑白风景照片中随机提取另一个碎片,尺寸也是 16×16(像素),不妨把这个碎片标记为 T。

他们提出的问题是,如何从这 400 个碎片中选取一组碎片 $S[k]$,通过叠加的办法合成出一个新的碎片,而这个新的碎片应当与随机选择的目标碎片 T 尽可能相似,同时,$S[k]$ 的数量尽可能少。用数学的语言来描述就是 Sum_k(a[k]×S[k])→T,其中 $a[k]$ 是在叠加碎片 $S[k]$ 时的权重系数。为解决这个问题,他们发明了一个算法——稀疏编码(sparse coding)。

稀疏编码是一个重复迭代的过程,每次迭代分两步:

(1) 选择一组 $S[k]$,然后调整 $a[k]$,使得 Sum_k(a[k]×S[k])最接近 T。

(2) 固定住 $a[k]$,在 400 个碎片中选择其他更合适的碎片 $S'[k]$ 替代原先的 $S[k]$,使得 Sum_k(a[k]×S'[k])最接近 T。

经过几次迭代后,最佳的 $S[k]$ 组合被遴选出来。令人惊奇的是,被选中的 $S[k]$ 基本上都是照片上不同物体的边缘线,这些线段形状相似,区别在于方向。Bruno Olshausen 和 David Field 的算法结果与 David Hubel 和 Torsten Wiesel 的生理发现不谋而合。也就是说,复杂图形往往由一些基本结构组成。

许多专家还发现,不仅图像存在这个规律,声音也是一样。他们从未标注的声音中发现了 20 种基本的声音结构,其余的声音可以由这 20 种基本结构合成,如图 9.4 所示。

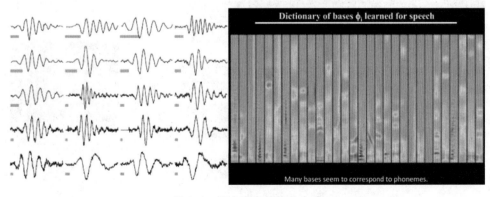

图 9.4 基本声音结构及合成

图 9.5 为语音稀疏编码。

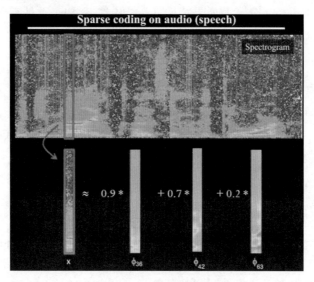

图 9.5 语音稀疏编码

9.2.3 结构性特征表示

小块的图形可以由基本边缘构成,更结构化、更复杂的、具有概念性的图形如何表示呢?这就需要更高层次的特征表示,比如 V2、V4。因此 V1 看像素级是像素级,V2 看 V1 是像素级……这是层次递进的,高层表达由低层表达组合而成,用专业术语说就是基(basis)。V1 提出的基是边缘,V2 是 V1 的这些基的组合,这时 V2 得到的又是 V3 的基,每一层都是上一层的基组合的结果。

直观上说,就是找到有意义的小碎片(patch),再将其进行组合(combine),就得到了上一层的特征(feature),递归地向上学习特征(learning feature)。

在不同对象(object)上做训练时,所得的边缘基(edge basis)是非常相似的,但对象部分(object part)和模式(model)完全不同,这样便于图像的准确识别,如图 9.6 所示。

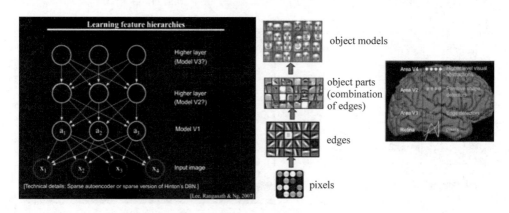

图 9.6 图像识别

从文本来说，一个 doc 文档表示什么意思？我们描述一件事情，用什么来表示比较合适？文档中的"字"就相当于像素级别，起码应该是词语（term），换句话说，每个文档都是由词语组成的。此时需要再向上一步达到话题（topic）级，之后才到达文档级。一个人在看一个文档的时候，眼睛看到的是句子，由这些句子在大脑里自动切词形成词语，再按照概念组织的方式先验地学习得到话题，然后再进行高层次的学习。

9.2.4　特征数量

层次的特征构建需要由浅入深，但每一层该有多少个特征呢？无论哪一种方法，特征越多，给出的参考信息就越多，准确性会得到提升。但特征多意味着计算复杂，探索的空间大，可以用来训练的数据在每个特征上就会稀疏，都会带来各种问题，并不一定特征越多越好。

9.3　深度学习基本思想

假设有一个系统 S，它有 n 层（$S_1, S_2, \cdots, S_n$），它的输入是 I，输出是 O，形象地表示为 $I \rightarrow S_1 \rightarrow S_2 \rightarrow \cdots \rightarrow S_n \rightarrow O$，如果输出 O 等于输入 I，即输入 I 经过这个系统变化之后没有任何的信息损失。这意味着输入 I 经过每一层 S_i 都没有任何信息损失，即在任何一层 S_i，它都是原有信息（即输入 I）的另外一种表示。现在回到主题深度学习，我们需要自动地学习特征，假设有一堆输入 I（如一堆图像或者文本），并设计了一个系统 S（有 n 层），通过调整系统中的参数，使得它的输出仍然是输入 I，那么就可以自动地获取输入 I 的一系列层次特征，即 $S_1, S_2, \cdots, S_n$。

对于深度学习来说，其思想就是堆叠多个层，也就是说这一层的输出作为下一层的输入。通过这种方式就可以实现对输入信息进行分级表达了。另外，前面假设输出严格地等于输入，这个限制太严格，可以略微放宽这个限制。例如，只要使得输入与输出的差别尽可能小即可，放宽限制会形成另外一类不同的深度学习方法。上述就是深度学习的基本思想。

9.4　浅层学习和深度学习

9.4.1　浅层学习

浅层学习（shallow learning）是机器学习的第一次浪潮。20 世纪 90 年代，各种各样的浅层机器学习模型相继被提出，例如支撑向量机（Support Vector Machines，SVM）、Boosting、最大熵方法（如 LR（Logistic Regression，逻辑回归））等。这些模型的结构基本上可以看成带有一层隐层节点（如 SVM、Boosting），或者没有隐层节点（如 LR）。这些模型无论是在理论分析还是应用中都获得了巨大的成功。

相比之下，由于理论分析的难度大，训练方法又需要很多经验和技巧，这个时期深度人工神经网络反而相对沉寂。2006 年，加拿大多伦多大学教授、机器学习领域的泰斗 Geoffrey Hinton 和他的学生 Ruslan Salakhutdinov 在国际顶级期刊《科学》上发表了一篇

文章,开启了深度学习在学术界和工业界的浪潮。这篇文章有两个主要观点:

(1) 多隐层的人工神经网络具有优异的特征学习能力,学习得到的特征对数据有更本质的刻画,从而有利于可视化或分类。

(2) 深度神经网络在训练上的难度可以通过逐层初始化(layer-wise pre-training)来有效克服,在这篇文章中,逐层初始化是通过无监督学习实现的。

9.4.2 深度学习

当前多数分类、回归等学习方法是浅层结构算法,其局限性是在有限样本和计算单元情况下对复杂函数的表示能力有限,针对复杂分类问题,其泛化能力受到一定制约。深度学习可通过学习一种深层非线性网络结构实现复杂函数逼近,表征输入数据分布式表示,并展现了强大的从少数样本中集中学习数据集本质特征的能力。而多层的好处就是可以用较少的参数表示复杂的函数。

深度学习的实质是通过构建具有很多隐层的机器学习模型和海量的训练数据来学习更有用的特征,从而最终提升分类或预测的准确性。因此,"深度模型"是手段,"特征学习"是目的。而区别于传统的浅层学习,深度学习的不同在于:

(1) 强调了模型结构的深度,通常有5层、6层,甚至十多层的隐层节点。

(2) 明确突出了特征学习的重要性,也就是说,通过逐层特征变换,将样本在原空间的特征表示变换到一个新特征空间,从而使分类或预测更加容易。与人工规则构造特征的方法相比,利用大数据来学习特征,更能够刻画数据丰富的内在信息。

深度学习是机器学习研究中的一个新领域,其动机在于建立、模拟人脑进行分析学习的神经网络,它模仿人脑的机制来解释数据,例如图像、声音和文本。深度学习是无监督学习的一种。深度学习的概念源于人工神经网络的研究。含多隐层的多层感知器就是一种深度学习结构。深度学习通过组合低层特征形成更加抽象的高层表示属性类别或特征,以发现数据的分布式特征表示。

9.5 深度学习常用模型和方法

如果对所有层同时进行训练,时间复杂度会太高;如果每次训练一层,偏差就会逐层传递。而深度网络的神经元和参数过多,就会面临过拟合的问题。2006年,Hinton提出了在非监督数据上建立多层神经网络的一个有效方法,简单地说,分为两步,一是每次训练一层网络,二是调优。深度学习训练过程具体如下:

(1) 使用自底向上的监督学习。采用无标定数据(或有标定数据)分层训练各层参数,这一步可以看作是一个无监督训练过程,是和传统神经网络区别最大的部分。具体过程是,先用无标定数据训练第一层,训练时先学习第一层的参数(这一层可以看作是得到一个使得输出和输入差别最小的三层神经网络的隐层),由于模型容量的限制以及稀疏性约束,使得得到的模型能够学习到数据本身的结构,从而得到比输入更具有表示能力的特征;在学习得到第 $n-1$ 层后,将第 $n-1$ 层的输出作为第 n 层的输入,训练第 n 层,由此分别得到各层的参数。

(2) 使用自顶向下的监督学习。即通过带标签的数据去训练,误差自顶向下传输,对网络进行微调,基于第一步得到的各层参数进一步微调整个多层模型的参数,这一步是一个有监督训练过程。第一步类似神经网络的随机初始化初值过程,由于深度学习的第一步不是随机初始化,而是通过学习输入数据的结构得到的,因而这个初值更接近全局最优,从而能够取得更好的效果。所以深度学习效果好很大程度上归功于第一步的特征学习过程。

9.5.1 自动编码器

深度学习最简单的一种方法是利用人工神经网络的特点,人工神经网络本身就是具有层次结构的系统,如果给定一个神经网络,假设其输出与输入是相同的,然后通过训练调整其参数,得到每一层中的权重。自然地,就得到了输入 I 的几种不同表示(每一层代表一种表示),这些表示就是特征。自动编码器(AutoEncoder)就是一种尽可能复现输入信号的神经网络。为了实现这种复现,自动编码器就必须捕捉可以代表输入数据的最重要的因素,就像 PCA 那样,找到可以代表原信息的主要成分。

具体过程如下:

(1)给定无标签数据,用非监督学习学习特征。

在一些神经网络中,输入的样本是有标签的,这样根据当前的输出和目标之间的差去改变前面各层的参数,直到收敛。但如果只有无标签数据,那么这个误差怎样得到?将数据输入编码器,就会得到一个编码,这个编码也就是输入的一个表示,那么我们怎么知道这个编码表示的就是输入的数据呢?加一个解码器,这时候解码器就会输出一个信息。如果输出的信息和一开始的输入信号是很像的(理想情况下就是一样的),那么就有理由相信这个编码是正确的。所以,我们就通过调整编码器和解码器的参数,使得重构误差最小,这时候就得到了输入信号的第一个表示,也就是编码。因为是无标签数据,所以误差就是直接重构后通过与原输入相比得到的。

(2)通过编码器产生特征,然后训练下一层,这样逐层训练。

得到第一层的编码,重构误差最小让我们相信这个编码就是原输入信号的良好表达,或者粗略地说,它和原信号是一模一样的。那第二层和第一层的训练方式就没有差别了,将第一层输出的编码当成第二层的输入信号,同样最小化重构误差,就会得到第二层的参数,并且得到第二层输入的编码,也就是原输入信息的第二个表达。其他层用同样的方法训练就可以了。

(3)有监督微调。

经过上面的方法,就可以得到很多层。至于需要多少层,要在实验中进一步确定。每一层都会得到与原始输入不同的表达。当然,我们认为它越抽象越好,就像人的视觉系统一样。到这里,这个自动编码器还不能用来分类数据,因为它还没有学习如何去连接一个输入和一个类。它只是学会了如何去重构或者复现它的输入而已。或者说,它只是学习获得了一个可以良好地代表输入的特征,这个特征可以在最大程度上代表原输入信号。那么,为了实现分类,我们就可以在自动编码器最顶部的编码层添加一个分类器(例如罗杰斯特回归、SVM 等),然后通过标准的多层神经网络的监督训练方法(梯度下降法)去训练。

另一种方法是通过有标签样本微调整个系统。如果有足够多的数据,这种方法是最好的。在研究中发现,如果在原有的特征中加入这些自动学习得到的特征,可以大大提高精确度,甚至在分类问题上比目前最好的分类算法效果还要好。

9.5.2　稀疏编码

　　继续加上一些约束条件得到新的深度学习方法,例如,如果在自动编码器的基础上加上
L1 的限制(L1 主要是约束每一层中的节点中大部分为 0,只有少数不为 0,这就是其名字中
Sparse 的来源),我们就可以得到稀疏自动编码器(Sparse AutoEncoder)法,如图 9.7 所示。
人脑也是这样的,某个输入只是刺激某些神经元,其他的大部分神经元是受到抑制的。

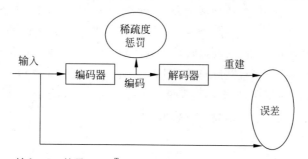

输入:$\boldsymbol{X}$,编码:$h=\boldsymbol{W}^{\mathrm{T}}\boldsymbol{X}$

损失:$L(\boldsymbol{X};\boldsymbol{W})=\|\boldsymbol{W}h-\boldsymbol{X}\|^2+\lambda\sum_j|h_j|$

图 9.7　稀疏自动编码器法

　　降噪自动编码器(Denoise AutoEncoder,DA)是在自动编码器的基础上为训练数据加
入噪声,所以自动编码器必须学习去除这种噪声而获得真正的没有被噪声污染过的输入。
因此,这就迫使编码器学习输入信号的更加鲁棒的表达。DA 可以通过梯度下降算法进行
训练,如图 9.8 所示。

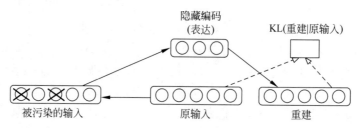

图 9.8　降噪自动编码器

9.5.3　深度信念网络

　　在最高两层,权值被连接到一起,这样更低层的输出将会提供一个参考的线索或者关联到顶
层,这样顶层就会将其联系到它的记忆内容。而我们最关心的,最后想得到的就是判别性能。

　　在预训练后,深度信念网络(Deep Belief Networks,DBN)可以利用带标签数据用 BP
算法对判别性能做调整。在这里,一个标签集将被附加到顶层(推广联想记忆),通过一个自
下向上地学习到的识别权值获得一个网络的分类面。这个性能会比单纯的 BP 算法训练的
网络好。这可以很直观地解释,DBN 的 BP 算法只需要对权值参数空间进行局部的搜索,
这相比前向神经网络训练得快,而且收敛的时间也少。

　　DBN 的灵活性使得它的拓展比较容易。一个拓展就是卷积 DBN(Convolutional DBN)。

DBN 并没有考虑到图像的二维结构信息,因为输入是简单地从一个图像矩阵一维向量化的。而 CDBN 就是考虑到了这个问题,它利用邻域像素的空域关系,通过一个称为卷积 RBM(Restricted Boltzmann Machine,限制波尔曼机)的模型区达到生成模型的变换不变性,而且可以容易地变换到高维图像。DBN 并没有明确地处理对观察变量的时间联系的学习上,虽然目前已经有这方面的研究,例如堆叠时间 RBM,由此推广到有序列学习的刺激颞叶卷积机(dubbed temporal convolution machines),这种序列学习的应用给语音信号处理问题带来了一个让人激动的未来研究方向。

目前,和 DBN 有关的研究包括堆叠自动编码器,它是通过用堆叠自动编码器来替换传统 DBN 中的 RBM,这就使得通过同样的规则来训练可以产生深度多层神经网络架构,但它缺少层的参数化的严格要求。与 DBN 不同,自动编码器使用判别模型,这样这个结构就很难采样输入的采样空间,这就使得网络更难捕捉它的内部表达。但是,降噪自动编码器却能很好地避免这个问题,并且比传统的 DBN 更优。它通过在训练过程中添加随机的污染并堆叠来产生场泛化性能。训练单一的降噪自动编码器的过程和 RBM 训练生成模型的过程一样。

9.5.4 卷积神经网络

卷积神经网络(Convolutional Neural Network,CNN)是一种有监督的深度学习模型,已成为当前语音分析和图像识别领域的研究热点。它的权值共享网络结构使之更类似于生物神经网络,降低了网络模型的复杂度,减少了权值的数量。该优点在网络的输入是多维图像时表现得更为明显,使图像可以直接作为网络的输入,避免了传统识别算法中复杂的特征提取和数据重建过程。卷积网络是为识别二维形状而特殊设计的一个多层感知器,这种网络结构对平移、比例缩放、倾斜或者其他形式的变形具有高度不变性。卷积神经网络的结构如图 9.9 所示。

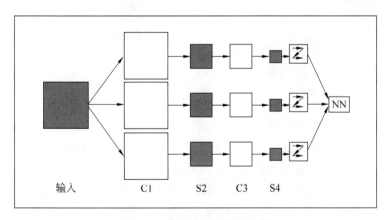

图 9.9 卷积神经网络的结构

卷积神经网络是一个多层的神经网络,每层由多个二维平面组成,而每个平面由多个独立神经元组成。输入图像通过和 3 个可训练的滤波器和可加偏置进行卷积,卷积后在 C1 层产生 3 个特征映射图,然后对特征映射图中每组的 4 个像素再进行求和,加权值,加偏置,得到 3 个 S2 层的特征映射图。这些映射图再通过滤波得到 C3 层。这个层级结构再和 S2

一样产生 S4。最终,这些像素值被光栅化,并连接成一个向量输入到传统的神经网络,得到输出。

C 层是特征提取层,每个神经元的输入与前一层的局部感受野(local receptive fields)相连,并提取该局部的特征。S 层是特征映射层,网络的每个计算层由多个特征映射组成,每个特征映射为一个平面,平面上所有神经元的权值相等。卷积神经网络中的每一个特征提取层(C 层)都紧跟着一个用来求局部平均与二次提取的计算层(S 层),这种特有的两次特征提取结构使网络在识别时对输入样本有较高的畸变容忍能力。

CNN 的一个优势在于通过感受野和权值共享减少了神经网络需要训练的参数的个数。例如,假设有一个 1000×1000(像素)的图像,有 100 万个隐层神经元,如果将它们全连接(每个隐层神经元都连接图像的每一个像素点),就有 $1000 \times 1000 \times 1000000 = 10^{12}$ 个连接,也就是 10^{12} 个权值参数。图像的空间联系是局部的,就像人是通过一个局部的感受野去感受外界图像一样,每一个神经元都不需要对全局图像进行感受,每个神经元只感受局部的图像区域,然后在更高层,将这些感受不同局部的神经元综合起来就可以得到全局的信息。这样就可以减少连接的数目,也就是减少神经网络需要训练的权值参数的个数。如图 9.10(b)所示,假如局部感受野是 10×10,隐层每个感受野只需要和这 10×10 的局部图像相连,所以 100 万个隐层神经元就只有一亿个连接,即 10^{8} 个参数,是原来的 1/10000,这样训练起来就没那么费力了。但即便如此,数量还是相当巨大的,是否还有其他方法呢?

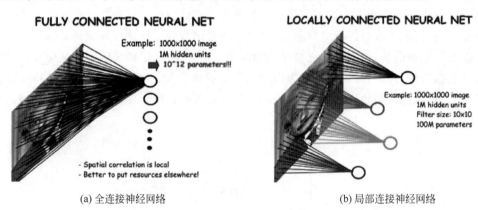

(a) 全连接神经网络 (b) 局部连接神经网络

图 9.10 全连接和局部连接

隐含层的每一个神经元都连接 10×10 的图像区域,也就是说每一个神经元存在 $10 \times 10 = 100$ 个连接权值参数。如果每个神经元的这 100 个参数是相同的,也就是说每个神经元用的是同一个卷积核去卷积图像,就只有 100 个参数。不管隐层的神经元个数有多少,两层间的连接只需 100 个参数,这就是权值共享。例如,有一种滤波器,也就是一种卷积核,即提出图像的一种特征,例如某个方向的边缘。此时如果要提取不同的特征,假设有 100 种滤波器,每种滤波器的参数不一样,表示它提取输入图像的不同特征,例如不同的边缘。这样每种滤波器对图像进行卷积就得到对图像的不同特征的反映,称为特征映射(feature map)。所以 100 种卷积核就有 100 个特征映射。

这 100 个特征映射就组成了一层神经元。每种卷积核共享 100 个参数,100 种卷积核也就是 1 万个参数。图 9.11(b)是不同的灰度表达不同的滤波器。

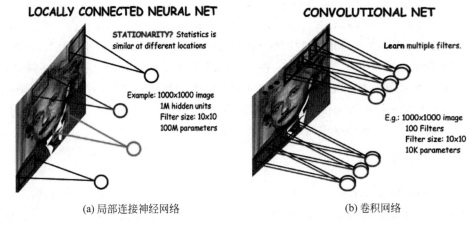

(a) 局部连接神经网络   (b) 卷积网络

图 9.11 局部连接神经网络和卷积网络

图像可以直接作为网络的输入,避免了传统识别算法中复杂的特征提取和数据重建过程。权值共享网络结构更类似于生物神经网络,降低了网络模型的复杂度,减少了权值的数量,具有良好的容错能力、并行处理能力和自学能力。卷积网络可以处理特征复杂的数据,对规则不明确的问题进行推理。卷积网络较一般神经网络在图像处理方面有如下优点:

(1) 输入图像和网络的拓扑结构能很好地吻合。

(2) 特征提取和模式分类同时进行,并同时在训练中产生。

(3) 权重共享可以减少网络的训练参数,使神经网络结构变得更简单,适应性更强。

9.5.5 循环神经网络

循环神经网络(Recurrent Neural Networks,RNN)是具有时间联结的前馈神经网络。在 RNN 中,它可以通过每层之间节点的连接结构来记忆之前的信息,并利用这些信息来影响后面节点的输出。与此同时,RNN 还可以充分挖掘序列数据中的时序信息以及语义信息,因此,在处理时序数据时,它比全连接神经网络和 CNN 更具有深度表达能力。目前,RNN 已广泛应用于语音识别、语言模型、机器翻译、时序分析等各个领域。

长短期记忆网络(Long Short-Term Memory,LSTM)是为了解决 RNN 长序列训练过程中的梯度消失问题而专门设计出来的循环神经网络的一种变体。LSTM 的核心是细胞状态,它主要通过输入门、输出门、遗忘门来控制信息的增加和删除。

9.5.6 图神经网络

图神经网络(Graph Neural Networks,GNN)的概念由 Gori 等人于 2005 年首先提出,并由 Scarselli 等人于 2009 年进一步发展。近年来,随着非欧氏空间的图数据增多,人们对深度学习方法在图数据上的扩展越来越感兴趣。在深度学习的成功推动下,研究人员借鉴了卷积网络、循环网络和深度自动编码器的思想,定义和设计了用于处理图数据的神经网络结构,由此衍生出一个新的研究热点——"图神经网络"。

目前,GNN 在社交网络、知识图谱、推荐系统甚至生命科学等各个领域得到了越来越广泛的应用。

GNN 主要分为图卷积网络(Graph Convolution Networks,GCN)、图注意力网络(Graph Attention Networks,GAN)、图自编码器(Graph Autoencoders,GA)、图生成网络(Graph Generative Networks,GGN)和图时空网络(Graph Spatial-temporal Networks,GSN)五类。

图卷积网络是近年来逐渐流行的一种神经网络结构。不同于只能用于网格结构(Grid-based)数据的传统网络模型 LSTM 和 CNN,图卷积网络能够处理具有广义拓扑图结构的数据,并深入发掘其特征和规律,例如 PageRank 引用网络、社交网络、通信网络、蛋白质分子结构等一系列具有空间拓扑图结构的不规则数据。

9.5.7 生成对抗网络

生成对抗网络(Generative Adversarial Networks,GAN)是一种深度学习模型,是近年来复杂分布上无监督学习最具前景的方法之一。GAN 主要由两部分组成:生成模型(generative model)和判别模型(discriminative model)。生成模型是一种生成网络,负责生成数据,一开始时接收一个随机噪音。判别模型是一种判别网络,判断接收的是不是真实的。

GAN 的主要思想来自于零和博弈的思想,GAN 的博弈过程可以描述为:生成器生成数据后交给判别器判断是真实数据的可能性,可能性越大得分越高,如果判断器给出的得分低,那生成器就需要根据打分和真实数据获得的损失函数来更新权重,重新生成数据。以此循环直到判别器的打分为 0.5,即判别器无法判断生成器生成的假数据,最终达到的平衡点称为纳什平衡。

原始 GAN 理论中,并不要求 G 和 D 都是神经网络,只需要是能拟合相应生成和判别的函数即可。但在实际应用中一般均使用深度神经网络作为 G 和 D。一个优秀的 GAN 应用需要有良好的训练方法,否则可能由于神经网络模型的自由性而导致输出不理想。

9.6 深度学习展望

深度学习目前仍有大量工作需要研究。目前的关注点还是从机器学习的领域借鉴一些可以在深度学习中使用的方法,特别是降维领域。

(1)稀疏编码。通过压缩感知理论对高维数据进行降维,使得用非常少的元素的向量就可以精确地代表原来的高维信号。

(2)半监督流行学习。通过测量训练样本的相似性,将高维数据的这种相似性投影到低维空间。

(3)进化编程方法(evolutionary programming approach)。它可以通过最小化工程能量去进行概念性自适应学习和改变核心架构。

虽然深度学习已经被应用到尖端科学研究及日常生活当中,例如 Google 公司已经将这种技术实际搭载在核心搜索功能之中,但其他知名的人工智能实验室对于深度学习技术的反应并不一致。例如,艾伦人工智慧中心的执行官 Oren Etzioni 就没有考虑将深度学习纳入正在开发的人工智慧系统中。该机构目前的研究是以小学程度的科学知识为目标,希望能开发出只须看学校教科书就能够轻松应付考试的智能程序。Oren Etzioni 以飞机为例,他表示,最成功的飞机设计都不是来自模仿鸟的结构,所以脑神经的类比并不能保证人工智能的实现,因此他们暂不考虑借用深度学习技术来开发这个系统。

　　现行的人工智能程序基本上都是将大大小小的各种知识写成一句一句的陈述句,再输入系统。当输入问题进入智能程序时,就会搜寻自身的资料库,再选择最佳或最近解。2011年,IBM 公司有名的 Waston 智能计算机便是使用这样的技术在美国的电视益智节目中打败了人类的最强卫冕者。虽然过去都是使用传统式的手工输入知识,然而 Waston 团队现在也考虑将深度学习技术应用在一部分运算之中。IBM 公司的首席科技主管 Rob High 表示,他们现在已经在进行实验,研究深度学习能如何提高 Waston 的辨认图片的能力。

　　虽然各家人工智能实验室对于深度学习技术的反应不一,但科技公司与计算机科学家已经看中它的潜在获利能力。有人已经开始尝试创立公司的可能性,而 Facebook 的人工智能部门也开始招募相关领域的研究者。Andrew Ng 表示,深度学习系统会随资料库的日渐庞大而变得更加有效率。随着硬件与网络不断进化,各种影音资料急速积累,深度学习技术将会吸引更多研究者发展它的各种可能性。

　　探索新的特征提取模型是值得深入研究的内容。此外,有效的可并行训练算法也是值得研究的一个方向。通常的办法是利用图形处理单元加速学习过程。然而单个计算机的GPU 对大规模数据识别或相似任务数据集并不适用。在深度学习应用拓展方面,如何合理、充分地利用深度学习增强传统学习算法的性能仍是目前各领域的研究重点。

9.7　实践：CNN 手写数字识别

在线视频

　　卷积神经网络是一类包含卷积计算且具有深度结构的前馈神经网络,是深度学习的代表算法之一。卷积神经网络具有表征学习能力,能够按其阶层结构对输入信息进行平移不变分类,因此也被称为"平移不变人工神经网络"。根据 CNN 模型的结构和原理,本节主要利用 CNN 模型识别图片中的手写数字。

9.7.1　CNN 手写数字识别结构

　　在全连接层中,相邻的神经元全部连接在一起,输出的数量可以任意决定,但是全连接层忽视了数据的形状,图像是三维形状,这个形状中应该含有重要的空间信息。比如,输入数据是图像时,图像通常是高、长、通道方向上的三维形状。但是,向全连接层输入时,需要将三维数据拉平为一维数据。而卷积层可以保持形状不变。当输入数据是图像时,卷积层会以三维数据的形式接收输入数据,并同样以三维数据的形式输出至下一层。在进行卷积层的处理之前,有时要向输入数据的周围填入固定的数据(比如 0 等),这称为填充。使用填充主要是为了调整输出的大小,保证可以进行卷积运算。采用滤波器进行卷积运算应用滤波器的位置间隔称为步幅,增大步幅后,相应的输出大小会变小。为了将 N 个处理汇总成一次进行,从而达到处理的高效化,采用批处理的方式,在各层之间传递的数据保存为四维。池化是缩小高、长方向上的空间的运算,池化层和卷积层不同,没有要学习的参数。池化只是从目标区域中取最大值(或者平均值),所以不存在要学习的参数,经过池化运算,输入数据和输出数据的通道数不会发生变化,如图 9.12 所示。

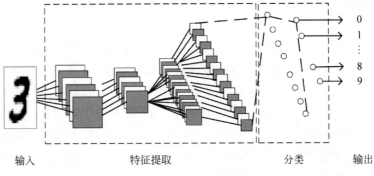

输入   特征提取   分类   输出

图 9.12 CNN 模型结构

9.7.2 CNN 手写数字识别实现

1. 参数设定

```
max_epochs = 20
network = SimpleConvNet(input_dim = (1,28,28),
conv_param = {'filter_num': 30, 'filter_size': 5, 'pad': 0, 'stride': 1},
hidden_size = 100, output_size = 10, weight_init_std = 0.01)
trainer = Trainer(network, x_train, t_train, x_test, t_test,
                epochs = max_epochs, mini_batch_size = 100,
                optimizer = 'Adam', optimizer_param = {'lr': 0.001},
                evaluate_sample_num_per_epoch = 1000)
input_size : 输入大小(MNIST 的情况下为 784)
hidden_size_list : 隐藏层的神经元数量的列表(e.g. [100, 100, 100])
output_size : 输出大小(MNIST 的情况下为 10)
activation : 'relu' or 'sigmoid'
weight_init_std : 指定权重的标准差(e.g. 0.01)
# 指定'relu'或'he'的情况下设定"He 的初始值"
# 指定'sigmoid'或'xavier'的情况下设定"Xavier 的初始值"
```

2. 读入数据集

```
def load_mnist(normalize = True, flatten = True, one_hot_label = False):
if not os.path.exists(save_file):
    init_mnist()
with open(save_file, 'rb') as f:
    dataset = pickle.load(f)
if normalize: # 图像正规化
    for key in ('train_img', 'test_img'):
        dataset[key] = dataset[key].astype(np.float32)
        dataset[key] /= 255.0
if one_hot_label: # 标签表示
```

```
    dataset['train_label'] = _change_one_hot_label(dataset['train_label'])
    dataset['test_label'] = _change_one_hot_label(dataset['test_label'])
if not flatten: #图像转为一维数组
    for key in ('train_img', 'test_img'):
        dataset[key] = dataset[key].reshape(-1, 1, 28, 28)
return (dataset['train_img'], dataset['train_label']), (dataset['test_img'], dataset['test_
label'])
```

3. 误差反向传播法求梯度

```
def gradient(self, x, t):
self.loss(x, t)
dout = 1
    dout = self.last_layer.backward(dout)
    layers = list(self.layers.values())
    layers.reverse()
    for layer in layers:
        dout = layer.backward(dout)
grads = {}
    grads['W1'], grads['b1'] = self.layers['Conv1'].dW, self.layers['Conv1'].db
    grads['W2'], grads['b2'] = self.layers['Affine1'].dW, self.layers['Affine1'].db
    grads['W3'], grads['b3'] = self.layers['Affine2'].dW, self.layers['Affine2'].db
    return grads
```

搭建的 CNN 手写数字识别结构如图 9.13 所示。

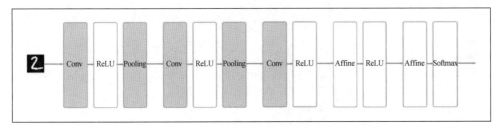

图 9.13　CNN 手写数字识别结构

9.7.3　CNN 手写识别结果

从 MINIST 数据集中随机抽取图片进行识别,识别结果如图 9.14 所示。

图 9.14　识别结果

实践示例代码参照附录 H。

9.7.4　思考与练习

尝试利用 CNN 和 Caltech-256 数据集进行图像分类。

9.8　习题

1. 简述深度学习与神经网络的相同点和区别。

2. 深度学习目前有哪些成功的应用? 简述原因。

3. 深度学习又称为特征学习,为何它的特征提取能力如此强? 它的基本思想又是什么?

4. 深度学习有哪些常用的模型和方法?

5. 简述深度学习中自动编译器的工作原理。

6. 卷积神经网络在图像识别上有哪些优点?

7. 卷积神经网络的训练过程中为何要使用权值共享?

8. 为什么加入 L1 正则化项可以防止过拟合,提高其泛化能力?

9. 训练模型需要多少数据? 应该如何发掘这些数据?

10. 简述深度学习与人工智能的关系。

构建领域知识图谱

（1）创建实体类：人物和物品，如图 A.1 所示。

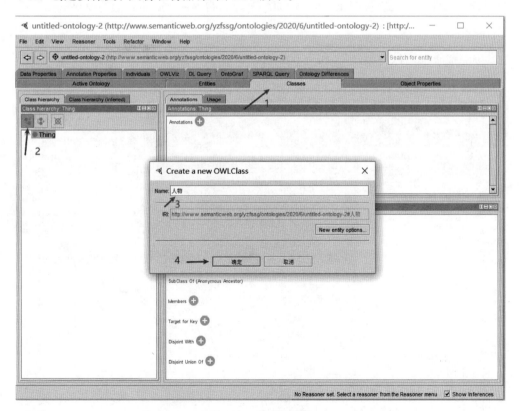

附 A.1　创建实体类

（2）在人物和物品类下，添加 Subclass of(子实体类)，如图 A.2 所示。

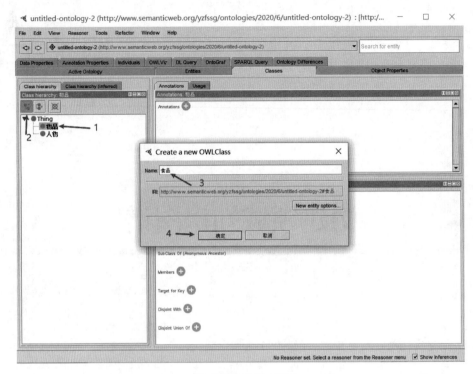

附 A.2　添加子类

（3）完成全部实体类的添加，如图 A.3 所示。

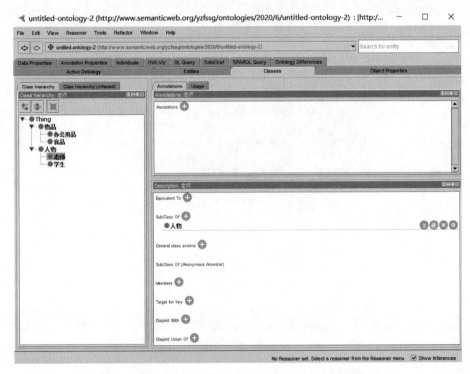

附 A.3　全部子类添加完成

（4）添加类间关系（对象属性），如图 A.4 所示。

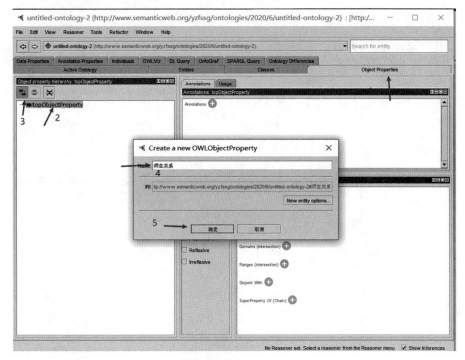

附 A.4　添加类间关系

（5）全部类间关系添加完成，如图 A.5 所示。

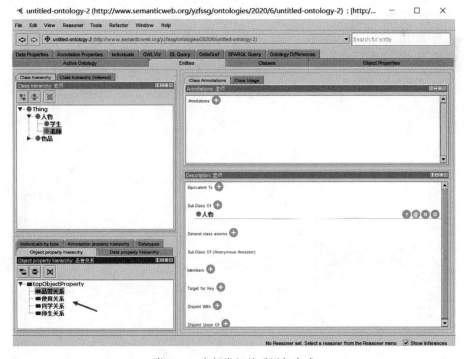

附 A.5　全部类间关系添加完成

(6) 添加实例,如图 A.6 所示。

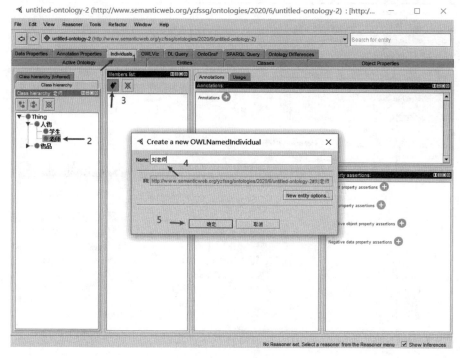

附 A.6　添加实例

(7) 全部实例添加完成,如图 A.7 所示。

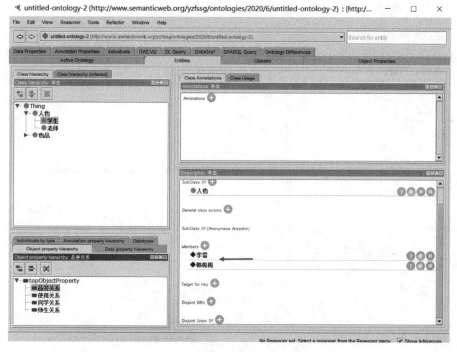

附 A.7　全部实例添加完成

（8）添加实例间关系（对象属性），如图 A.8 所示。

附 A.8　添加实例间关系

（9）全部实例间关系（对象属性）添加完成，如图 A.9 所示。

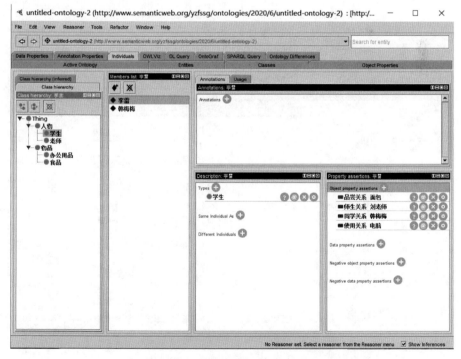

附 A.9　全部实例间关系添加完成

（10）对实例添加数据属性，如图 A.10 所示。

附 A.10　实例添加数据属性

（11）知识图谱构建完成、可视化展示，如图 A.11 所示。

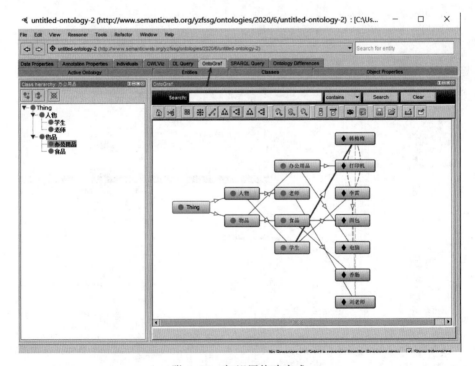

附 A.11　知识图构建完成

A*算法实现最优路径规划

　　(1) 已搜索的③号节点邻居节点添加至 Openlist,Openlist 中 f 最小值为6,根据右下左上顺序原则优先选取下方节点,如图 B.1 所示。

　　(2) 此时④号节点邻居节点添加至 Openlist,Openlist 中 f 最小值为6,根据右下左上顺序原则,优先选取右侧节点,如图 B.2 所示。

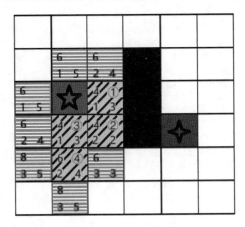

附 B.1　(1)示意图

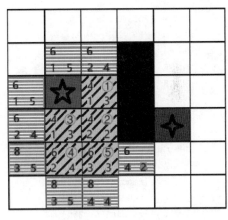

附 B.2　(2)示意图

　　(3) 此时 Openlist 中 f 最小值为6,选择⑤号节点的右侧节点添加至 Closelist,如图 B.3 所示。

　　(4) 选取⑥号节点右侧节点添加到 Closelist,此时 Openlist 中已包含了红色终止节点,算法结束,如图 B.4 所示。

算法示例程序:

```
import math
from random import randint
```

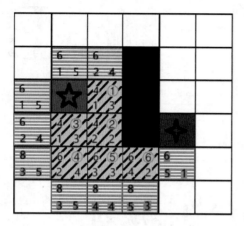

附 B.3　(3)示意图

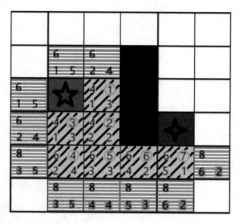

附 B.4　(4)示意图

```
import pygame
from enum import Enum
# 定义全局变量：地图中节点的像素大小
CELL_WIDTH = 30                          # 单元格宽度
CELL_HEIGHT = 30                         # 单元格长度
BORDER_WIDTH = 1                         # 边框宽度
BLOCK_NUM = 3                            # 地图中的障碍物数量


class Color(Enum):
    ''' 颜色 '''
    RED = (255, 0, 0)
    GREEN = (0, 255, 0)
    BLUE = (0, 0, 255)
    WHITE = (255, 255, 255)
    BLACK = (0, 0, 0)
    GREY = (128,128,128)

    @staticmethod
    def random_color():
        '''设置随机颜色'''
        r = randint(0, 255)
        g = randint(0, 255)
        b = randint(0, 255)
        return (r, g, b)

class Map(object):
    def __init__(self, mapsize):
        self.mapsize = mapsize

    def generate_cell(self, cell_width, cell_height):
        '''
        定义一个生成器,用来生成地图中的所有节点坐标
        :param cell_width: 节点宽度
        :param cell_height: 节点长度
```

```
        :return: 返回地图中的节点
        '''
        x_cell = - cell_width
        for num_x in range(self.mapsize[0] // cell_width):
            y_cell = - cell_height
            x_cell += cell_width
            for num_y in range(self.mapsize[1] // cell_height):
                y_cell += cell_height
                yield (x_cell, y_cell)


class Node(object):
    def __init__(self, pos):
        self.pos = pos
        self.father = None
        self.gvalue = 0
        self.fvalue = 0

    def compute_fx(self, enode, father):
        if father == None:
            print('未设置当前节点的父节点!')

        gx_father = father.gvalue
        #采用欧式距离计算父节点到当前节点的距离
        #gx_f2n = math.sqrt((father.pos[0] - self.pos[0]) ** 2 + (father.pos[1] - self.
pos[1]) ** 2)
        gx_f2n = abs(father.pos[0] - self.pos[0])  + abs(father.pos[1] - self.pos[1])
        gvalue = gx_f2n + gx_father

        #hx_n2enode = math.sqrt((self.pos[0] - enode.pos[0]) ** 2 + (self.pos[1] -
enode.pos[1]) ** 2)
        hx_n2enode = abs(self.pos[0] - enode.pos[0]) + abs(self.pos[1] - enode.pos[1])
        fvalue = gvalue + hx_n2enode
        return gvalue, fvalue

    def set_fx(self, enode, father):
        self.gvalue, self.fvalue = self.compute_fx(enode, father)
        self.father = father

    def update_fx(self, enode, father):
        gvalue, fvalue = self.compute_fx(enode, father)
        if fvalue < self.fvalue:
            self.gvalue, self.fvalue = gvalue, fvalue
            self.father = father


class AStar(object):
    def __init__(self, mapsize, pos_sn, pos_en):
        self.mapsize = mapsize          #表示地图的投影大小,并非屏幕上的地图像素大小
        self.openlist, self.closelist, self.blocklist = [], [], []
        self.snode = Node(pos_sn)       #用于存储路径规划的起始节点
        self.enode = Node(pos_en)       #用于存储路径规划的目标节点
        self.cnode = self.snode         #用于存储当前搜索到的节点
```

```python
    def run(self):
        self.openlist.append(self.snode)
        while(len(self.openlist) > 0):
            #查找 openlist 中 fx 最小的节点
            fxlist = list(map(lambda x: x.fvalue, self.openlist))
            index_min = fxlist.index(min(fxlist))
            self.cnode = self.openlist[index_min]
            del self.openlist[index_min]
            self.closelist.append(self.cnode)

            # 扩展当前 fx 最小的节点,并进入下一次循环搜索
            self.extend(self.cnode)
            # 如果 openlist 列表为空,或者当前搜索节点为目标节点,则跳出循环
            if len(self.openlist) == 0 or self.cnode.pos == self.enode.pos:
                break

        if self.cnode.pos == self.enode.pos:
            self.enode.father = self.cnode.father
            return 1
        else:
            return -1

    def get_minroute(self):
        minroute = []
        current_node = self.enode

        while(True):
            minroute.append(current_node.pos)
            current_node = current_node.father
            if current_node.pos == self.snode.pos:
                break

        minroute.append(self.snode.pos)
        minroute.reverse()
        return minroute

    def extend(self, cnode):
        nodes_neighbor = self.get_neighbor(cnode)
        for node in nodes_neighbor:
            #判断节点 node 是否在 closelist 和 blocklist 中,因为 closelist 和 blocklist 中元
素均为 Node 类,所以要用 map 函数转换为坐标集合
            if node.pos in list(map(lambda x:x.pos, self.closelist)) or node.pos in self.blocklist:
                continue
            else:
                if node.pos in list(map(lambda x:x.pos, self.openlist)):
                    node.update_fx(self.enode, cnode)
                else:
                    node.set_fx(self.enode, cnode)
                    self.openlist.append(node)

    def setBlock(self, blocklist):
        '''
```

获取地图中的障碍物节点,并存入 self.blocklist 列表中
注意: self.blocklist 列表中存储的是障碍物坐标,不是 Node 类
:param blocklist:
:return:
'''
self.blocklist.extend(blocklist)

```python
    def get_neighbor(self, cnode):
        # offsets = [(-1,1),(0,1),(1,1),(-1,0),(1,0),(-1,-1),(0,-1),(1,-1)]
        offsets = [(-1, 0), (1, 0), (0, 1), (0, -1)]
        nodes_neighbor = []
        x, y = cnode.pos[0], cnode.pos[1]
        for os in offsets:
            x_new, y_new = x + os[0], y + os[1]
            pos_new = (x_new, y_new)
            # 判断是否在地图范围内,超出范围跳过
            if x_new < 0 or x_new > self.mapsize[0] - 1 or y_new < 0 or y_new > self.mapsize[1]:
                continue
            nodes_neighbor.append(Node(pos_new))

        return nodes_neighbor


def main():
    mapsize = tuple(map(int, input('请输入地图大小,以逗号隔开: ').split(',')))
    pos_snode = tuple(map(int, input('请输入起点坐标,以逗号隔开: ').split(',')))
    pos_enode = tuple(map(int, input('请输入终点坐标,以逗号隔开: ').split(',')))
    myAstar = AStar(mapsize, pos_snode, pos_enode)
    blocklist = gen_blocks(mapsize[0], mapsize[1])
    myAstar.setBlock(blocklist)
    routelist = []  # 记录搜索到的最优路径
    if myAstar.run() == 1:
        routelist = myAstar.get_minroute()
        print(routelist)
        showresult(mapsize, pos_snode, pos_enode, blocklist, routelist)
    else:
        print('路径规划失败!')


def gen_blocks(width, height):
    '''
    随机生成障碍物
    :param width: 地图宽度
    :param height: 地图高度
    :return:返回障碍物坐标集合
    '''
    i, blocklist = 0, []
    while(i < BLOCK_NUM):
        for j in range(3):
            block = (3, j + 1)
            if block not in blocklist:
                blocklist.append(block)
                i += 1
    return blocklist
```

```python
def showresult(mapsize, pos_sn, pos_en, blocklist, routelist):
    # 初始化导入的 Pygame 模块
    pygame.init()
    # 此处要将地图投影大小转换为像素大小,此处设地图中每个单元格的大小为 CELL_WIDTH *
    CELL_HEIGHT 像素
    mymap = Map((mapsize[0] * CELL_WIDTH, mapsize[1] * CELL_HEIGHT))
    pix_sn = (pos_sn[0] * CELL_WIDTH, pos_sn[1] * CELL_HEIGHT)
    pix_en = (pos_en[0] * CELL_WIDTH, pos_en[1] * CELL_HEIGHT)
    # 对 blocklist 和 routelist 中的坐标同样要转换为像素值
    bl_pix = list(map(transform, blocklist))
    rl_pix = list(map(transform, routelist))
    # 初始化显示的窗口并设置尺寸
    screen = pygame.display.set_mode(mymap.mapsize)
    # 设置窗口标题
    pygame.display.set_caption('A* 算法路径搜索演示: ')
    # 用白色填充屏幕
    screen.fill(Color.WHITE.value)

    # 绘制屏幕中的所有单元格
    for (x, y) in mymap.generate_cell(CELL_WIDTH, CELL_HEIGHT):
        if (x, y) in bl_pix:
            # 绘制黑色的障碍物单元格,并留出 2 个像素的边框
            pygame.draw.rect(screen, Color.BLACK.value, ((x + BORDER_WIDTH, y + BORDER_
WIDTH), (CELL_WIDTH - 2 * BORDER_WIDTH, CELL_HEIGHT - 2 * BORDER_WIDTH)))
        else:
            # 绘制绿色的可通行单元格,并留出 2 个像素的边框
            pygame.draw.rect(screen, Color.GREEN.value, ((x + BORDER_WIDTH, y + BORDER_
WIDTH), (CELL_WIDTH - 2 * BORDER_WIDTH, CELL_HEIGHT - 2 * BORDER_WIDTH)))
    # 绘制起点和终点
    pygame.draw.circle(screen, Color.BLUE.value, (pix_sn[0] + CELL_WIDTH//2, pix_sn[1] +
CELL_HEIGHT//2), CELL_WIDTH//2 - 1)
    pygame.draw.circle(screen, Color.RED.value, (pix_en[0] + CELL_WIDTH//2, pix_en[1] + CELL_
HEIGHT//2), CELL_WIDTH//2 - 1)

    # 绘制搜索得到的最优路径
    for (x, y) in mymap.generate_cell(CELL_WIDTH, CELL_HEIGHT):
        if (x, y) in rl_pix and (x, y)!= (pix_sn[0], pix_sn[1]) and (x, y)!= (pix_en[0], pix_en[1]):
            pygame.draw.rect(screen, Color.GREY.value, ((x + BORDER_WIDTH, y + BORDER_WIDTH),
(CELL_WIDTH - 2 * BORDER_WIDTH, CELL_HEIGHT - 2 * BORDER_WIDTH)))
    # pygame.draw.aalines(screen, Color.RED.value, False, rl_pix)
    keepGoing = True
    while keepGoing:
        pygame.time.delay(100)
        for event in pygame.event.get():
            if event.type == pygame.QUIT:
                keepGoing = False
        pygame.display.flip()

def transform(pos):
    xnew, ynew = pos[0] * CELL_WIDTH, pos[1] * CELL_HEIGHT
    return (xnew, ynew)

if __name__ == '__main__':
    main()
```

附录 C

基于规则产生式的推理

```python
from PyQt5 import QtCore, QtGui, QtWidgets
from PyQt5.QtWidgets import (QWidget, QHBoxLayout, QLabel, QApplication)
from PyQt5.QtGui import QPixmap
import sys
class Ui_Form(object):
    def setupUi(self, Form):
        Form.setObjectName("Form")
        Form.setGeometry(100, 200, 623, 300)
        self.groupBox = QtWidgets.QGroupBox(Form)
        self.groupBox.setGeometry(QtCore.QRect(10, -20, 700, 311))
        self.groupBox.setTitle("")
        self.groupBox.setObjectName("groupBox")
        self.label = QtWidgets.QLabel(self.groupBox)
        self.label.setGeometry(QtCore.QRect(30, 40, 61, 18))
        self.label.setAlignment(QtCore.Qt.AlignCenter)
        self.label.setObjectName("label")
        self.label_2 = QtWidgets.QLabel(self.groupBox)
        self.label_2.setGeometry(QtCore.QRect(470, 40, 101, 18))
        self.label_2.setAlignment(QtCore.Qt.AlignCenter)
        self.label_2.setObjectName("label_2")
        self.pushButton = QtWidgets.QPushButton(self.groupBox)
        self.pushButton.setGeometry(QtCore.QRect(230, 35, 88, 27))
        self.pushButton.setObjectName("pushButton")
        self.pushButton_3 = QtWidgets.QPushButton(self.groupBox)
        self.pushButton_3.setGeometry(QtCore.QRect(475, 265, 88, 27))
        self.pushButton_3.setObjectName("pushButton_3")
        self.pushButton_3.clicked.connect(QtCore.QCoreApplication.instance().quit)
        self.textEdit = QtWidgets.QTextEdit(self.groupBox)
        self.textEdit.setGeometry(QtCore.QRect(20, 80, 80, 211))
        self.textEdit.setObjectName("textEdit")
```

```
        self.textEdit_2 = QtWidgets.QTextEdit(self.groupBox)
        self.textEdit_2.setGeometry(QtCore.QRect(110, 80, 331, 211))
        self.textEdit_2.setObjectName("textEdit_2")
        self.textEdit_2.setReadOnly(True)
        self.lineEdit = QtWidgets.QLineEdit(self.groupBox)
        self.lineEdit.move(450, 80)
        self.lineEdit.setGeometry(QtCore.QRect(450, 80, 140, 40))
        self.lineEdit.setReadOnly(True)
        self.pushButton.clicked.connect(self.go)

        self.label_3 = QtWidgets.QLabel(self.groupBox)
        self.label_3.setGeometry(QtCore.QRect(450, 125, 140,140))
        self.label_3.setAlignment(QtCore.Qt.AlignCenter)
        self.label_3.setObjectName("label_3")

        self.retranslateUi(Form)
        QtCore.QMetaObject.connectSlotsByName(Form)


    def retranslateUi(self, Form):
        _translate = QtCore.QCoreApplication.translate
        Form.setWindowTitle(_translate("Form", "正向推理 - 动物识别系统"))
        self.label.setText(_translate("Form", "输入事实"))
        self.label_2.setText(_translate("Form", "显示推理结果"))
        self.label_3.setText(_translate("Form", ""))
        self.pushButton.setText(_translate("Form", "进行推理"))
        self.pushButton_3.setText(_translate("Form", "退出程序"))

    # 将知识库做拓扑排序
    def topological(self):
        Q = []
        P = []
        ans = ""    # 排序后的结果
        for line in open('RD.txt'):
            line = line.strip('\n')
            if line == '':
                continue
            line = line.split(' ')
            Q.append(line[line.__len__() - 1])
            del (line[line.__len__() - 1])
            P.append(line)

        # 计算入度
        inn = []
        for i in P:
            sum = 0
            for x in i:
                if Q.count(x) > 0:    # 能找到,那么
                    sum += Q.count(x)
            inn.append(sum)
```

```python
    while (1):
        x = 0
        if inn.count(-1) == inn.__len__():
            break
        for i in inn:
            if i == 0:
                str = ''.join(P[x])
                ans = ans + str + " " + Q[x] + "\n"    # 写入结果
                inn[x] = -1
                # 更新入度
                y = 0
                for j in P:
                    if j.count(Q[x]) == 1:
                        inn[y] -= 1
                    y += 1
            x += 1
    print(ans)

    # 将结果写入文件
    fw = open('RD.txt', 'w', buffering = 1)
    fw.write(ans)
    fw.flush()
    fw.close()

# 进行推理
def go(self, flag = True):
    # 将产生式规则放入规则库中
    # if P then Q
    # 读取产生式文件
    self.Q = []
    self.P = []
    fo = open('RD.txt', 'r', encoding = 'utf-8')
    for line in fo:
        line = line.strip('\n')
        if line == '':
            continue
        line = line.split(' ')
        self.Q.append(line[line.__len__() - 1])
        del (line[line.__len__() - 1])
        self.P.append(line)
    fo.close()
    self.lines = self.textEdit.toPlainText()
    self.lines = self.lines.split('\n')            # 分割成组
    self.DB = set(self.lines)
    print(self.DB)
    self.str = ""
    print(self.str)
    flag = True
    temp = ""
    for x in self.P:                               # 对于每条产生式规则
        if ListInSet(x, self.DB):                  # 如果所有前提条件都在规则库中
```

```
                        self.DB.add(self.Q[self.P.index(x)])
                        temp = self.Q[self.P.index(x)]
                        flag = False                        # 至少能推出一个结论
                        self.str += "% s --> % s\n" % (x, self.Q[self.P.index(x)])


            if flag:                                # 一个结论都推不出
                print("无法推出结论")
                for x in self.P:                    # 对于每条产生式
                    if ListOneInSet(x, self.DB):    # 事实是否满足部分前提
                        flag1 = False               # 默认提问时否认前提
                        for i in x:                 # 对于前提中所有元素
                            if i not in self.DB:    # 对于不满足的那部分
                                btn = s.quest("是否" + i)
                                if btn == QtWidgets.QMessageBox.Ok:
                                    self.textEdit.setText(self.textEdit.toPlainText() + "\n"
+ i)                                                # 确定则增加到 textEdit
                                    self.DB.add(i)  # 确定则增加到规则库中
                                    flag1 = True    # 肯定前提
                                    # self.go(self)
                        if flag1:                   # 如果肯定前提,则重新推导
                            self.go()
                            return

            self.textEdit_2.setPlainText(self.str)
            print(self.str)
            if flag:
                btn = s.alert("没有推出任何结论")
            else:
                self.lineEdit.setText(temp)
                self.label_3.setPixmap(QPixmap(temp + '.jpg'))
                self.label_3.setScaledContents(True)


            # 判断 list 中至少有一个在集合 set 中
def ListOneInSet(li, se):
    for i in li:
        if i in se:
            return True
    return False



# 判断 list 中所有元素是否都在集合 set 中
def ListInSet(li, se):
    for i in li:
        if i not in se:
            return False
    return True



class SecondWindow(QtWidgets.QWidget):
    def __init__(self, parent = None):
        super(SecondWindow, self).__init__(parent)
```

```
            self.setGeometry(725, 200, 300, 300)
            self.textEdit = QtWidgets.QTextEdit(self)
            self.textEdit.setGeometry(8, 2, 284, 286)


    # 警告没有推导结果
    def alert(self, info):
        QtWidgets.QMessageBox.move(self, 200, 200)
        QtWidgets.QMessageBox.information(self, "Information", self.tr(info))

    # 询问补充事实
    def quest(self, info):
        # 如果推理为空,需要询问用户是否要添加已知条件
        QtWidgets.QMessageBox.move(self, 200, 200)
        button = QtWidgets.QMessageBox.question(self, "提示",
                          self.tr(info),
                               QtWidgets.QMessageBox.Ok | QtWidgets.QMessageBox.
Cancel,
                               QtWidgets.QMessageBox.Cancel)
        return button

if __name__ == "__main__":
    app = QtWidgets.QApplication(sys.argv)
    widget = QtWidgets.QWidget()
    ui = Ui_Form()
    ui.setupUi(widget)
    widget.show()
    s = SecondWindow()
    sys.exit(app.exec_())
```

基于T-S模型的模糊推理

```python
import math
W = {}
MIN = {}
MUL = {}
jf = 0
rs = 0
zp = 0
hj = 0
pj = {}
class T_S:

    def fun1(m):  # 科研经费隶属度函数
        if m <= 5:
            return 0
        if m > 5 and m <= 20:
            return ((m - 5)/15) * ((m - 5)/15)
        if m > 20:
            return 1
    def fun2(m):  # 人数隶属度函数
        if m <= 5:
            return 0
        if m > 5 and m <= 10:
            return ((m - 5)/5) * ((m - 5)/5)
        if m > 10:
            return 1
    def fun3(m):  # 作品数隶属度函数
        if m <= 10:
            return 0
        if m > 10 and m <= 30:
            return ((m - 10)/20) * ((m - 10)/20)
```

```
        if m > 30:
            return 1
def fun4(m): # 获奖数隶属度函数
        if m < = 5:
            return 0
        if m > 5 and m < = 15:
            return ((m - 5)/10) * ((m - 5)/10)
        if m > 15:
            return 1
def rule1(self):
        W[0] = math.sqrt(1 - T_S.fun1(jf))
        W[1] = math.sqrt(T_S.fun2(rs))
        W[2] = math.sqrt(1 - T_S.fun3(zp))
        W[3] = math.sqrt(1 - T_S.fun4(hj))
        pj[0] = 1
        for i in range(4):
            if(W[i] < 0.0000000001):
                W[i] = 0
        minTemp = 999 # 取小法
        for i in range(4):
            if(W[i] != 999):
                minTemp = min(minTemp, W[i])
        MIN[0] = minTemp
        mulTemp = 1 # 乘积法
        for i in range(4):
            if(W[i] != 999):
                mulTemp = mulTemp * W[i]
        MUL[0] = mulTemp


def rule2(self):
        W[0] = math.sqrt(T_S.fun1(jf))
        W[1] = math.sqrt(1 - T_S.fun2(rs))
        W[2] = math.sqrt(1 - T_S.fun3(zp))
        W[3] = math.sqrt(T_S.fun4(hj))
        pj[1] = 3
        for i in range(4):
            if(W[i] < 0.0000000001):
                W[i] = 0
        minTemp = 999 # 取小法
        for i in range(4):
            if(W[i] != 999):
                minTemp = min(minTemp, W[i])
        MIN[1] = minTemp
        mulTemp = 1
        for i in range(4):
            if(W[i] != 999):
                mulTemp = mulTemp * W[i]
        MUL[1] = mulTemp


def rule3(self):
        W[0] = min(T_S.fun1(jf), 1 - T_S.fun1(jf))
```

```
            W[1] = min(T_S.fun2(rs),1 - T_S.fun2(rs))
            W[2] = min(T_S.fun3(zp),1 - T_S.fun3(zp))
            W[3] = min(T_S.fun4(hj),1 - T_S.fun4(hj))
            pj[2] = 2
            for i in range(4):
                if(W[i]< 0.0000000001):
                    W[i] = 0
            minTemp = 999 # 取小法
            for i in range(4):
                if(W[i]!= 999):
                    minTemp = min(minTemp,W[i])
            MIN[2] = minTemp
            mulTemp = 1
            for i in range(4):
                if(W[i]!= 999):
                    mulTemp = mulTemp * W[i]
            MUL[2] = mulTemp

    def rule4(self):
            W[0] = math.sqrt(T_S.fun1(jf))
            W[1] = math.sqrt(T_S.fun2(rs))
            W[2] = math.sqrt(1 - T_S.fun3(zp))
            W[3] = math.sqrt(1 - T_S.fun4(hj))
            pj[3] = 1
            for i in range(4):
                if(W[i]< 0.0000000001):
                    W[i] = 0
            minTemp = 999 # 取小法
            for i in range(4):
                if(W[i]!= 999):
                    minTemp = min(minTemp,W[i])
            MIN[3] = minTemp
            mulTemp = 1
            for i in range(4):
                if(W[i]!= 999):
                    mulTemp = mulTemp * W[i]
            MUL[3] = mulTemp

if __name__ == '__main__':
    jf = int(input("经费: "))
    rs = int(input("人数: "))
    zp = int(input("作品: "))
    hj = int(input("获奖: "))
    T_S.rule1("")
    T_S.rule2("")
    T_S.rule3("")
    T_S.rule4("")

    MINEVA = 0
    MULEVA = 0
    min_sum1 = min_sum2 = mul_sum1 = mul_sum2 = 0
```

```
for i in range(4):
    min_sum1 += MIN[i] * pj[i]
    min_sum2 += MIN[i]
    mul_sum1 += MUL[i] * pj[i]
    mul_sum2 += MUL[i]
MINEVA = min_sum1/(min_sum2 + 0.000000001)
MULEVA = mul_sum1/(mul_sum2 + 0.000000001)
print("取小法评价: " + str(MINEVA))
print("乘积法评价: " + str(MULEVA))
if(MINEVA >= 0 and MINEVA <= 1.5):
    print("评价差")
elif (MINEVA > 1.5 and MINEVA <= 2.5):
    print("评价中")
elif (MINEVA > 2.5):
    print("评价高")
```

VGG-16迁移学习

```python
import os
import numpy as np
import tensorflow as tf
import skimage.io
import skimage.transform
import matplotlib.pyplot as plt

def load_img(path):
    img = skimage.io.imread(path)
    img = img / 255.0
    # print "Original Image Shape: ", img.shape
    # we crop image from center
    short_edge = min(img.shape[:2])
    yy = int((img.shape[0] - short_edge) / 2)
    xx = int((img.shape[1] - short_edge) / 2)
    crop_img = img[yy: yy + short_edge, xx: xx + short_edge]
    # resize to 224, 224
    resized_img = skimage.transform.resize(crop_img, (224, 224))[None, :, :, :]   # shape [1, 224, 224, 3]
    return resized_img

def load_data():
    imgs = {'tiger': [], 'kittycat': []}
    for k in imgs.keys():
        dir = './for_transfer_learning/data/' + k
        for file in os.listdir(dir):
            if not file.lower().endswith('.jpg'):
                continue
            try:
                resized_img = load_img(os.path.join(dir, file))
```

```
                except OSError:
                    continue
                imgs[k].append(resized_img)  # [1, height, width, depth] * n
                if len(imgs[k]) == 400:  # only use 400 imgs to reduce my memory load
                    break
        # fake length data for tiger and cat
        tigers_y = np.maximum(20, np.random.randn(len(imgs['tiger']), 1) * 30 + 100)
        cat_y = np.maximum(10, np.random.randn(len(imgs['kittycat']), 1) * 8 + 40)
        return imgs['tiger'], imgs['kittycat'], tigers_y, cat_y


class Vgg16:
    vgg_mean = [103.939, 116.779, 123.68]

    def __init__(self, vgg16_npy_path=None, restore_from=None):
        # pre-trained parameters
        try:
            self.data_dict = np.load(vgg16_npy_path, allow_pickle=True, encoding=
'latin1').item()
        except FileNotFoundError:
            print('请下载')
        self.tfx = tf.placeholder(tf.float32, [None, 224, 224, 3])
        self.tfy = tf.placeholder(tf.float32, [None, 1])

        # Convert RGB to BGR
        red, green, blue = tf.split(axis=3, num_or_size_splits=3, value=self.tfx *
255.0)
        bgr = tf.concat(axis=3, values=[
            blue - self.vgg_mean[0],
            green - self.vgg_mean[1],
            red - self.vgg_mean[2],
        ])

        # pre-trained VGG layers are fixed in fine-tune
        conv1_1 = self.conv_layer(bgr, "conv1_1")
        conv1_2 = self.conv_layer(conv1_1, "conv1_2")
        pool1 = self.max_pool(conv1_2, 'pool1')

        conv2_1 = self.conv_layer(pool1, "conv2_1")
        conv2_2 = self.conv_layer(conv2_1, "conv2_2")
        pool2 = self.max_pool(conv2_2, 'pool2')

        conv3_1 = self.conv_layer(pool2, "conv3_1")
        conv3_2 = self.conv_layer(conv3_1, "conv3_2")
        conv3_3 = self.conv_layer(conv3_2, "conv3_3")
        pool3 = self.max_pool(conv3_3, 'pool3')

        conv4_1 = self.conv_layer(pool3, "conv4_1")
        conv4_2 = self.conv_layer(conv4_1, "conv4_2")
        conv4_3 = self.conv_layer(conv4_2, "conv4_3")
        pool4 = self.max_pool(conv4_3, 'pool4')
```

```
        conv5_1 = self.conv_layer(pool4, "conv5_1")
        conv5_2 = self.conv_layer(conv5_1, "conv5_2")
        conv5_3 = self.conv_layer(conv5_2, "conv5_3")
        pool5 = self.max_pool(conv5_3, 'pool5')

        # detach original VGG fc layers and
        # reconstruct your own fc layers serve for your own purpose
        self.flatten = tf.reshape(pool5, [-1, 7 * 7 * 512])
        self.fc6 = tf.layers.dense(self.flatten, 256, tf.nn.relu, name='fc6')
        self.out = tf.layers.dense(self.fc6, 1, name='out')

        self.sess = tf.Session()
        if restore_from:
            saver = tf.train.Saver()
            saver.restore(self.sess, restore_from)
        else:  # training graph
            self.loss = tf.losses.mean_squared_error(labels=self.tfy, predictions=self.out)
            self.train_op = tf.train.RMSPropOptimizer(0.001).minimize(self.loss)
            self.sess.run(tf.global_variables_initializer())

    def max_pool(self, bottom, name):
        return tf.nn.max_pool(bottom, ksize=[1, 2, 2, 1], strides=[1, 2, 2, 1], padding='SAME', name=name)

    def conv_layer(self, bottom, name):
        with tf.variable_scope(name):   # CNN's filter is constant, NOT Variable that can be trained
            conv = tf.nn.conv2d(bottom, self.data_dict[name][0], [1, 1, 1, 1], padding='SAME')
            lout = tf.nn.relu(tf.nn.bias_add(conv, self.data_dict[name][1]))
            return lout

    def train(self, x, y):
        loss, _ = self.sess.run([self.loss, self.train_op], {self.tfx: x, self.tfy: y})
        return loss

    def predict(self, paths):
        fig, axs = plt.subplots(1, 2)
        for i, path in enumerate(paths):
            x = load_img(path)
            length = self.sess.run(self.out, {self.tfx: x})
            axs[i].imshow(x[0])
            axs[i].set_title('Len: %.1f cm' % length)
            axs[i].set_xticks(());
            axs[i].set_yticks(())
        plt.show()

    def save(self, path='./for_transfer_learning/model/transfer_learn'):
```

```python
        saver = tf.train.Saver()
        saver.save(self.sess, path, write_meta_graph=False)


def train():
    tigers_x, cats_x, tigers_y, cats_y = load_data()

    # plot fake length distribution
    plt.hist(tigers_y, bins=20, label='Tigers')
    plt.hist(cats_y, bins=10, label='Cats')
    plt.legend()
    plt.xlabel('length')
    plt.show()

    xs = np.concatenate(tigers_x + cats_x, axis=0)
    ys = np.concatenate((tigers_y, cats_y), axis=0)

    vgg = Vgg16(vgg16_npy_path='./for_transfer_learning/vgg16.npy')
    print('Net built')
    for i in range(100):
        b_idx = np.random.randint(0, len(xs), 6)
        train_loss = vgg.train(xs[b_idx], ys[b_idx])
        print(i, 'train loss: ', train_loss)

    vgg.save('./for_transfer_learning/model/transfer_learn')   # save learned fc layers


def eval():
    vgg = Vgg16(vgg16_npy_path='./for_transfer_learning/vgg16.npy',
                restore_from='./for_transfer_learning/model/transfer_learn')
    vgg.predict(
        ['./for_transfer_learning/data/kittycat/23066047.d6694f.jpg', './for_transfer
_learning/data/tiger/37425296_58a9896259.jpg'])


if __name__ == '__main__':
    # download()
    # train()
    eval()
```

附录 F

K-Means 聚类

```
#计算轮廓系数:
from sklearn.cluster import k_means
from sklearn.metrics import silhouette_score
from matplotlib import pyplot as plt
import pandas as pd
# 导入数据
data = pd.read_csv(r"D:\three_class_data.csv", header = 0)
x = data[["x", "y"]]
# 建立模型
score = []
# 依次计算 2 到 12 类的轮廓系数
for i in range(10):
    model = k_means(x, n_clusters = i + 2)
    score.append(silhouette_score(x, model[1]))
plt.subplot(1, 2, 1)
plt.scatter(data['x'], data['y'])
plt.subplot(1, 2, 2)
plt.plot(range(2, 12, 1), score)
plt.show()


#K - Means:
from sklearn.cluster import k_means
from matplotlib import pyplot as plt
import pandas as pd
import sklearn
import matplotlib.pyplot as plt

# 导入数据
data = pd.read_csv("D:/three_class_data.csv", header = 0)
x = data[["x", "y"]]
# 建立模型
model = k_means(x, n_clusters = 3)
# 绘图
plt.scatter(data['x'], data['y'], c = model[1])
plt.show()
```

网络爬虫及数据可视化

```python
import jieba.posseg as pseg
import matplotlib.pyplot as plt
from os import path
import requests
import imageio
from wordcloud import WordCloud
from bs4 import BeautifulSoup
import time
from lxml import etree
from fake_useragent import UserAgent
import tkinter
from tkinter import ttk
from PIL import Image, ImageTk

A = []
B = []
class Spider:
    ua = UserAgent(verify_ssl = False)

    def __init__(self):
        self.root = tkinter.Tk()

    def douban_comments(self):
        headers = {'User - Agent': Spider.ua.random}
        # proxies = main()
        # 豆瓣网 top250 书籍首页
        # url = "https://book.douban.com"

        num = 0
        url = url_input.get()
```

```python
        if url == 'https://book.douban.com':
            for i in range(0, 1):
                urls = url + '/top250?start = ' + 'str(i * 25)'
                html = requests.get(urls, headers = headers).text
                page = etree.HTML(html)
                book_urls_list = page.xpath('//tr[@class = "item"]/td/div/a/@href')
                book_name_list = page.xpath('//tr[@class = "item"]/td/div/a/@title')
                for book_name in book_name_list:
                    A.append(str(book_name))
                    log_msg1 = '匹配到«' + str(book_name) + '»' + '\n'
                    log_text.insert(tkinter.END, log_msg1)
                    log_text.see(tkinter.END)
                    log_text.update()
                print(book_urls_list)
                # 得到每一本书对应的评论 url
                for book_urls in book_urls_list:
                    comments_urls = book_urls + 'comments/hot?p = '
                    print(comments_urls)
                    # 获取每一本书前一百页的评论 url
                    log_msg2 = '开始爬取' + A[num] + '的评论.' + '\n'
                    num = num + 1
                    num1 = 0
                    for j in range(1, 2):
                        comments_url = comments_urls + 'str(j)'
                        comments = requests.get(comments_url, headers = headers)
                        log_text.insert(tkinter.END, log_msg2)
                        log_text.see(tkinter.END)
                        log_text.update()
                        comments_soup = BeautifulSoup(comments.text, 'lxml')
                        pattern = comments_soup.find_all('p', 'comment - content')
                        with open('douban.txt', 'a + ', encoding = 'utf - 8') as f:
                            for s in pattern:
                                print(str(s))
                                f.write(str(s))
                        j = j + 1
                        time.sleep(1)
                i = i + 1
                time.sleep(1)
            spi_end = '-------- 爬取完成 -------- ' + '\n'
            log_text.insert(tkinter.END, spi_end)
            log_text.see(tkinter.END)
            log_text.update()

    def make_image(self):
        make_image_text = '==========================' + '\n' + '正在生成图
片...请稍等...' + '\n'
        log_text.insert(tkinter.END, make_image_text)
        log_text.see(tkinter.END)
        log_text.update()
        global wordcloud_images
        url = url_input.get()
```

```
        if url == 'https://book.douban.com':
            with open('douban.txt', 'r', encoding = 'utf - 8') as f:
                comment_subjects = f.readlines()
            stop_words = set(line.strip() for line in open('stopwords.txt', encoding = 'utf -
8'))

            commentlist = []
            for subject in comment_subjects:
                if subject.isspace():
                    continue
                # segment words line by line
                word_list = pseg.cut(subject)
                for word, flag in word_list:
                    if word not in stop_words and flag == 'n':
                        commentlist.append(word)
            d = path.dirname(__file__)
            timg_image = imageio.imread(path.join(d, "timg.png"))
            content = ''.join(commentlist)
            wordcloud = WordCloud(font_path = 'simhei.ttf', background_color = "white",
mode = "RGBA" , width = 1000, height = 800, max_font_size = 120, mask = timg_image, max_words
= 40).generate(content)
            # Display the generated image:
            plt.imshow(wordcloud)
            plt.axis("off")
            wordcloud.to_file('wordcloud.gif')
            wordcloud_images = tkinter.PhotoImage(file = 'wordcloud.gif')
            result_text.create_image(160, 100, anchor = tkinter.NW, image = wordcloud_
images)
        else:
            self.error_msg()


    def main(self):
        global url_input, log_text, FX_text, result_text
        # 创建空白窗口,作为主载体
        # root = tkinter.Tk()
        self.root.title('数据挖掘')
        # 窗口的大小,后面的加号是窗口在整个屏幕的位置
        self.root.geometry('1068x715 + 10 + 10')
        # 标签控件,窗口中放置文本组件
        tkinter.Label(self.root, text = '爬取 url:', font = ("华文行楷", 20), fg =
'black').grid(row = 0, column = 0)


        # 定位 pack 包 place 位置 grid 是网格式的布局
        tkinter.Label(self.root, text = '输出结果:', font = ("宋体", 20), fg = 'black').
grid(row = 2, column = 27)
        tkinter.Label(self.root, text = '爬取日志:', font = ("宋体", 20), fg = 'black').
grid(row = 2, column = 2)
        #下拉框
        #StringVar 是 Tk 库内部定义的字符串变量类型,在这里用于管理部件上面的字符;
不过一般用在按钮 button 上.改变 StringVar,按钮上的文字也随之改变.
        number = tkinter.StringVar()
        url_input = tkinter.ttk.Combobox(self.root, width = 26, textvariable = number)
```

```
        # 设置下拉列表的值
        url_input['values'] = ( 'https://book.douban.com')
        url_input.grid(column = 1, row = 0)

        # 文本控件,打印日志
        log_text = tkinter.Text(self.root, font = ('微软雅黑', 15), width = 35, height =
20)
        # columnspan 组件所跨越的列数
        log_text.grid(row = 4, column = 0, rowspan = 9, columnspan = 10)
        # result_text = tkinter.Canvas(self.root, width = 45, height = 22)

        result_text = tkinter.Canvas(self.root, bg = 'white', width = 550, height = 550)
        result_text.grid(row = 2, column = 18, rowspan = 14, columnspan = 10)
        # 设置按钮 sticky 对齐方式,N S W E
        tkinter.button = tkinter.Button(self.root, text = '开始', font = ("微软雅黑",
15), command = self.douban_comments).grid(row = 13, column = 0, sticky = tkinter.W)
        tkinter.button = tkinter.Button(self.root, text = '生成图片', font = ("微软雅
黑", 15), command = self.make_image).grid(row = 13, column = 10, sticky = tkinter.S)
        # 创建滚动条
        log_text_scrollbar_y = tkinter.Scrollbar(self.root)
        log_text_scrollbar_y.config(command = log_text.yview)
        log_text.config(yscrollcommand = log_text_scrollbar_y.set)
        log_text_scrollbar_y.grid(row = 3, column = 10, rowspan = 9, sticky = 'NS')
        # 使得窗口一直存在
        tkinter.mainloop()
if __name__ == "__main__":
    spider = Spider()
    spider.main()
```

附录 H

CNN手写数字识别

CNN 模型设计

```python
# coding: utf-8
import sys, os
sys.path.append(os.pardir)          # 为了导入父目录的文件而进行的设定
import pickle
import numpy as np
from collections import OrderedDict
from common.layers import *
from common.gradient import numerical_gradient


class SimpleConvNet:
    """简单的 ConvNet

    conv - relu - pool - affine - relu - affine - softmax

    Parameters
    ----------
    input_size : 输入大小(MNIST 的情况下为 784)
    hidden_size_list : 隐藏层的神经元数量的列表(e.g. [100, 100, 100])
    output_size : 输出大小(MNIST 的情况下为 10)
    activation : 'relu' or 'sigmoid'
    weight_init_std : 指定权重的标准差(e.g. 0.01)
        指定'relu'或'he'的情况下设定"He 的初始值"
        指定'sigmoid'或'xavier'的情况下设定"Xavier 的初始值"
    """
    def __init__(self, input_dim = (1, 28, 28),
                 conv_param = {'filter_num':30, 'filter_size':5, 'pad':0, 'stride':1},
                 hidden_size = 100, output_size = 10, weight_init_std = 0.01):
```

```python
        filter_num = conv_param['filter_num']
        filter_size = conv_param['filter_size']
        filter_pad = conv_param['pad']
        filter_stride = conv_param['stride']
        input_size = input_dim[1]
        conv_output_size = (input_size - filter_size + 2 * filter_pad) / filter_stride + 1
        pool_output_size = int(filter_num * (conv_output_size/2) * (conv_output_size/2))

        # 初始化权重
        self.params = {}
        self.params['W1'] = weight_init_std * \
                            np.random.randn(filter_num, input_dim[0], filter_size, filter_size)
        self.params['b1'] = np.zeros(filter_num)
        self.params['W2'] = weight_init_std * \
                            np.random.randn(pool_output_size, hidden_size)
        self.params['b2'] = np.zeros(hidden_size)
        self.params['W3'] = weight_init_std * \
                            np.random.randn(hidden_size, output_size)
        self.params['b3'] = np.zeros(output_size)

        # 生成层
        self.layers = OrderedDict()
        self.layers['Conv1'] = Convolution(self.params['W1'], self.params['b1'],
                                           conv_param['stride'], conv_param['pad'])
        self.layers['Relu1'] = Relu()
        self.layers['Pool1'] = Pooling(pool_h = 2, pool_w = 2, stride = 2)
        self.layers['Affine1'] = Affine(self.params['W2'], self.params['b2'])
        self.layers['Relu2'] = Relu()
        self.layers['Affine2'] = Affine(self.params['W3'], self.params['b3'])

        self.last_layer = SoftmaxWithLoss()

    def predict(self, x):
        for layer in self.layers.values():
            x = layer.forward(x)

        return x

    def loss(self, x, t):
        """求损失函数
        参数 x 是输入数据、t 是教师标签
        """
        y = self.predict(x)
        return self.last_layer.forward(y, t)

    def accuracy(self, x, t, batch_size = 100):
        if t.ndim != 1 : t = np.argmax(t, axis = 1)

        acc = 0.0

        for i in range(int(x.shape[0] / batch_size)):
```

```
            tx = x[i * batch_size:(i + 1) * batch_size]
            tt = t[i * batch_size:(i + 1) * batch_size]
            y = self.predict(tx)
            y = np.argmax(y, axis = 1)
            acc += np.sum(y == tt)

        return acc / x.shape[0]

    def numerical_gradient(self, x, t):
        """求梯度(数值微分)

        Parameters
        ----------
        x : 输入数据
        t : 教师标签

        Returns
        -------
        具有各层的梯度的字典变量
            grads['W1']、grads['W2']、...是各层的权重
            grads['b1']、grads['b2']、...是各层的偏置
        """
        loss_w = lambda w: self.loss(x, t)

        grads = {}
        for idx in (1, 2, 3):
            grads['W' + str(idx)] = numerical_gradient(loss_w, self.params['W' + str(idx)])
            grads['b' + str(idx)] = numerical_gradient(loss_w, self.params['b' + str(idx)])

        return grads

    def gradient(self, x, t):
        """求梯度(误差反向传播法)

        Parameters
        ----------
        x : 输入数据
        t : 教师标签

        Returns
        -------
        具有各层的梯度的字典变量
            grads['W1']、grads['W2']、...是各层的权重
            grads['b1']、grads['b2']、...是各层的偏置
        """
        # forward
        self.loss(x, t)

        # backward
        dout = 1
        dout = self.last_layer.backward(dout)
```

```
        layers = list(self.layers.values())
        layers.reverse()
        for layer in layers:
            dout = layer.backward(dout)

        # 设定
        grads = {}
        grads['W1'], grads['b1'] = self.layers['Conv1'].dW, self.layers['Conv1'].db
        grads['W2'], grads['b2'] = self.layers['Affine1'].dW, self.layers['Affine1'].db
        grads['W3'], grads['b3'] = self.layers['Affine2'].dW, self.layers['Affine2'].db

        return grads

    def save_params(self, file_name = "params.pkl"):
        params = {}
        for key, val in self.params.items():
            params[key] = val
        with open(file_name, 'wb') as f:
            pickle.dump(params, f)

    def load_params(self, file_name = "params.pkl"):
        with open(file_name, 'rb') as f:
            params = pickle.load(f)
        for key, val in params.items():
            self.params[key] = val

        for i, key in enumerate(['Conv1', 'Affine1', 'Affine2']):
            self.layers[key].W = self.params['W' + str(i + 1)]
            self.layers[key].b = self.params['b' + str(i + 1)]
```

模型训练

```
# coding: utf - 8
import sys, os
sys.path.append(os.pardir)              # 为了导入父目录的文件而进行的设定
import numpy as np
import matplotlib.pyplot as plt
from dataset.mnist import load_mnist
from simple_convnet import SimpleConvNet
from common.trainer import Trainer


# 读入数据
(x_train, t_train), (x_test, t_test) = load_mnist(flatten = False)

# 处理花费时间较长的情况下减少数据
#x_train, t_train = x_train[:5000], t_train[:5000]
#x_test, t_test = x_test[:1000], t_test[:1000]

max_epochs = 20
```

```python
network = SimpleConvNet(input_dim = (1,28,28),
                        conv_param = {'filter_num': 30, 'filter_size': 5, 'pad': 0, 'stride': 1},
                        hidden_size = 100, output_size = 10, weight_init_std = 0.01)

trainer = Trainer(network, x_train, t_train, x_test, t_test,
                  epochs = max_epochs, mini_batch_size = 100,
                  optimizer = 'Adam', optimizer_param = {'lr': 0.001},
                  evaluate_sample_num_per_epoch = 1000)
trainer.train()

# 保存参数
network.save_params("params.pkl")
print("Saved Network Parameters!")

# 绘制图形
markers = {'train': 'o', 'test': 's'}
x = np.arange(max_epochs)
plt.plot(x, trainer.train_acc_list, marker = 'o', label = 'train', markevery = 2)
plt.plot(x, trainer.test_acc_list, marker = 's', label = 'test', markevery = 2)
plt.xlabel("epochs")
plt.ylabel("accuracy")
plt.ylim(0, 1.0)
plt.legend(loc = 'lower right')
plt.show()
```

参 考 文 献

[1] 李航. 统计学习方法[M]. 北京：清华大学出版社,2012.

[2] 周志华. 机器学习[M]. 北京：清华大学出版社,2016.

[3] Stuart Russell,Peter Norvig. 人工智能：一种现代方法[M]. 3 版. 北京：人民邮电出版社,2010.

[4] 蔡自兴,姜志明. 基于专家系统的机器人规划[J]. 电子学报,1993,21(5)：88-90.

[5] 陈慧萍,赵跃华,钱旭. 人工智能教程[M]. 北京：电子工业出版社,2001.

[6] 陈宗海. 系统仿真技术及其应用[M]. 合肥：中国科学技术大学出版社,2009.

[7] 蔡自兴. 人工智能研究的若干问题[C]//第五届中国人工智能联合会议论文集. 西安：西安交通大学出版社,1998：527-528.

[8] 李陶深. 人工智能[M]. 重庆：重庆大学出版社,2002.

[9] 焦李成. 神经网络系统理论[M]. 西安：西安电子科技大学出版社,1990.

[10] 何华灿. 人工智能导论[M]. 西安：西北工业大学出版社,1988.

[11] 陆汝铃. 人工智能[M]. 北京：科学出版社,2000.

[12] 朱福喜,汤怡群,傅建明. 人工智能基础[M]. 武汉：武汉大学出版社,2002.

[13] 杨祥全,蔡庆生. 人工智能[M]. 重庆：科技文献出版社重庆分社,1988.

[14] 尹朝庆,尹皓. 人工智能与专家系统[M]. 北京：中国水利水电出版社,2002.

[15] 张钹,张铃. 问题求解理论及应用[M]. 北京：清华大学出版社,1990.

[16] 张文修,梁怡. 遗传算法的数学基础[M]. 西安：西安交通大学出版社,2000.

[17] 赵瑞清. 专家系统原理[M]. 北京：气象出版社,1987.

[18] 阎平凡,张长水. 人工神经网络与模拟进化计算[M]. 北京：清华大学出版社,2000.

[19] 杨炳儒. 知识工程与知识发现[M]. 北京：冶金工业出版社,2000.

[20] 涂序彦. 人工智能及其应用[M]. 北京：电子工业出版社,1988.

[21] 李应潭. 生命与智能[M]. 沈阳：沈阳出版社,1999.

[22] 李祖枢,涂亚庆. 仿人智能控制[M]. 北京：国防工业出版社,2003.

[23] 廉师友. 人工智能技术导论[M]. 2 版. 西安：西安电子科技大学出版社,2002.

[24] 蔡自兴. 机器人学[M]. 北京：清华大学出版社,2000.

[25] 蔡自兴,徐光祐. 人工智能及其应用[M]. 2 版. 北京：清华大学出版社,1996.

[26] 曾雪峰. 论人工智能的研究与发展[J]. 现代商贸工业,2009,13(1)：248-249.

[27] 元慧. 议当代人工智能的应用领域与发展状态[J].2008,5(33)：15-16.

[28] 宋绍云,仲涛. BP 人工神经网络的新型算法[J]. 人工智能及识别技术,2009,5(5)：1197-1198.

[29] Yann LeCun,Yoshua Bengio,Geoffrey Hinton. Deep Learning[J]. Nature,2015,521(7553)：436-44.

[30] Alex Krizhevsky,Ilya Sutskever,Geoffrey E. Hinton. ImageNet Classification with Deep Convolutional Neural Networks[J]. Advances in Neural Information Processing Systems,2012,25(2)：1-9.

[31] 钟晓,等. 数据挖掘概述[J]. 模式识别与人工智能,2001,14(1)：48-55.

[32] 史忠植. 智能主体及其应用[M]. 北京：科学出版社,2000.

[33] 蔡之华. 模糊 Petri 网及知识表示[J]. 计算机应用与软件,1994,3：30-36.

[34] 张科杰,袁国华,彭颖红. 知识表示及其在机械工程设计中的应用探讨[J]. 机械设计,2004,21(6)：4-6,27.

[35] 刘晓霞. 新的知识表示方法——概念图[J]. 航空计算技术,1997,4(1)：28-32.

[36] 王永庆. 人工智能原理与方法[M]. 西安：西安交通大学出版社,1998.

[37] 王万森. 人工智能原理及应用[M]. 北京：电子工业出版社,2012.

[38] Jiawei Han,Micheline Kamber,Jian Pei. 数据挖掘概念与技术[M]. 北京：机械工业出版社,2012.

[39] 迈尔·舍恩伯格. 大数据时代[M]. 杭州：浙江人民出版社,2013.

[40] 朱进云. 大数据架构师指南[M]. 北京：清华大学出版社,2016.

图书资源支持

感谢您一直以来对清华版图书的支持和爱护。为了配合本书的使用，本书提供配套的资源，有需求的读者请扫描下方的"书圈"微信公众号二维码，在图书专区下载，也可以拨打电话或发送电子邮件咨询。

如果您在使用本书的过程中遇到了什么问题，或者有相关图书出版计划，也请您发邮件告诉我们，以便我们更好地为您服务。

我们的联系方式：

地　　址：北京市海淀区双清路学研大厦 A 座 714

邮　　编：100084

电　　话：010-83470236　010-83470237

客服邮箱：2301891038@qq.com

QQ：2301891038（请写明您的单位和姓名）

资源下载：关注公众号"书圈"下载配套资源。

资源下载、样书申请

书圈

获取最新书目

观看课程直播